智能制造高技能人才培养规划丛书

西门子S7-200 SMART PLC编程技术

工控帮教研组 编著

電子工業出版社
Publishing House of Electronics Industry
北京•BEIJING

内 容 简 介

为适应中国小型自动化需求，西门子公司特定制了一款高性价比的小型 PLC 产品——S7-200 SMART，由于其具有诸多优点，逐年应用越来越广。目前市面上讲解该系列的书籍较少，为了满足初学者的需求，本书特选择 S7-200 SMART 进行讲解。

全书共分 11 章，根据学习进度由浅入深编排内容。第 1、2 章主要讲解 S7-200 SMART 硬件选型、输入/输出接线及编程软件的应用。第 3 章开始讲解编程基础，包括 PLC 常用数据类型、数制之间的转换、S7-200 SMART 提供了哪些存储区及各存储区的寻址方法、基本的位逻辑指令应用、定时器和计数器的应用。第 4 章讲解了顺序控制指令、跳转指令、循环指令、移位指令、传送指令、比较指令、转换指令、实时时钟指令、整数四则运算指令及子程序的应用等。第 5～9 章讲解了 S7-200 SMART 高级功能的应用，包括中断的应用、高速计数的应用、高速脉冲输出运动控制的应用、模拟量及 PID 应用、通信功能的应用。第 10 章讲解了 S7-200 SMART 控制系统的整体设计思路及注意事项。第 11 章作为选修内容，主要针对的是没有电气控制基础的人员，讲解了常用电气设备和传感器的原理及选型应用。

图书在版编目（CIP）数据

西门子 S7-200 SMART PLC 编程技术/工控帮教研组编著. —北京：电子工业出版社，2019.1
（智能制造高技能人才培养规划丛书）

ISBN 978-7-121-35024-5

Ⅰ. ①西…　Ⅱ. ①工…　Ⅲ. ①PLC 技术－程序设计－教材　Ⅳ. ①TM571.61

中国版本图书馆 CIP 数据核字（2018）第 209184 号

策划编辑：张　楠
责任编辑：康　霞
印　　刷：北京天宇星印刷厂
装　　订：北京天宇星印刷厂
出版发行：电子工业出版社
　　　　　北京市海淀区万寿路173 信箱　邮编　100036
开　　本：787×1092　1/16　印张：15.5　字数：397 千字
版　　次：2019 年 1 月第 1 版
印　　次：2024 年 7 月第 16 次印刷
定　　价：56.00 元

凡所购买电子工业出版社图书有缺损问题，请向购买书店调换。若书店售缺，请与本社发行部联系，联系及邮购电话：（010）88254888，88258888。

质量投诉请发邮件至 zlts@phei.com.cn，盗版侵权举报请发邮件至 dbqq@phei.com.cn。

本书咨询联系方式：（010）88254579。

前 言
PREFACE

随着德国工业4.0的提出，以及我国《中国制造2025》的推进，中国制造业向智能制造方向转型已是大势所趋。智能制造是《中国制造 2025》的核心，工业机器人是智能制造业最具代表性的装备。根据IFR（国际机器人联合会）发布的最新报告，2016年全球工业机器人销量继续保持高速增长。2017年全球工业机器人销量约33万台，同比增长14%。其中，中国工业机器人销量9万台，同比增长31%。IFR预测，未来十年，全球工业机器人销量年平均增长率将保持在12%左右。

当前，机器人替代人工生产已经成为未来制造业的必然，工业机器人作为“制造业皇冠顶端的明珠”，将大力推动工业自动化、数字化、智能化的早日实现，为智能制造奠定基础。然而，智能制造发展并不是一蹴而就的，而是从“自动信息化”“互联化”到“智能化”层层递进、演变发展的。智能制造产业链涵盖智能装备（机器人、数控机床、服务机器人、其他自动化装备）、工业互联网（机器视觉、传感器、RFID、工业以太网）、工业软件（ERP/MES/DCS 等）、3D 打印及将上述环节有机结合起来的自动化系统集成及生产线集成等。

根据智能制造产业链的发展顺序，智能制造首先需要实现自动化，然后实现信息化，再实现互联网化，最后才能真正实现智能化。工业机器人是实现智能制造前期最重要的工作之一，是联系自动化和信息化的重要载体。智能装备和产品是智能制造的实现端，围绕汽车、机械、电子、危险品制造、国防军工、化工、轻工等应用需求，工业机器人将成为智能制造中智能装备的普及代表。

由此可见，智能装备应用技术的普及和发展是我国智能制造推进的重要内容，工业机器人应用技术是一个复杂的系统工程，工业机器人不是买来就能使用的，还需要对其进行规划集成，把机器人本体与控制软件、应用软件、周边的电气设备等结合起来，组成一个完整的工作站，方可进行工作。通过在数字工厂中工业机器人的推广应用，不断提高机器人作业的智能水平，使其不仅能替代人的体力劳动，而且能替代一部分脑力劳动。因此，以工业机器人应用为主线构造智能制造与数字车间关键技术的运用和推广显得尤为重要，这些技术包括机器人与自动化生产线布局设计、机器人与自动化上下料技术、机器人与自动化精准定位技术、机器人与自动化装配技术、机器人与自动化作业规划与示教技术、机器人与自动化生产线协同工作技术及机器人与自动化车间集成技术，通过建造机器人自动化生产线，利用机器手臂、自动化控制设备或流水线自动化推动企业技术改造向机器化、自动化、集成化、生态化、智能化方向发展，从而实现数字车间制造过程中物质流、信息流、能量流和资金流的智能化。

近年来，虽然多种因素推动着我国工业机器人在自动化工厂的广泛使用，但是一个越来越大的问题清晰地摆在我们面前，那就是工业机器人的使用和集成技术人才严重匮乏，甚至阻碍这个行业的快速发展。哈尔滨工业大学机器人研究所所长、长江学者孙立宁教授指出：按照目前中国机器人安装数量的增长速度，对工业机器人人才的需求早已处于干涸状态。目前，国内仅有少数本科院校开设工业机器人的相关专业，学校普遍没有完善的工业机器人相关课程体系及实训工作站。因此，学校老师和学员都无法得到科学培养，从而不能快速满足产业发展的需要。

工控帮教研组结合自身多年的工业机器人集成应用技术和教学经验，以及对机器人集成应用企业的深度了解，在细致分析机器人集成企业的职业岗位群和岗位能力矩阵的基础上，整合机器人相关企业的应用工程师和机器人职业教育方面的专家学者，编制了本套智能制造高技能人才培养规划丛书。按照智能制造产业链和发展顺序，本套丛书分为专业基础教材、专业核心教材和专业拓展教材。

专业基础教材涉及的内容包括触摸屏编程技术、运动控制技术、电气控制与 PLC 技术、液压与气动技术、金属材料与机械基础、EPLAN 电气制图、电工与电子技术等。

专业核心教材涉及的内容包括工业机器人技术基础、工业机器人现场编程技术、工业机器人离线编程技术、工业组态与现场总线技术、工业机器人与 PLC 系统集成、基于 SolidWorks 的工业机器人夹具和方案设计、工业机器人维修与维护、工业机器人典型应用实训、西门子 S7-200 SMART PLC 编程技术等。

专业拓展教材涉及的内容包括焊接机器人与焊接工艺、机器视觉技术、传感器技术、智能制造与自动化生产线技术、生产自动化管理技术（MES 系统）等。

本教材内容力求源于企业、源于真实、源于实际，然而因编著者水平有限，错漏之处在所难免，欢迎读者朋友们关注微信公众号 GKYXT1508 交流指导，谢谢！

工控帮教研组

目 录
CONTENTS

第1章

S7-200 SMART 硬件概述

本章学习目的：对 S7-200 SMART 系列 PLC 所提供的 CPU、信号板及扩展模块有个整体了解，能够根据控制要求合理选型。主要了解 CPU 的供电电压、输入连接 NPN 型与 PNP 型传感器接线方式的不同，继电器与晶体管输出型的优缺点，高速计数功能的通道数及最高频率，高速脉冲输出轴数及最高频率，通信接口型号、个数及扩展性，模拟量输入/输出通道数及模块的合理选择。

1.1 S7-200 SMART 系列 PLC 简介

S7-200 SMART 是西门子公司针对中国小型自动化市场客户要求而设计研发的一款高性价比小型 PLC，是国内广泛使用的 S7-200PLC 的更新换代产品，继承了 S7-200PLC 的优点，同时又有很多 S7-200PLC 无法比拟的亮点。本书以 V2.3 的硬件及软件版本为准，对其他版本不再做说明。

1）机型丰富，更多选择

提供不同类型、I/O 点数丰富的 CPU 模块，单体 I/O 点数最高可达 60 点，可满足大部分小型自动化设备的控制需求。另外，CPU 模块配备标准型和经济型供用户选择，对于不同的应用需求，产品配置更加灵活，能够最大限度地控制成本。

2）选件扩展，精确定制

新颖的信号板设计可扩展通信端口、数字量通道、模拟量通道。在不额外占用电控柜空间的前提下，信号板扩展能更加贴合用户的实际配置，提升产品的利用率，同时降低用户的扩展成本。

3）高速芯片，性能卓越

配备西门子专用高速处理器芯片，基本指令执行时间可达 0.15μs，在同级别小型 PLC 中遥遥领先。一颗强有力的“芯”能让您在应对烦琐的程序逻辑、复杂的工艺要求时从容不迫。

4）以太互联，经济便捷

CPU 模块本体标配以太网接口，集成了强大的以太网通信功能，用一根普通的网线即可将程序下载到 PLC 中，方便快捷，省去了专用编程电缆。通过以太网接口还可与其他 CPU

模块、触摸屏、计算机进行通信，轻松组网。

5）三轴脉冲，运动自如

CPU 模块本体最多集成 3 路高速脉冲输出，频率高达 100 kHz，支持 PWM/PTO 输出方式及多种运动模式，可自由设置运动包络，配备方便易用的向导设置功能，可快速实现设备调速、定位等。

6）通用 SD 卡，方便下载

本机集成 Micro SD 卡插槽，使用市面上通用的 Micro SD 卡即可实现程序的更新和 PLC 固件升级，极大地方便了客户工程师对最终用户的服务支持，也省去了因 PLC 固件升级返厂服务的不便。

7）软件友好，编程高效

在继承西门子编程软件强大功能的基础上，融入了更多的人性化设计，如新颖的带状式菜单、全移动式界面窗口、方便的程序注释、强大的密码保护等。在体验强大功能的同时，大幅提高开发效率，缩短产品上市时间。

8）完美整合，无缝集成

SIMATIC S7-200 SMART 可编程控制器、SIMATIC SMART LINE 触摸屏和 SINAMICS V20 变频器完美整合，为 OEM 客户带来高性价比的小型自动化解决方案，能够满足客户对于人机交互、控制、驱动等功能的全方位需求。

1.2 S7-200 SMART 的基本结构

S7-200 SMART 的基本结构如图 1-1 所示。

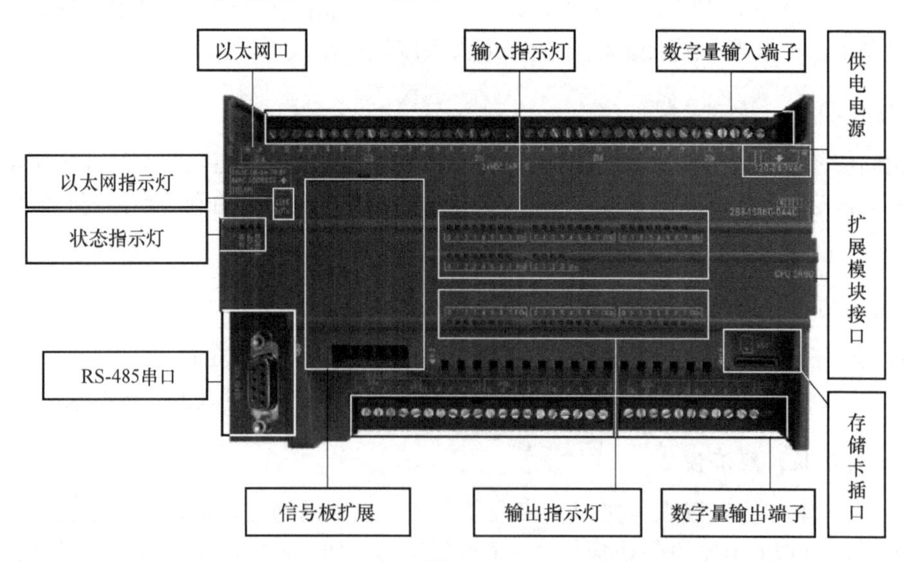

图 1-1

1.3　S7-200 SMART I/O 点的分类及选型

按照 I/O 点的不同，可分为如图 1-2 所示的类型。

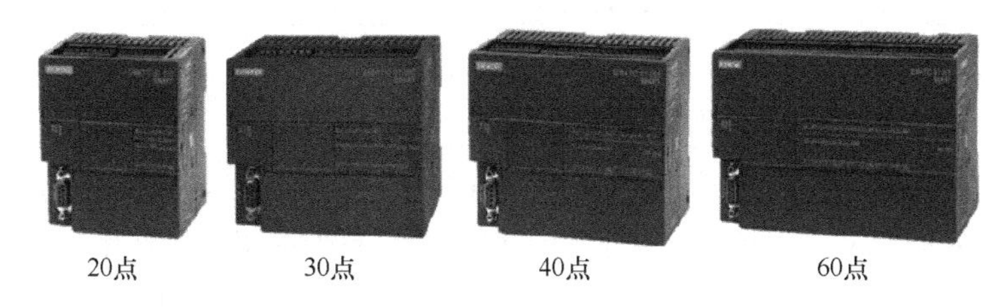

图 1-2

按照可否扩展分为以下两种类型。

（1）标准型：可扩展 CPU，可以满足对 I/O 点数有较大需求、逻辑较复杂的控制系统。

（2）经济型：不可扩展 CPU，只能通过本体自带的 I/O 点，完成简单的控制需求。

按照输出类型分为以下两种类型。

（1）继电器型：可以负载较大电流（2A）和电压（AC 5～250V 或 DC 5～30V），但响应速度慢（10ms 左右，不可输出高速脉冲控制步进或伺服系统），触点寿命短（机械寿命 10 000 000 次断开/闭合周期，额定负载下触点寿命 100 000 次断开/闭合周期）。

（2）晶体管型：响应速度快（断开到接通最长 1.0μs，接通到断开最长 3.0 μs，可输出高速脉冲驱动步进和伺服），负载的电流（0.5A）和电压（DC 20.4～28.8V）小，无触点寿命长。

详细型号分类及重要性能参数如表 1-1 所示。

表 1-1

CPU 型号	CR40	CR60	SR20	SR30	SR40	SR60	ST20	ST30	ST40	ST60
高速计数	4 路 100kHz		6 路 200kHz							
高速脉冲输出	0 路						2 路 100kHz	3 路 100kHz		
通信端口数量	2		2～4							
扩展模块数量	0		6							
最大开关量	40	60	216	226	236	256	216	226	236	256
最大模拟量	0		49							

表 1-1 CPU 型号中的“C”表示经济型，“S”表示标准型，“R”表示继电器输出型，“T”表示晶体管输出型，数字表示 CPU 本体自带的 I/O 点数。要选择合适的 CPU 还要清楚地知道 CPU 具体的输入与输出点数，如表 1-2 所示。

表 1-2

CPU 型号	SR20/ST20	SR30/ST30	SR40/ST40	SR60/ST60	CR40	CR60
集成的数字 I/O 点数	12 输入 8 输出	18 输入 12 输出	24 输入 16 输出	36 输入 24 输出	24 输入 16 输出	36 输入 24 输出

续表

CPU 型号	SR20/ST20	SR30/ST30	SR40/ST40	SR60/ST60	CR40	CR60
最大数字量 I/O 点数	108 输入 104 输出	114 输入 108 输出	120 输入 112 输出	132 输入 120 输出	24 输入 16 输出	36 输入 24 输出
最大模拟量 I/O 点数	49 输入 AI 25 输出 AQ	49 输入 AI 25 输出 AQ	49 输入 AI 25 输出 AQ	49 输入 AI 25 输出 AQ		
可扩展模块数	最多 6 块				0 块	

在进行 PLC 系统设计时，首先应确定控制方案，然后就是进行 PLC 工程设计选型。工艺流程的特点和应用要求是设计选型的主要依据。PLC 及有关设备应是集成的、标准的，按照易于与工业控制系统形成一个整体、易于扩充其功能的原则选型，所选用的 PLC 应是在相关工业领域有投运业绩、成熟可靠的系统，PLC 系统的硬件、软件配置及功能应与装置规模和控制要求相适应。熟悉可编程序控制器、功能表图及有关编程语言有利于缩短编程时间，因此进行工程设计选型和估算时，应详细分析工艺过程的特点、控制要求，明确控制任务和范围，确定所需的操作和动作，然后根据控制要求，估算输入/输出点数、所需存储器容量，确定 PLC 的功能、外部设备特性等，最后选择有较高性价比的 PLC 和设计相应的控制系统。

1.3.1 输入/输出（I/O）点数的估算

进行 I/O 点数估算时应考虑适当的余量，通常根据统计的输入/输出点数，再增加 10%～20%的可扩展余量后作为输入/输出点数的估算数据。实际订货时，还需根据制造厂商 PLC 的产品特点，对输入/输出点数进行圆整，如选择 ST30 刚好可满足系统要求，则考虑余量可选 ST40。

1.3.2 存储器容量的估算

存储器容量是可编程序控制器本身能提供的硬件存储单元大小，程序容量是存储器中用户应用项目使用的存储单元大小，因此程序容量小于存储器容量。在设计阶段，由于用户应用程序还未编制，因此程序容量在设计阶段是未知的，需在程序调试之后才能获得。为了设计选型时能对程序容量有一定估算，通常用存储器容量的估算来替代。

存储器容量的估算没有固定公式，许多文献资料中给出了不同公式，大体上都是按数字量 I/O 点数的 10～15 倍，加上模拟 I/O 点数的 100 倍，以此数为内存的总字数（16 位为一个字），另外再将此数的 25%作为余量。一般情况下，CPU 内部提供了足够的存储器，具体以手册为准。

1.3.3 功能的选择

该选择包括运算功能、控制功能、通信功能、编程功能、诊断功能和处理速度等的选择。

1. 运算功能

简单 PLC 的运算功能包括逻辑运算、定时和计数功能；普通 PLC 的运算功能还包括数据移位、比较等运算功能；较复杂运算功能有代数运算、数据传送等；高性能 PLC 中还有模拟量的 PID 运算、中断、高速计数、高速脉冲输出等其他高级运算功能。随着开放系统的出现，目前在 PLC 中都已具有通信功能，有些产品具有与下位机的通信，有些产品具有与同位机或上位机的通信，还有些产品具有与工厂或企业网进行数据通信的功能。在设计选型时应从实际应用的要求出发，合理选用所需的运算功能。大多数应用场合只需要逻辑运算、定时和计数功能，有些应用需要数据传送和比较，当用于模拟量检测和控制时，才使用代数运算、数值转换和 PID 运算。

2．控制功能

控制功能包括 PID 控制运算、前馈补偿控制运算、比值控制运算等，应根据控制要求确定。PLC 主要用于顺序逻辑控制，因此大多数场合常采用单回路或多回路控制器解决模拟量的控制问题，有时也采用专用的智能输入/输出单元完成所需的控制功能，提高 PLC 的处理速度，节省存储器容量。例如，采用 PID 控制单元、高速计数器、带速度补偿的模拟单元、ASCII 码转换单元等。

3．通信功能

大中型 PLC 系统应支持多种现场总线和标准通信协议（如 TCP/IP），需要时应能与工厂管理网相连接。通信协议应符合 ISO/IEEE 通信标准，应是开放的通信网络。PLC 系统的通信接口应包括串行和并行通信接口（RS-232C/422A/423/485）、RIO 通信接口、工业以太网、常用 DCS 接口等；大中型 PLC 通信总线（含接口设备和电缆）应 1：1 冗余配置，应符合国际标准，通信距离应满足装置的实际要求。

PLC 系统的通信网络中，上级的网络通信速率应大于 1Mb/s，通信负荷不大于额定负荷的 60%。PLC 系统通信网络的主要形式有下列几种：（1）PC 为主站，多台同型号 PLC 为从站，组成简易 PLC 网络；（2）1 台 PLC 为主站，其他同型号 PLC 为从站，构成主从式 PLC 网络；（3）PLC 网络通过特定网络接口连接到大型 DCS 中作为 DCS 的子网；（4）专用 PLC 网络（各厂商的专用 PLC 通信网络）。

为减轻 CPU 的通信任务，根据网络组成的实际需要，应选择具有不同通信功能的（如点对点、现场总线、工业以太网）通信处理器。

4．编程功能

离线编程方式：PLC 和编程器共用一个 CPU，编程器在编程模式时，CPU 只为编程器提供服务，不对现场设备进行控制。完成编程后，编程器切换到运行模式，CPU 对现场设备进行控制，不能进行编程。这种方式可降低系统成本，但使用和调试不方便。

在线编程方式：CPU 和编程器有各自的 CPU，主机 CPU 负责现场控制，并且在一个扫描周期内与编程器进行数据交换，编程器把在线编制的程序或数据发送到主机，在下一个扫描周期，主机就根据新收到的程序运行。这种方式成本较高，但系统调试和操作方便，在大中型 PLC 中常采用。

标准化编程语言：S7-200 SMART 支持 3 种编程语言，即顺序功能图（SFC）、梯形图（LD）、功能模块图（FBD），在国内使用最普遍的是梯形图（LD）。编程软件 STEP7-Micro/WIN SMART 提供了 3 种编程语言之间的转换功能，以满足不同编程人员的需求。

5. 诊断功能

PLC 的诊断功能包括硬件和软件的诊断。硬件诊断通过硬件的逻辑判断确定硬件的故障位置，软件诊断分为内诊断和外诊断。通过软件对 PLC 内部的性能和功能进行诊断是内诊断，通过软件对 PLC 的 CPU 与外部输入/输出等部件的信息交换功能进行诊断是外诊断。PLC 诊断功能的强弱直接影响对操作和维护人员技术能力的要求，并且影响平均维修时间。

6. 处理速度

PLC 采用扫描方式工作。从实时性要求来看，处理速度应越快越好，如果信号持续时间短于扫描时间，则 PLC 将扫描不到该信号，从而造成信号数据的丢失。处理速度与用户程序的长度、CPU 处理速度、软件质量等有关。S7-200 SMART 节点响应速度快，基本指令执行时间约 0.15μs，因此能满足控制要求高、响应要求快的应用需求。

1.3.4 机型的选择

1. PLC 的类型

PLC 按结构分为整体型和模块型两类，按应用环境分为现场安装和控制室安装两类。从应用角度出发，通常可按控制功能或输入/输出点数选型。整体型 PLC 的 I/O 点数固定，用户选择的余地较小，用于小型控制系统；模块型 PLC 提供多种 I/O 卡件或插卡，用户可较合理地选择和配置控制系统的 I/O 点数，功能扩展方便，一般用于大中型控制系统。

2. 输入/输出的选择

输入/输出的选择应考虑与应用要求的统一。例如，对输入，应考虑信号电平、信号传输距离、信号隔离、信号供电方式等应用要求。对输出，应考虑选用的输出类型，通常继电器输出具有价格低、使用电压范围广、寿命短、响应时间较长等特点；晶体管输出适用于开关频繁的场合，但价格较贵，过载能力较差，在要使用步进伺服进行运动控制的系统中必须选用晶体管输出型。

3. 电源的选择

一般 PLC 的供电电源应设计选用 AC 220V 或 DC 24V，与国内电网电压一致（S7-200 SMART 晶体管型采用 DC 24V 供电，继电器型采用 AC 220V 供电）。如果设计的是国外项目，还应考虑国外电网电压，选择适合的电压，如果厂家没有合适电压型号可选择，应选用变压器等供电设备为 PLC 提供合适电源。重要的应用场合应采用不间断电源或稳压电源供电。如果 PLC 本身带有可使用电源时，应核对所提供的电流是否满足应用要求，否则应设计外接供电电源。为防止外部高压电源因误操作而引入 PLC，对输入和输出信号的隔离是必要的，有时也可采用简单的二极管或熔丝管隔离。

4. 冗余功能的选择

1）控制单元的冗余

（1）重要的过程单元：CPU（包括存储器）及电源均应 1∶1 冗余。

（2）在需要时也可选用 PLC 硬件与热备软件构成的热备冗余系统、二重化或三重化冗余容错系统等。

2）I/O 接口单元的冗余

（1）控制回路的多点 I/O 卡应冗余配置。

（2）重要检测点的多点 I/O 卡可冗余配置。

（3）根据需要对重要的 I/O 信号，可选用二重化或三重化的 I/O 接口单元。

5. 经济性的考虑

选择 PLC 时，应考虑性价比。考虑经济性时，应同时考虑应用的可扩展性、可操作性、投入产出比等因素，最终选出较满意的产品。输入/输出点数对价格有直接影响。每增加一块输入/输出，卡件就需增加一定的费用。当点数增加到某一数值后，相应的存储器容量、机架、母板等也要相应增加，因此，点数的增加对 CPU 选用，存储器容量、控制功能范围等的选择都有影响。在估算和选用时应充分考虑，使整个控制系统有较合理的性价比。

1.4　S7-200 SMART 扩展模块及信号板简介

当 CPU 本体自带的 I/O 点不能满足系统要求或需要模拟量输入/输出功能时，就要考虑选用扩展模块，要充分发挥 CPU 的扩展性能，则必须要了解 SMART 提供了哪些扩展模块，从而合理选择组合模块。SMART 不仅提供了丰富的扩展模块还提供了新颖的扩展信号板。如图 1-3 所示。

图 1-3

详细型号如表 1-3 所示。

表 1-3

模 块 型 号	详 细 参 数	订　货　号
EM DE08	数字量输入模块，DC 8×24 V 输入	6ES7 288-2DE08-0AA0
EM DE16	数字量输入模块，DC 16×24 V 输入	6ES7 288-2DE16-0AA0
EM DR08	数字量输出模块，8×继电器输出	6ES7 288-2DR08-0AA0
EM DT08	数字量输出模块，DC 8×24 V 输出	6ES7 288-2DT08-0AA0

续表

模块型号	详细参数	订货号
EM QT16	数字量输出模块，DC 16×24 V 输出	6ES7 288-2QT16-0AA0
EM QR16	数字量输出模块，16×继电器输出	6ES7 288-2QR16-0AA0
EM DR16	数字量输入/输出模块，DC 8×24 V 输入/8×继电器输出	6ES7 288-2DR16-0AA0
EM DR32	数字量输入/输出模块，DC 16×24 V 输入/16×继电器输出	6ES7 288-2DR32-0AA0
EM DT16	数字量输入/输出模块，DC 8×24 V 输入/DC 8×24 V 输出	6ES7 288-2DT16-0AA0
EM DT32	数字量输入/输出模块，DC 16×24 V 输入/DC 16×24 V 输出	6ES7 288-2DT32-0AA0
EM AE04	模拟量输入模块，4 输入	6ES7 288-3AE04-0AA0
EM AE08	模拟量输入模块，8 输入	6ES7 288-3AE08-0AA0
EM AQ02	模拟量输出模块，2 输出	6ES7 288-3AQ02-0AA0
EM AQ04	模拟量输出模块，4 输出	6ES7 288-3AQ04-0AA0
EM AM03	模拟量输入/输出模块，2 输入/1 输出	6ES7 288-3AM03-0AA0
EM AM06	模拟量输入/输出模块，4 输入/2 输出	6ES7 288-3AM06-0AA0
EM AR02	热电阻输入模块，2 通道	6ES7 288-3AR02-0AA0
EM AR04	热电阻输入模块，4 输入	6ES7 288-3AR04-0AA0
EM AT04	热电偶输入模块，4 通道	6ES7 288-3AT04-0AA0
EM DP01	PROFIBUS-DP 从站模块	6ES7 288-7DP01-0AA0

可供选择的扩展信号板如表 1-4 所示。

表 1-4

信号板型号	详细参数	订货号
数字量信号板 SB DT04	DC 2×24V 输入/DC 2×24V 输出	6ES7 288-5DT04-0AA0
模拟量输出信号板 SB AQ01	1×12 位模拟量输出	6ES7 288-5AQ01-0AA0
电池信号板 SB BA01	支持 CR1025 纽扣电池，保持时钟约 1 年	6ES7 288-5BA01-0AA0
RS-485/232 信号板 SB CM01	通信信号板 RS-485/RS-232	6ES7 288-5CM01-0AA0
模拟量输入信号板 SB AE01	1×12 位模拟量输入	6ES7 288-5AE01-0AA0

SMART 设计了新颖的信号板扩展，通过信号板可以有效定制 CPU，提供额外的数字量 I/O、模拟量 I/O、电池扩展和通信接口，不会占用额外的空间。如图 1-4 所示。

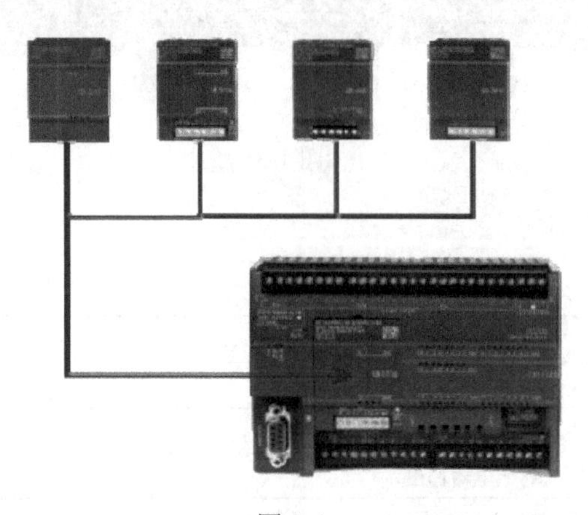

图 1-4

1.5　S7-200 SMART 外部接线

了解了硬件选型，我们就可以开始着手设计外围控制电路及安装控制柜，此外还要了解 SMART 的外部接线，下面以几款典型的 CPU 及模块来讲解一下接线。

图 1-5 中所示上排为输入端子，1M 为输入公共端，可接 DC 24V+，也可接 DC 24V−。当 1M 接正极时，输入信号端应供给负极才能构成回路，激活输入信号，所以采用传感器时应选用 NPN 型。当 1M 接负极时，输入信号端应供给正极才能构成回路，激活输入信号，所以采用传感器输入时应选用 PNP 型。三菱 FX2N 等日系品牌和信捷等国产品牌多采用 NPN 型传感器，西门子则两种传感器都能使用。

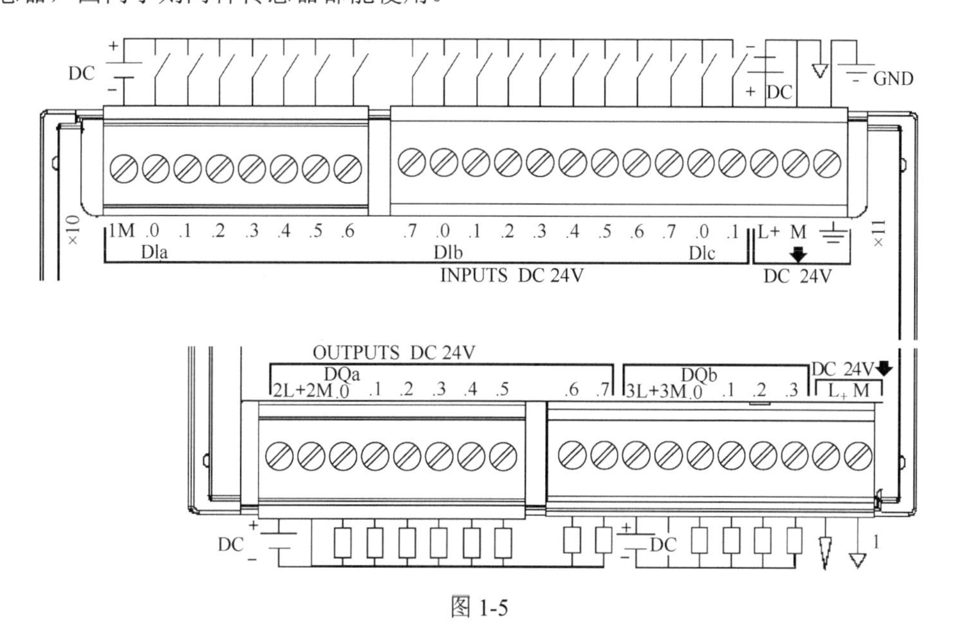

图 1-5

上排的 L_+和 M 为 CPU 的供电端子，分别接 DC 24V+和 DC 24V−。

输出接线如图 1-6 所示，$2L_+$和 $3L_+$为外部给输出点提供的 DC 24V+，2M 和 3M 为外部给输出点提供的 DC 24V−，由图中可以看出输出端输出 DC 24V 信号。L_+和 M 为 CPU 对外供的 DC 24V 电源。

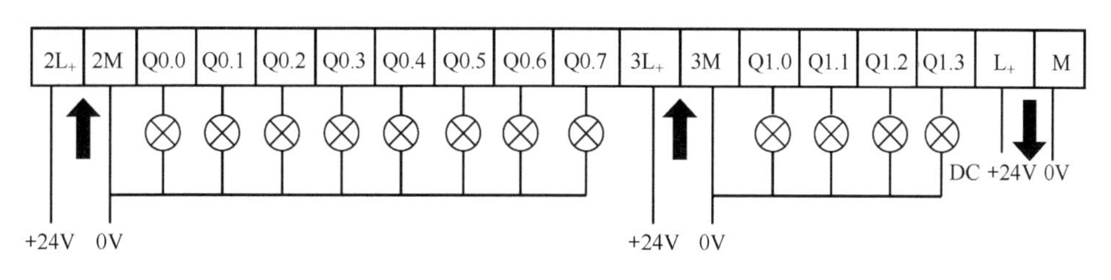

图 1-6

继电器输出型的接线方式有所区别，这里也以 SR30 为例。如图 1-7 所示。

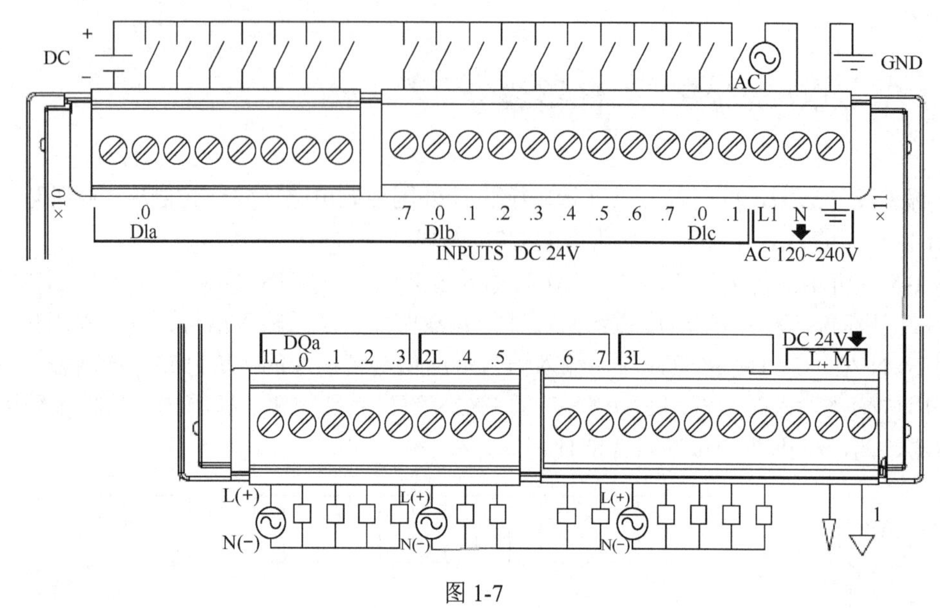

图 1-7

SR30 输入端子和 ST30 一样，采用 AC 220V 供电。输出为继电器型，1L 为 Q0.0～Q0.3 这 4 个输出点的公共端，2L 为 Q0.4～Q0.7 这 4 个点的公共端，依次类推。继电器可通过交流和直流且无方向性，所以公共端可接 AC 220V 的 L 或 N，也可接 DC 24V 的正极或负极。

模拟量模块接线较 S7-200 PLC 简单很多，下面以 EMAE04 和 EMAQ02 为例来了解一下 SMART 模拟量模块如何接线。如图 1-8 和图 1-9 所示。

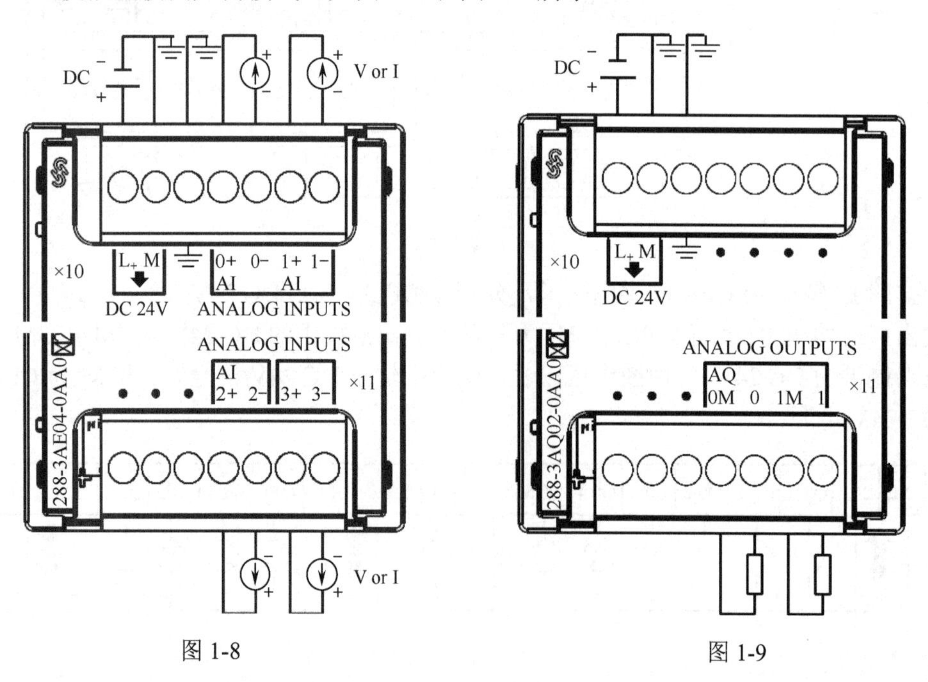

图 1-8　　　　图 1-9

L_+和 M 为模块外部供电端子，采用 DC 24V 供电。在 EMAE04 中 0+和 0−为 0 号输入通道的正、负极，其余通道接线相同。输入模拟量可以为电压或电流信号，接线方法也一样，只是在系统块中选择相应的设置即可。EMAQ02 中 0 和 0M 分别为输出的正、负极，输出量也可以是电压或电流信号，接线方法也一样，只是在系统块中选择相应的设置即可。此处介绍了常用的几款接线方法，详情请参考 S7-200 SMART 硬件手册。

1.6　练习

1．SMART 提供了________和________两种 CPU，全方位满足不同行业的需求。

2．按照输出类型的不同，可分为________和________两种，如果要控制步进应选用______。

3．晶体管型提供了哪几款 CPU？ ____。

4．CPU ST30 本体集成了________点输入和________点输出。

5．EMDT16 提供了________点输入和________点输出，输出类型为________。

6．SMART 输入公共端 1M 接正极时选用的输入传感器为________型。

7．SMART 提供了________路高速计数，最高频率可达________Hz。

8．高速脉冲输出功能可用来控制步进和伺服进行运动，SMART 最多提供了________路高速脉冲输出。

9．CPU 本体无模拟量输入/输出功能，如果要获得一路模拟量输入或输出可选用_______进行扩展，如果要获得更多路就必须用________进行扩展。

10．无论是数字量扩展模块还是模拟量扩展模块，SMART 最多可扩展______个扩展模块。

第 2 章

STEP7-Micro/WIN SMART 编程软件介绍

本章学习目的：通过对本章的学习，了解 STEP7-Micro/WIN SMART 的安装及基本使用方法。主要掌握编程软件的安装，编程软件的整体界面结构，编程软件与 CPU 通信及程序上/下载，系统块中各项设置，程序块、数据块的作用，符号表的作用，状态图表及程序状态监控的使用，交叉引用，向导，工具及其他常用快捷工具。

2.1 编程软件的介绍及安装

安装注意事项：操作系统和硬件要求。

计算机和操作系统必须满足以下要求。

- 操作系统：Microsoft Windows XP SP3（仅 32 位）或 Windows 7（32 位和 64 位）。
- 至少 350 MB 的空闲硬盘空间。
- 最小屏幕分辨率为 1024 × 768 像素，小字体设置。
- Microsoft Windows 支持的鼠标。
- 以太网电缆连接到与 S7-200 SMART 进行通信的网卡。

说明：如果计算机安装了 SIMATIC NET V6.2 或更早的版本，则安装 STEP 7-Micro/WIN SMART 时可能会收到以下错误：

- "SIMATIC NET 组件 sntieno.dll 出现致命错误"（Fatal error in SIMATIC NET Component sntieno.dll）。
- "siem_isotrans 协议安装失败，错误代码 hr=0x80070430"（Installation of protocol siem_isotrans failed with error code hr=0x80070430）。

如果收到此错误，请按以下步骤操作：

（1）完成安装，然后重启计算机。

（2）使用"添加/删除程序"（Add/Remove Programs）卸载 STEP 7-Micro/WIN SMART，然后重启计算机。

（3）重新安装 STEP 7-Micro/WIN SMART。这次不会再收到此错误。

运行环境：为了能在 Windows XP 下安装和使用 STEP 7-Micro/WIN SMART 软件，至少以高级用户权限登录。为了能在 Windows 7 下安装和使用 STEP 7-Micro/WIN SMART，必须以管理员权限登录。

使用 STEP 7-Micro/WIN SMART 时禁用休眠模式。当在线连接打开或 STEP7-Micro/WIN SMART 正通过网络访问项目时，进入休眠模式可能导致以下错误：

- 在线连接意外终止。
- 通过 PC 网络打开的项目中的数据丢失。

为了避免这些错误的发生，在 Windows 控制面板中将操作系统的节能选项设置为“手动触发”，这样可确保定时器不会自动触发休眠。不要在通信任务期间手动触发休眠模式，如上所述，Siemens 已在以下操作系统版本下测试 STEP7-Micro/WIN SMART：

- Windows XP SP3（32 位版本）。
- Windows 7（32 位版本）。
- Windows 7（64 位版本）。

说明：如果发现运行不稳定或无法解释的程序被锁定，请检查计算机的 BIOS 设置，并且确保禁用超线程。要解决其他问题，请重启计算机并重新启动 STEP 7-Micro/WIN SMART。

要安装 STEP 7-Micro/WIN SMART，请按以下步骤操作：

（1）以高级用户权限（Windows XP）或管理员权限（Windows 7）登录。

（2）关闭所有应用程序，包括 Microsoft Office 工具栏及防火墙杀毒软件等。

（3）双击“Setup.exe”启动安装程序（从 www.siemens.com 获取安装包）。

（4）按照显示说明完成安装。

安装完成后打开的界面如图 2-1 所示。

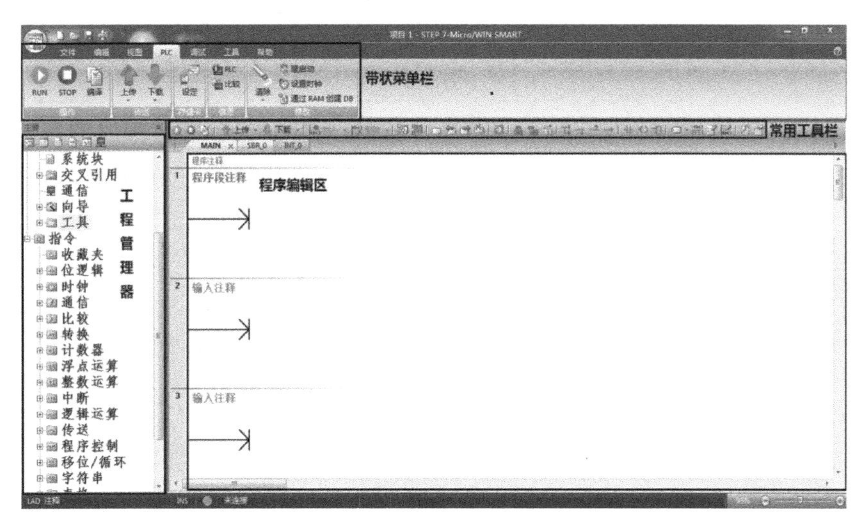

图 2-1

2.2　项目创建

要通过软件编写程序，所以熟悉编程软件至关重要，在开始编写程序前要新建一个项目，单击“文件”→“新建”可以生成一个新项目。单击“文件”→“保存”可以对项目进行保存。新建好项目后应对 CPU 及硬件进行正确的组态设置，这就要用到系统块。

2.3 系统块的设置

双击项目树下的 CPU 型号或系统块，可以打开系统块设置窗口，如图 2-2 所示。

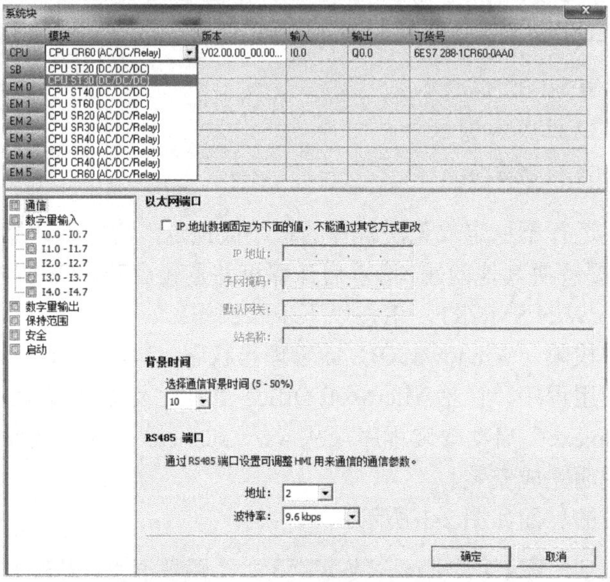

图 2-2

单击“CPU”槽，选择合适的 CPU 型号，单击“通信”，勾选以太网端口可改变 CPU 以太网的 IP 地址，出厂默认为 192.168.2.1，还可修改 RS-485 端口的地址和波特率。

单击“数字量输入”，可以分别设置输入点的滤波（滤波具有抗干扰特性，普通数字量一般不需要设置滤波值，对于中断和高速计数等场合需要高速响应时，则要将滤波值设置小些，通常为 1.6μs）。

单击“数字量输出”，可以分别设置输出点在 STOP 状态下是否强制输出 ON，以及是否冻结在最后状态。

单击“保持范围”，可以设置断电保持区范围，如图 2-3 所示。

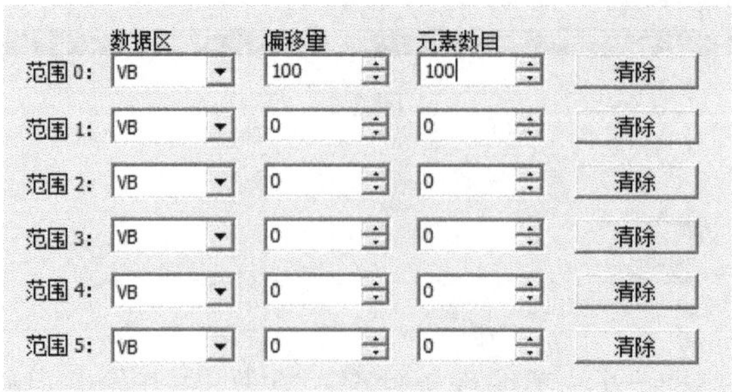

图 2-3

- 数据区：指设定保持的存储区，有 V、M、T、C。可以以字节（B）、字（W）、双字（D）为单位设定。不管以哪种单位设定，偏移量都以字节编号算。
- 偏移量：指从 0（VB0）开始往后偏移的字节个数。
- 元素数目：指保持区数量（单位为前面数据区指定的单位）。图中 V 区保持范围为 VB100～VB199，共 100 个。

单击“安全”，可以设置密码控制 CPU 的访问和修改。

- 完全权限：无密码状态。
- 读取权限：用户可以无密码访问寄存器数据，上传程序，但下载程序、强制存储器及存储卡编程都需要输入正确的密码。
- 最低权限：上传、下载程序，强制存储器，存储卡编程都需要密码。
- 不允许上传：即使输入正确密码，也不能上传程序，其他保护与“最低权限”相同。

单击“启动”，可设置 CPU 断电再启动后的状态，STOP 为停止，RUN 为启动，LAST 为保持断电前的状态。

单击“SB”槽，选择信号板的型号，无信号板扩展可空置。

单击“EM0”槽，设置 0 号（共 6 块）扩展模块的型号，扩展模块的设置一定要跟实际安装的顺序一致，设置好后系统会自动分配地址，按照分配的地址进行编程。这里以 EMAM06 为例，如图 2-4 所示。

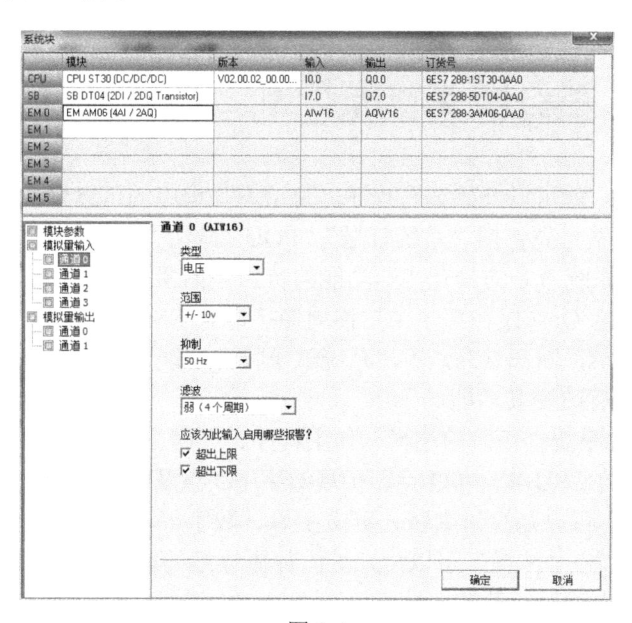

图 2-4

1）模拟量输入通道的属性

（1）类型：表示输入模拟量为电压或电流（通道 1 的类型和通道 0 相同，通道 3 的类型和通道 2 相同）。

（2）范围：表示输入信号的量程。电压为±2.5V，±5V，±10V（双极性为±10V，单极性为 0～10V），电流为 0～20mA（无双极性，通常偏移 20%使用 4～20mA）。

（3）抑制：表示模拟量输入模块使用干扰频率抑制功能，抑制由 AC 电压电源频率产生的噪声。AC 电压电源频率可能会对测量值产生不利影响，尤其是在低电压范围内使用热电偶进行。在欧洲、澳大利亚及亚洲和非洲的大多数国家/地区，均使用 50Hz 的线路频率；而在北美和中美及南美洲的大多数国家/地区，电网的线路频率为 60Hz；航空领域和军事应用中飞机的机载网络则常用 400Hz 的频率，主要是因为线路频率为 400Hz 的发动机通常比较小且轻，但这么高的频率在长距离传输时并不经济，400Hz 的应用通常会受到显著空间限制的影响；16.6Hz 的频率主要用于德国、奥地利和瑞士的牵引供电。

（4）滤波：如果对某个通道选用了模拟量滤波，CPU 将在每一个程序扫描周期前自动读取模拟量输入值，这个值就是滤波后的值，是所设置采样周期的平均值。模拟量的参数设置对所有模拟量信号输入通道均有效。如果对某个通道不滤波，则 CPU 不会在程序扫描周期开始时读取平均滤波值，而只在用户程序访问此模拟量通道时直接读取当时的实际值。

（5）报警：勾选“超出上限”和“超出下限”报警，在发生报警时模块的红灯会闪烁。

2）模拟量输出通道的属性

类型、范围及报警与输入通道的设置相同。

（1）将输出冻结在最后一个状态：勾选此项，CPU 一旦停止将保持运行的最后一个扫描周期的数值不变。

（2）替代值：未勾选“冻结”，则 CPU 停止后以“替代者”输出。

注：数字量扩展模块与 CPU 设置无异，此处不再赘述。

2.4 符号表及符号地址的使用

设置好系统块后，就可以开始编写程序，为了增强程序的可读性，可以应用符号表对程序软元件进行注释。符号表包括“系统符号”“POU 符号”“I/O 符号”“表格 1”。

（1）系统符号：系统命令的具有特殊功能的特殊存储器，如 SM0.0 Always_On（始终接通）、SM0.1 First_Scan_On（仅在第一个扫描周期接通）、SM0.5 Clock_1s（针对 1s 的时间周期，时钟脉冲接通 0.5s，断开 0.5s）等，系统赋予特殊功能，编写程序时可以按照相应功能进行调用，但不可自行改变其功能。

（2）POU 符号：系统程序段的注释，如主程序、子程序及中断程序。

（3）I/O 符号：对 CPU 本体 I/O 点、扩展数字 I/O 点及扩展模拟 I/O 进行文字注释，方便阅读程序。“符号”可以是汉语文字、英文字母、数字等，但要避免与系统地址重叠，并且不得出现相同的符号；“注释”可以为地址添加更详细的解释，如图 2-5 所示。

（4）表格 1：除上述符号外的地址可以在表格 1 中进行注释，如 M、S、V 等。

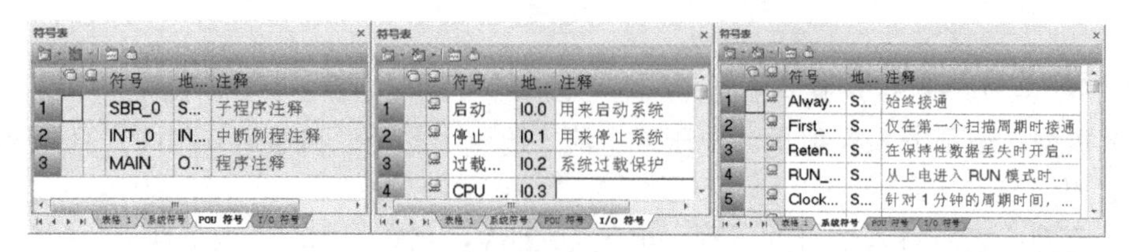

图 2-5

注意：I/O 符号只能通过 I/O 符号表进行注释，其他符号可以在编写程序时右击要修改的地址，选择“定义符号”，如图 2-6 所示。

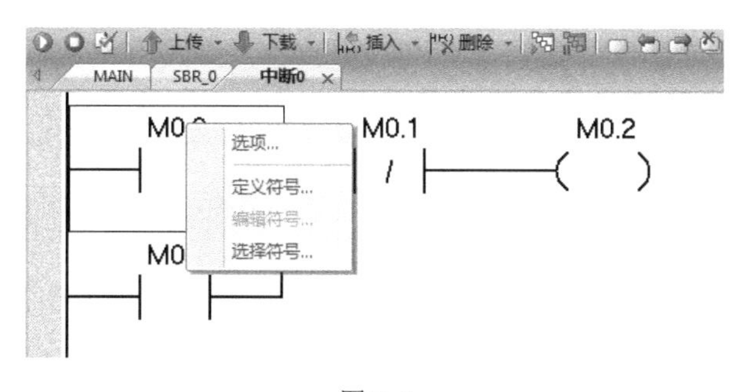

图 2-6

2.5　状态图表及程序状态监控的使用

调试程序时要监控或修改存储器的数值就要用到状态图表。

状态图表：用来监控和修改 CPU 存储器的数值。在地址栏填写要监控的地址，选择合适的格式，单击 ![] 会显示该地址的当前值。如果要修改数值，则在新值栏写入要修改的值，单击 ![] 即可将新值写入该地址。如图 2-7 所示。

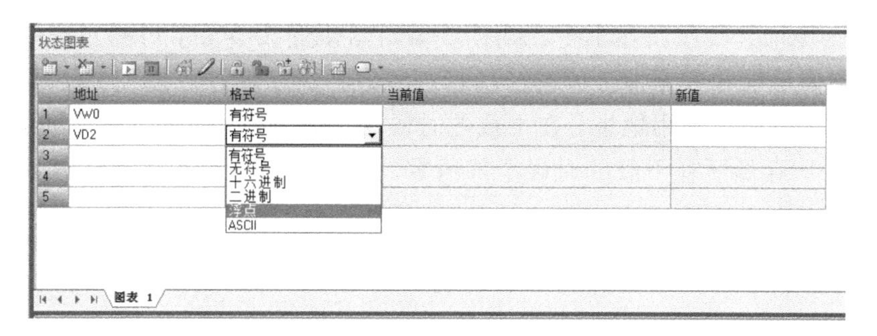

图 2-7

程序状态监控：单击 ![] 弹出比较窗口，单击“比较”即可打开程序状态监控，如图 2-8 所示。

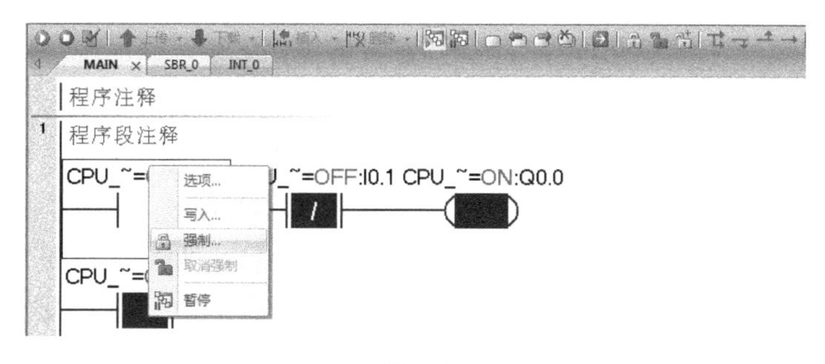

图 2-8

通过程序状态监控可以清楚地看到程序执行过程中各个软元件的接通状态，右击相应软元件选择“写入”还可以修改当前状态（对物理输入 I 点不能直接写入，但是利用“强制”也能修改其状态）。

2.6 数据块的使用

数据块：用来给存储器赋初始值，包括用户编写的数据块和向导自动生成的数据块。允许向 V 存储区的特定位置分配常数（数字值或字符串）；可以对 V 存储区的字节（V 或 VB）、字（VW）或双字（VD）地址赋值；还可以输入可选注释，前面带双斜线“//”。

数据块的第一行必须分配显式地址。可使用存储器地址（绝对地址）或符号表中以前分配给地址的符号名称（符号地址）。后续行可分配显式地址或隐式地址。当在单个地址分配后输入多个数据值时，或者输入仅包含数据值的一行时，编辑器会自动进行隐式地址分配。编辑器根据先前的地址分配及数据值的大小（字节、字或双字），指定适当数量的 V 存储区。

数据块编辑器是一种自由格式文本编辑器，其预期地址或符号名称出现在第一个位置。如果继续输入一个隐式数据值条目，则输入隐式赋值前在地址位置输入至少一个空格。输入一行后，按 ENTER 键，数据块编辑器格式化该行（对齐地址列、数据和注释；大写 V 存储区地址）并重新显示行。数据块编辑器接受大小写字母并允许使用逗号、制表符或空格作为地址和数据值之间的分隔符。完成一个赋值行后按 CTRL+ENTER 键将地址自动增加至下一个可用地址。在下载的时候一定要勾选，编写了的数据块才能生效，其他未编写的 V 存储区在下载的时候全部清零，在程序调试时不需要清除其他存储器，可以不勾选数据块。如果 V 存储区未设置为断电保持，则在每次重新上电后恢复数据块的值。

2.7 交叉引用的使用

交叉引用：调试程序时，可能决定需要增加、删除或编辑的参数。

使用“交叉引用”（Cross Reference）窗口查看程序中参数当前的赋值情况。这可防止无意间重复赋值。可通过以下方法访问交叉引用表：

在项目树中打开“交叉引用”（Cross Reference）文件夹，然后双击“交叉引用”（Cross Reference）、“字节使用”（Byte Usage）或“位使用”（Bit Usage），单击导航栏中的交叉引用图标，或在“视图”（View）菜单功能区的“窗口”（Windows）区域，在“查看组件”（View Component）选择器中单击“交叉引用”（Cross Reference）。交叉引用表以选项卡形式显示整个编译项目所用元素及其字节使用和位使用。如图 2-9 所示。

交叉引用

	元素	块	位置	上下文
1	CPU_输入0:I0.0	MAIN (OB1)	程序段 1	-||-
2	CPU_输入1:I0.1	MAIN (OB1)	程序段 1	-|/|-
3	CPU_输出0:Q0.0	MAIN (OB1)	程序段 1	-( )
4	CPU_输出0:Q0.0	MAIN (OB1)	程序段 1	-||-

交叉引用 / 字节使用 / 位使用

图 2-9

2.8　程序的编写与上/下载

编写好的程序要下载到 CPU 才能运行，SMART 采用以太网口下载程序，首先要保证计算机与 CPU 通信正常。

通信：在 STEP 7-Micro/WIN SMART 中，使用以下方法显示“通信”（Communications）对话框，组态与 CPU 的通信。在项目树中，双击“通信”（Communications）节点，或者在“视图”（View）菜单功能区的“窗口”（Windows）区域内，从“组件”（Component）下拉列表中选择“通信”（Communications）。

打开通信对话框，如图 2-10 所示。

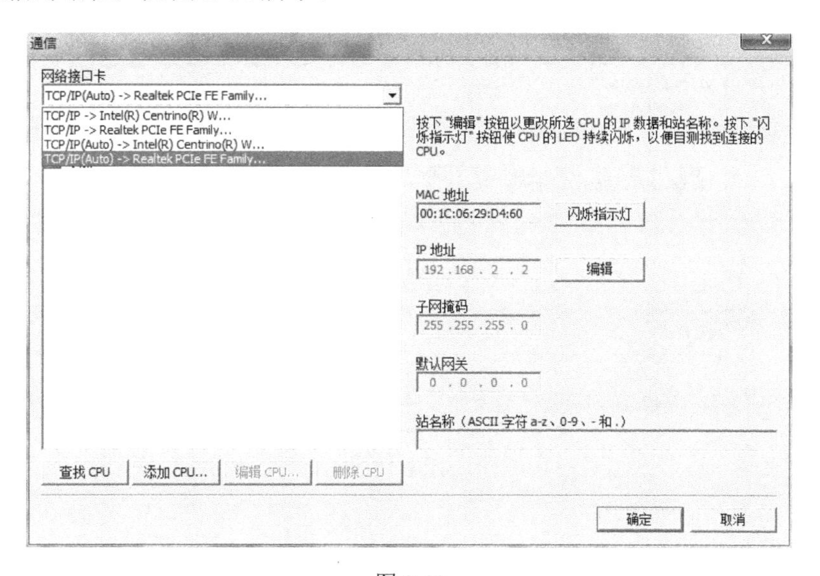

图 2-10

选择正确的本地网卡（在网络连接中可查看网卡型号），单击“查找”可以搜索到所连接的 CPU 对应的 IP 地址（个别计算机搜索不到请检查通信设置重复搜索），要建立与 CPU 的连接，网络接口卡（NIC）和 CPU 的网络类别、子网必须相同。可以设置网络接口卡与 CPU 的默认 IP 地址匹配，也可以更改 CPU 的 IP 地址与网络接口卡的网络类别和子网匹配，即计算机的 IP 与 CPU 的 IP 前三位相同，后一位不同，如 192.168.2.XX。连接可以使用固定的 IP，也可以选择 TCP/IP(Auto) -> Realtek PCIe FE Family... 将计算机设置成自动获取 IP 进行连接。

程序上/下载：建立通信连接后，在“PLC 菜单”下单击弹出“下载”对话框，如图 2-11 所示。

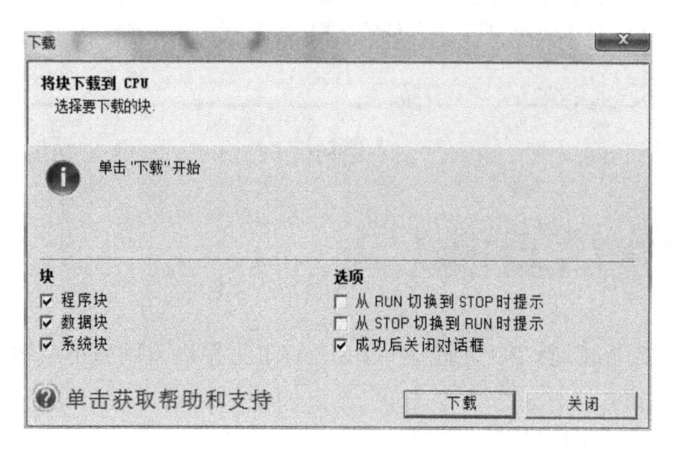

图 2-11

勾选相应块，进行设置后单击“下载”即可将程序下载到 CPU 的程序存储区中，下载完成后可在线调试或离线运行；下载好的程序能保存在 CPU 中，可以通过上传将程序传回计算机，在“PLC 菜单”下单击弹出上传对话框，如图 2-12 所示。

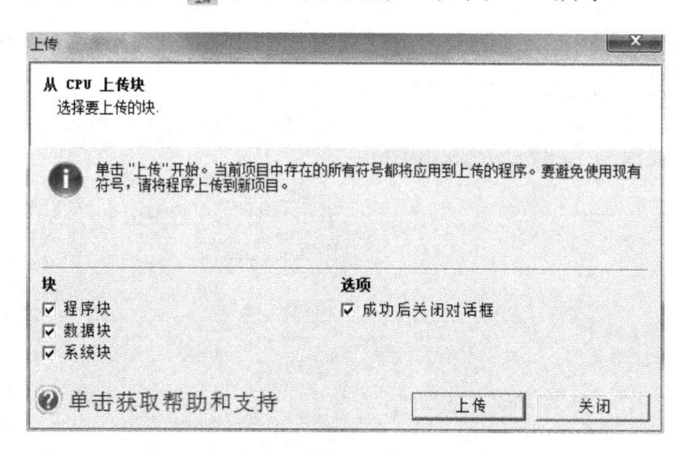

图 2-12

2.9 软件的其他常用功能

运行/停止 CPU：单击“PLC 菜单”下的 RUN STOP，RUN 为运行 CPU，STOP 为停止 CPU。

编译：单击“PLC 菜单”下的，可对编写的程序进行编译，检测编写的程序是否存在错误，并且将结果显示在输出窗口。如图 2-13 所示。

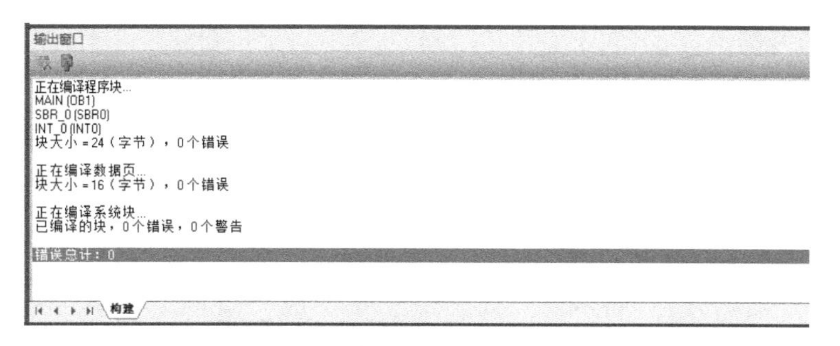

图 2-13

如果编译出现错误，则可在“输出窗口”（Output Window）中双击错误信息，使程序自动滚动到错误所在的程序段，但是有些非致命错误通过编译不能检测出来，在下载时会提示，如图 2-14 所示。

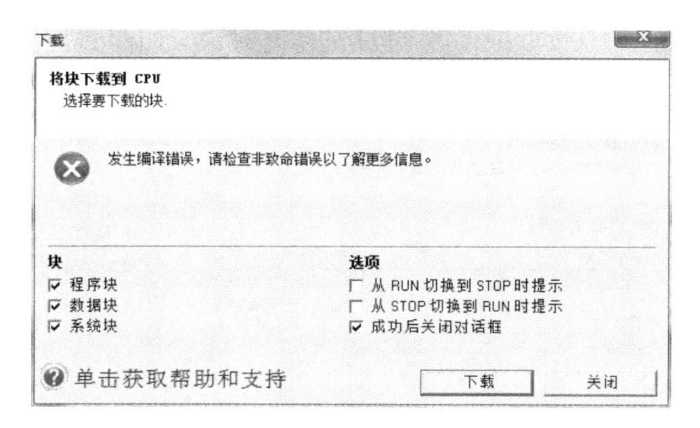

图 2-14

可在“PLC 菜单”下单击 PLC，查看非致命错误，如图 2-15 所示。

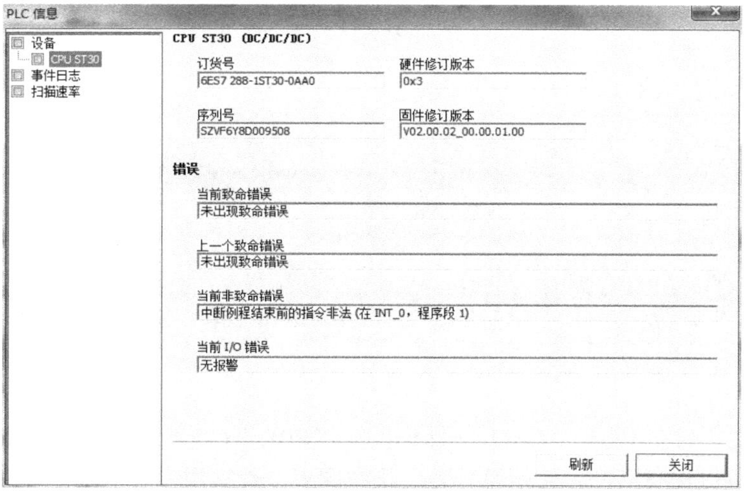

图 2-15

清除 CPU 和设置时钟：单击“PLC 菜单”下的“清除”，可以在未设置保护或输入正确密码时清除 CPU 的程序或恢复出厂。如图 2-16 所示。

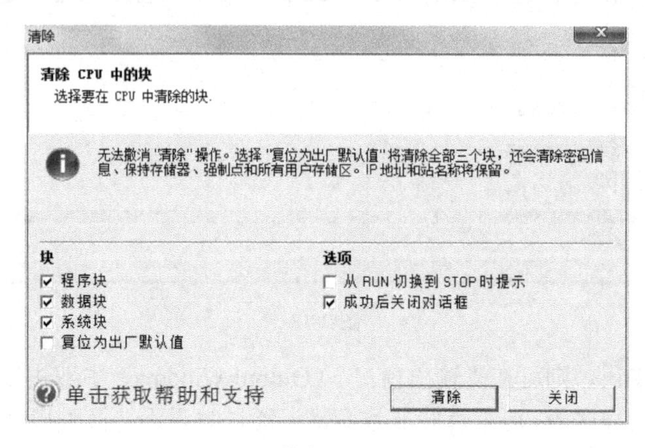

图 2-16

单击“设置时钟”，可以读取或修改 CPU 的实时时钟，如图 2-17 所示。

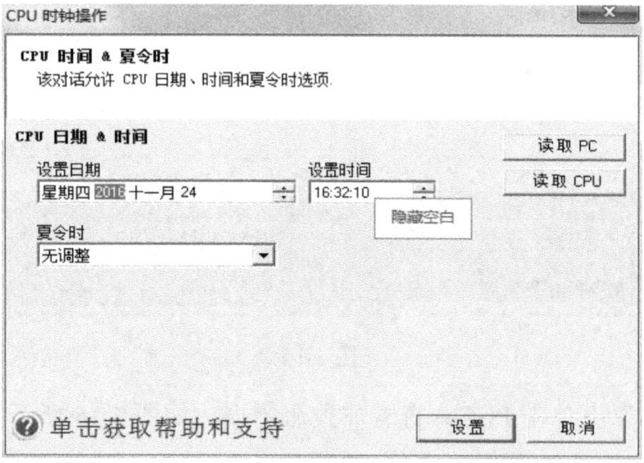

图 2-17

视图菜单如图 2-18 所示。

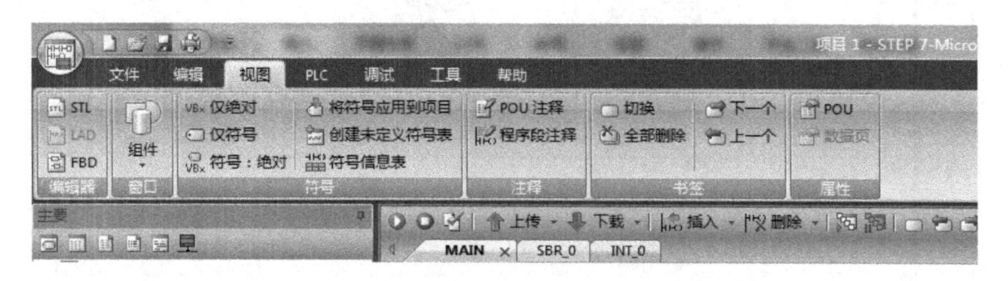

图 2-18

单击“STL”（语句表）、“LAD”（梯形图）、“FBD”（函数块图）可以切换编程语言；单击“组件”可以选择打开、关闭符号表、状态图表、数据块、交叉引用等窗口。单击“仅绝对”“仅符号”“符号：绝对”可以对程序显示在三者间进行切换；单击“符号信息表”“POU 注释”“程序段注释”可显示和关闭相对应的信息。

工具菜单如图 2-19 所示。

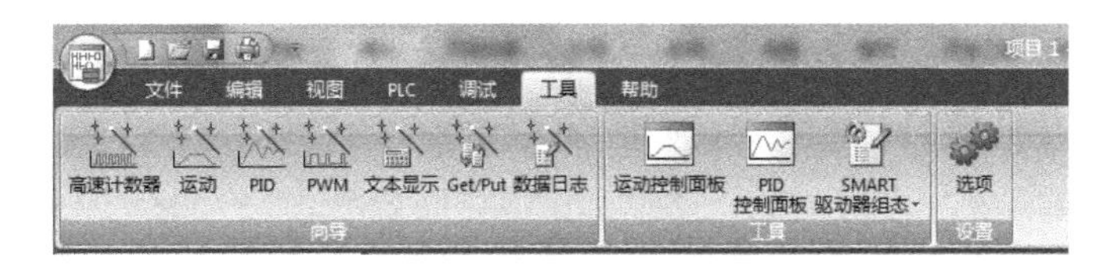

图 2-19

通过图 2-19 所示的工具菜单可以打开高速计数器向导、运动向导、PID 向导、Get/Put 向导、运动控制面板、PID 控制面板等。如图 2-20 和图 2-21 所示。

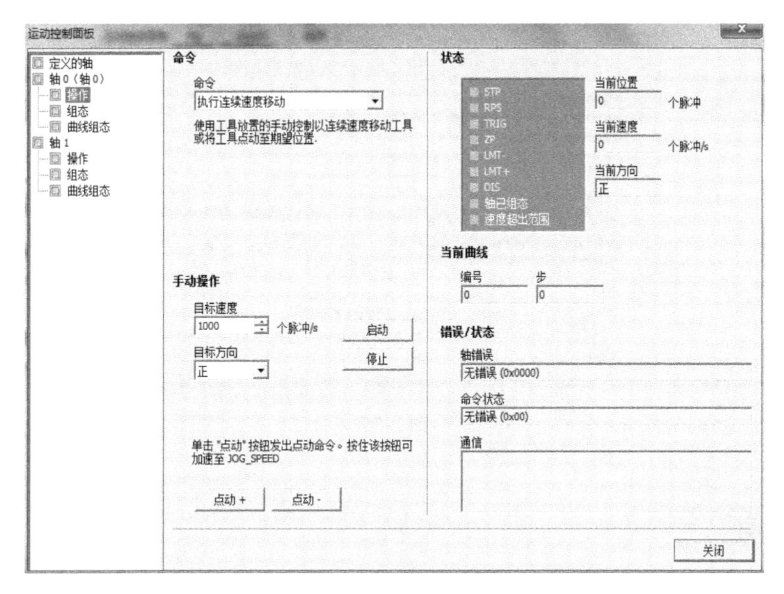

图 2-20

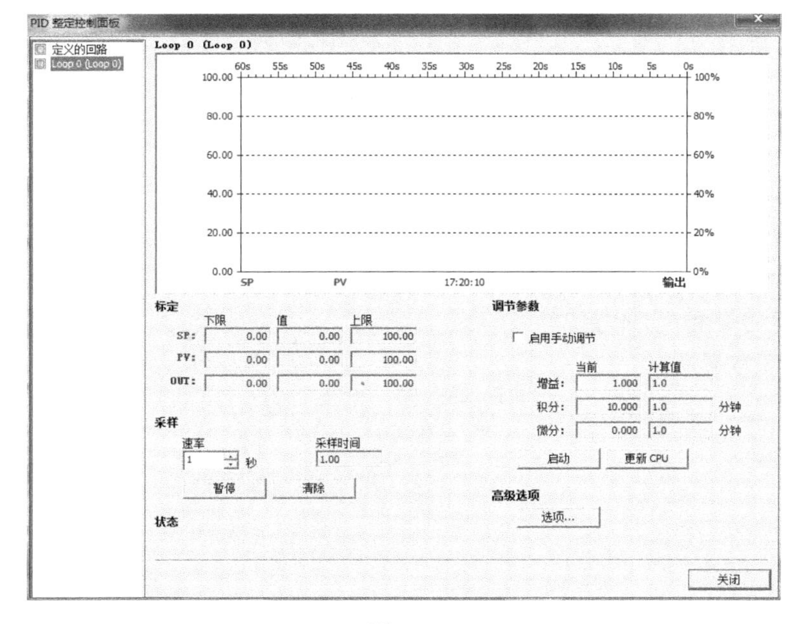

图 2-21

如果对哪些指令及功能不清楚，可以点到该指令按下 F1 键，即可打开对应的帮助功能，帮助中有针对指令及功能的详细解说，如图 2-22 所示。

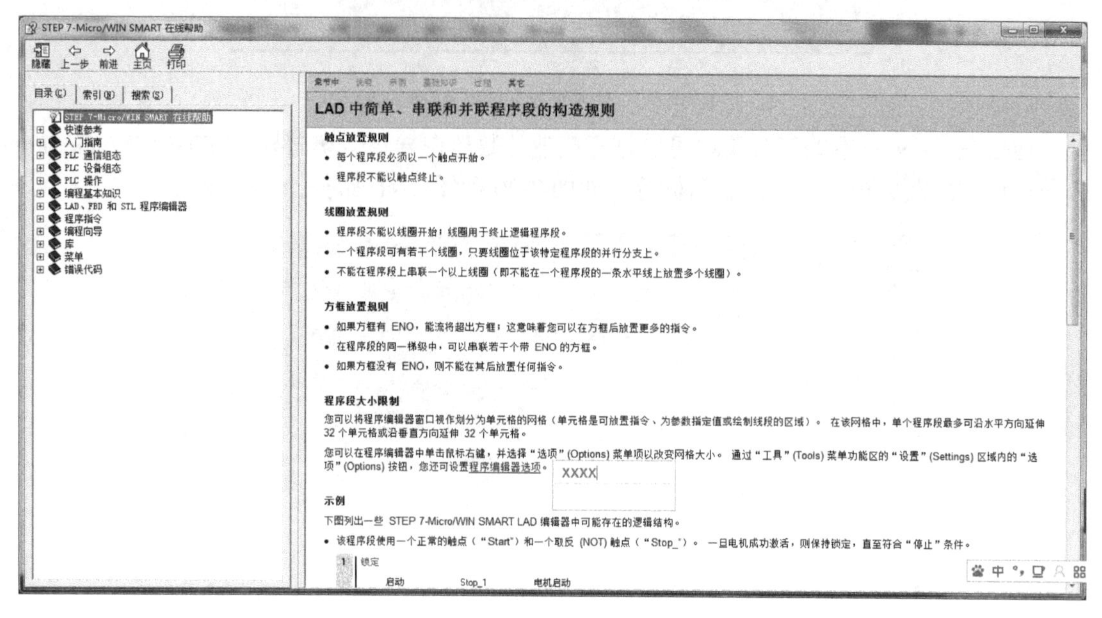

图 2-22

2.10 练习

1．如何修改 CPU 的 IP 地址？

2．如何设置密码保护？各个级别分别有哪些保护功能？

3．如何设置 CPU 切换到 STOP 状态后数字输出点的状态？

4．如何设置重新上电后 CPU 的运行状态？

5．如何设置存储器断电保持？

6．状态图表有什么作用？

7．如何修改 I/O 符号？

8．写入和强制有什么区别？哪些可以写入，哪些必须用强制？

9．交叉运用表有什么作用？

10．如何获取帮助？

第 3 章

S7-200 SMART 编程基础

本章学习目的：通过对本章的学习，了解 PLC 的发展历史、标准编程语言。掌握 PLC 中常用进制数及之间的转换关系、S7-200 SMART 提供了哪些存储区及如何对各存储区进行寻址。熟练掌握基本位逻辑指令的应用、定时器和计数器的工作原理及编程应用。

3.1　S7-200 SMART 编程语言与程序结构

PLC 的用户程序是设计人员根据控制系统的工艺要求通过 PLC 编程语言编制的。与个人计算机相比，PLC 的硬件和软件相对比较封闭，各厂家的编程语言和指令表达方式各不相同，互不兼容。根据国际电工委员会制定的工业控制编程语言标准（IEC61131-3），PLC 的编程语言包括 5 种：梯形图语言（LAD）、指令表语言（STL）、功能模块图语言（FBD）、顺序功能流程图语言（SFC）及结构化文本语言（ST）。

1. 梯形图语言

梯形图语言（LAD）是 PLC 程序设计中最常用的编程语言，它是与继电器线路类似的一种编程语言。由于电气设计人员对继电器控制较熟悉，故梯形图编程语言得到了广泛应用。

梯形图编程语言的特点是：与电气操作原理图相对应，具有直观性和对应性；与原有继电器控制相一致，电气设计人员易于掌握。

梯形图编程语言与原有继电器控制的不同点是，梯形图中的能流不是实际意义上的电流，内部的继电器也不是实际存在的继电器，应用时，需要与原有继电器控制的概念区别对待。

图 3-1（a）所示是典型的交流异步电动机直接启动控制电路图。图 3-1（b）所示是采用 PLC 控制的程序梯形图。

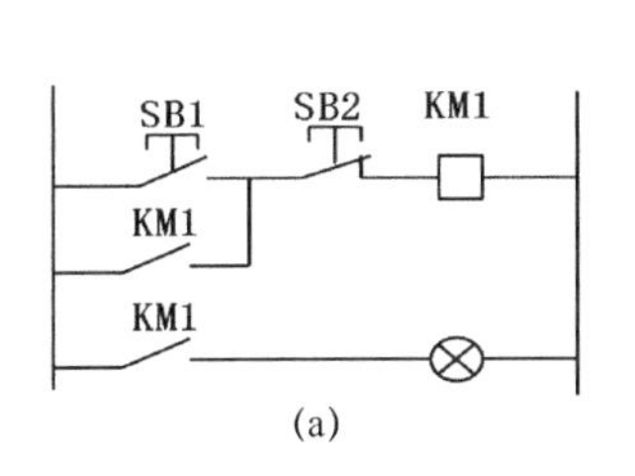

(a)

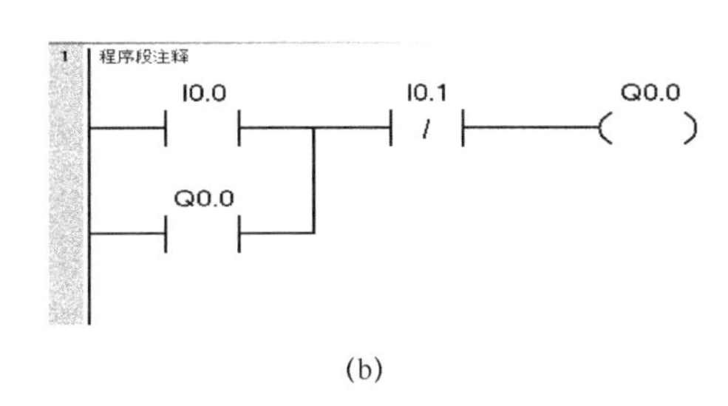

(b)

图 3-1

2．指令表语言

指令表语言（STL）是与汇编语言类似的一种助记符编程语言，和汇编语言一样由操作码和操作数组成。在无计算机的情况下，适合采用 PLC 手持编程器对用户程序进行编制，同时指令表编程语言与梯形图编程语言一一对应，在 PLC 编程软件下可以相互转换。图 3-2 所示就是与图 3-1（b）所示 PLC 梯形图对应的指令表。

指令表编程语言的特点是：采用助记符来表示操作功能，容易记忆，便于掌握；在手持编程器的键盘上采用助记符表示，便于操作，可在无计算机的场合进行编程设计；与梯形图有一一对应关系。其特点与梯形图语言基本一致。

3．功能模块图语言

功能模块图语言（FBD）是与数字逻辑电路类似的一种 PLC 编程语言。采用功能模块图的形式来表示模块所具有的功能，不同的功能模块有不同的功能。图 3-3 是对应图 3-1 所示交流异步电动机直接启动的功能模块图编程语言的表达方式。

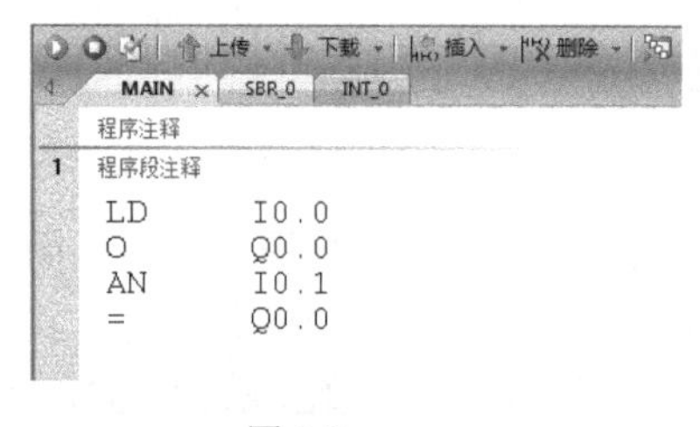

图 3-2

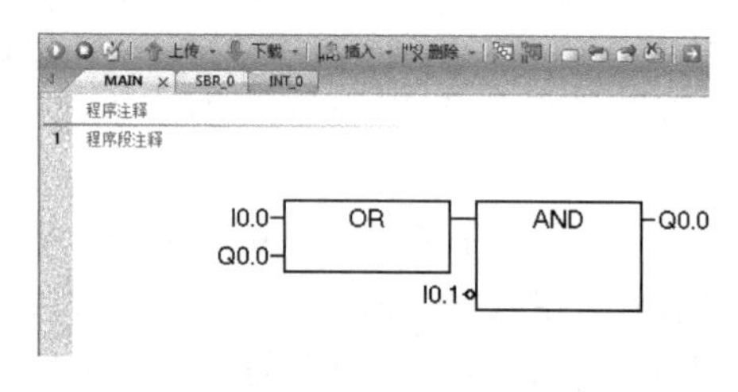

图 3-3

4．顺序功能流程图语言

顺序功能流程图语言（SFC）是为了满足顺序逻辑控制而设计的编程语言。编程时将顺序流程动作的过程分成步和转换条件，根据转换条件对控制系统的功能流程顺序进行分配，一步一步按照顺序动作。每一步代表一个控制功能任务，用方框表示。在方框内含有用于完成相应控制功能任务的梯形图逻辑。使用这种编程语言编制的程序结构清晰，易于阅读及维护，大大减轻了编程的工作量，缩短编程和调试时间，用于系统规模较大，程序关系较复杂的场合。

顺序功能流程图语言的特点：以功能为主线，按照功能流程的顺序分配，条理清楚，便于对用户程序进行理解；避免梯形图或其他语言不能顺序动作的缺陷，同时也避免用梯形图语言对顺序动作编程时，由于机械互锁造成用户程序结构复杂、难以理解的缺陷；用户程序扫描时间也大大缩短。

5．结构化文本语言

结构化文本语言（ST）是用结构化的文本来描述程序的一种编程语言。它是类似于高级语言的一种编程语言。在大中型 PLC 系统中，常采用结构化文本来描述控制系统中各个变量的关系，主要用于其他编程语言较难实现的用户程序编制。

结构化文本语言采用计算机的描述方式来描述系统中各种变量之间的运算关系，完成所需的功能或操作。大多数 PLC 制造商采用的结构化文本编程语言与 BASIC、PASCAL 或 C 等高级语言相类似，但为了应用方便，在语句的表达方法及种类等方面都进行了简化。

结构化文本语言的特点：采用高级语言进行编程，可以完成较复杂的控制运算；需要有一定的计算机高级语言的知识和编程技巧，对工程设计人员要求较高。直观性和可操作性较差。

不同型号的 PLC 编程软件对以上 5 种编程语言的支持种类是不同的，早期的 PLC 仅仅支持梯形图语言和指令表语言。SMART 对梯形图（LAD）、指令表（STL）、功能模块图（FBD）语言都支持。本书只介绍利用梯形图语言编程。

3.2 S7-200 SMART 常用的数据类型

3.2.1 数制

1. 二进制数

所有数据在 PLC 中都是以二进制形式存储的，在编程软件中可以使用不同的进制。

PLC 实际上就是一台工业用计算机，二进制是计算技术中广泛采用的一种数制。二进制数据是用 0 和 1 两个数码来表示的数。它的基数为 2，进位规则是“逢二进一”，借位规则是“借一当二”，由 18 世纪德国数理哲学大师莱布尼茨发现。当前计算机系统使用的基本上是二进制系统，数据在计算机中主要是以补码的形式存储的。计算机中的二进制则是一个非常微小的开关，用“开”来表示 1，“关”来表示 0。

可以用多位二进制数表示大于 1 的数字，遵循逢二进一的运算规则，每一位代表值为 2^n，n 为从右开始的第几位（最低位为 0），第 3 至第 0 位分别为 8、4、2、1，所以二进制也称 8421 码。

PLC 用二进制补码来表示有符号数，其最高位为符号位，0 为正数，1 为负数，正整数的补码是其二进制表示，与原码相同，负整数的补码，将其对应正整数二进制表示的所有位取反（包括符号位，0 变 1，1 变 0）后加 1。

2. 十六进制数

多位二进制数的读写很不方便，为了解决这个问题，可以用十六进制数表示多位二进制数。十六进制（英文名称：Hexadecimal）是计算机中数据的一种表示方法。同我们日常生活中的表示法不一样，它由 0～9，A～F 组成，字母不区分大小写。与十进制的对应关系是 0～9 对应 0～9；A～F 对应 10～15。

十六进制数遵循逢十六进一的运算规则，从右往左第 n 位表示 16^n（最低位为 0），例如，$16\#1234=1\times16^3+2\times16^2+3\times16^1+4\times16^0=4660$

3. BCD 码

BCD 码（Binary Coded Decimal）也称二进码十进数或二-十进制编码。用 4 位二进制数来表示 1 位十进制数中的 0～9 这 10 个数码。

3.2.2 数据类型

1. 位

位（bit）也称 BOOL （布尔）型，是计算机内部数据存储的最小单位，如 I0.0、Q0.0

都是一个位。

2．字节

一个字节（Byte）由 8 个位组成，如 VB0（B 为 Byte 的缩写）。

3．字和双字

相邻两个字节组成一个字（Word），如 VW0；相邻两个字组成一个双字（Double Word），如 VD10。

4．16 位整数和 32 位双整数

16 位整数和 32 位双整数都是有符号数，整数的取值范围为−32768～+32767，双整数的取值范围为−2147483648～+2147483647。

5．32 位浮点数

浮点数又称实数（REAL），是属于有理数中某特定子集的数的数字表示，在计算机中用于近似表示任意某个实数。具体来说，这个实数由一个整数或定点数（即尾数）乘以某个基数（计算机中通常是 2）的整数次幂得到，这种表示方法类似于基数为 10 的科学计数法。

在二进制科学表示法中，S=M×2^N 主要由 3 部分构成：符号位+阶码（N）+尾数（M）。对于 float 型数据，其二进制形式有 32 位，其中符号位 1 位，阶码 8 位，尾数 23 位。符号位：0 表示正，1 表示负。阶码：这里阶码采用移码表示，对于 float 型数据其规定的偏置量为 127，阶码有正有负；对于 8 位二进制，则其表示范围为−128～127。比如，对于 float 型数据，若阶码的真实值为 2，加上 127 后变为 129，其阶码表示形式为 10000010。尾数：有效数字位，即部分二进制位（小数点后面的二进制位），因为规定 M 的整数部分恒为 1，所以这个 1 就不进行存储了。下面举例说明：

float 型数据 125.5 转换为标准浮点格式，125 的二进制表示形式为 1111101，小数部分表示为二进制 1（小数部分乘以 2，小于 1 则为 0，大于 1 则为 1，小数继续乘以 2，直到小数部分为 0 为止），则 125.5 二进制表示为 1111101.1，由于规定尾数的整数部分恒为 1，则表示为 1.1111011×2^6，阶码为 6，加上 127 为 133，表示为 10000101，而对于尾数将整数部分 1 去掉，为 1111011，在其后面补 0 使其位数达到 23 位，则为 11110110000000000000000，其二进制表示形式为 01000010111110110000000000000000。

6．ASCII 码

ASCII（American Standard Code for Information Interchange，美国信息交换标准代码）是基于拉丁字母的一套计算机编码系统，主要用于显示现代英语和其他西欧语言。它是现今最通用的单字节编码系统，并等同于国际标准 ISO/IEC 646。ASCII 码使用指定的 7 位或 8 位二进制数组合来表示 128 或 256 种可能的字符。标准 ASCII 码也叫基础 ASCII 码，使用 7 位二进制数（剩下的 1 位二进制数为 0）来表示所有的大写和小写字母、数字 0～9、标点符号，以及在美式英语中使用的特殊控制字符。

3.3　数制之间的转换

在 PLC 中数据的存储形式只能是二进制，但是在编程时为方便编程人员直观输入，往往采用的是十进制或十六进制，那么十进制、十六进制和二进制之间如何进行转换呢？

1．二进制与十进制之间的转换

先看下面的例子：

$$1234=1\times10^3+2\times10^2+3\times10^1+4\times10^0$$

由此可以看出，十进制的特点如下：

① 逢十进一。

② 基数为 10。

③ 系数乘以基数的 N 次方，然后相加。

④ 幂数为每一个数字所在的位数。

同理可得：二进制的特点如下：

① 逢二进一。

② 基数为 2。

③ 系数乘以基数的 N 次方，然后相加。

④ 幂数为每一个数字所在的位数。

所以有 $1101=1\times2^3+1\times2^2+0\times2^1+1\times2^0=8+4+0+1=13$

2．十进制与二进制之间的转换

除二取余法求（217）10=（　　　　　　　　　　）$_2$

217/2 ························余 1

108/2 ························余 0

54/2 ························余 0

27/2 ························余 1

13/2 ························余 1

6/2 ························余 0

3/2 ························余 1

1/2 ························余 1

最终得出的结果为 2#11011001。

也可推断出十六进制的特点如下：

① 逢十六进一。

② 基数为 16。

③ 系数乘以基数的 N 次方，然后相加。

④ 幂数为每一个数字所在的位数。

$$(96)_{16}=9\times16^1+6\times16^0=(150)_{10}$$

二进制数和十六进制数之间又有什么关系呢？

四位二进制数刚好可代表一位十六进制数，即（1110）$_2$=（E）$_{16}$，所以有

3.4 S7-200 SMART 存储区

1．输入映像区（I）

在每个扫描周期开始时，CPU 对物理输入点进行采样，并且将值存入对应的过程映像区中，I 是 CPU 接收外部数字输入信号的窗口，外部接通对应的 I 映像区为 ON，反之则为 OFF，常开/常闭触点在编程过程中可多次使用。SMART 中提供了 128 个位。

2．输出映像区（Q）

程序执行过程中将需要输出的值写入对应的 Q 中，在扫描结束后，CPU 将过程映像区中的数据传送给输出模块驱动外部负载。SMART 中提供了 128 个位。

3．模拟量输入映像寄存器（AI）

模拟量输入模块将外部输入模拟信号的模拟量转换成 1 字长（16 位）的数字量，存放在模拟量输入映像寄存器（AI）中，供 CPU 运算处理，AI 中的值为只读值。AI 也称为输入寄存器，固定以字寻址，如 AIW16。

4．模拟量输出映像寄存器（AQ）

模拟量输出模块将 CPU 给定的 1 字长（16 位）的数字量转换为模拟量，CPU 给定值预先存放在模拟量输出映像寄存器（AQ）中，供 CPU 运算处理，AQ 中的值为只写值。AQ 也称为输出寄存器，固定以字寻址，如 AQW16。

5．变量存储区（V）

变量存储区用来存储用户数据或程序执行过程中的中间变量。该区也是最大的区，根据 CPU 型号不同，其大小有所区别，如 ST30 为 VB0～VB12281。

6．位存储区（M）

位存储区（M0.0～M31.7，共 256 个位）类似于继电器电路中的中间继电器，用来存储中间状态或其他控制信息。如果 M 不够用，也可将 V 按位寻址来替代 M 去编程，如 V0.0 等。

7．定时器（T）

定时器相当于继电器电路中的时间继电器，SMART 中有 3 种时间基准（1ms、10ms 和

100ms）的定时器。定时器的当前值为 16 位有符号整数，用于存储时间增量值（1～32767），所以预设值应为字类型，如 VW0。T0 可以同时表示定时器位和当前值。

8．计数器（C）

计数器用来累计计数输入脉冲电平由低到高的次数，SMART 有增计数、减计数和增减计数。计数器的当前值为 16 位有符号整数，C0 可以同时表示计数器位和当前值。

9．高速计数器（HC）

高速计数器用来累计比 CPU 的扫描速度更快的事件，计数过程与扫描周期无关。其当前值和预置值为 32 位有符号整数，当前值为只读数据，如 HC0 存储的是 HSC0 的当前值。

10．累加器（AC）

累加器是一种特殊的存储单元，也是一种暂存器，用来存储计算所产生的中间结果。如果没有像累加器这样的暂存器，那么在每次计算（加法、乘法、移位等）后就必须把结果写回到内存，然后再读回来，然而存取主内存的速度比累加器更慢，可以按字节、字和双字访问，取决于所用指令，如“MOV_W AC0 VW10”中的 AC0 按字访问。

11．特殊存储器（SM）

特殊存储器为系统赋予了特殊功能的存储器，用于 CPU 与用户程序之间的交换信息。例如，SM0.0 一直为 ON，SM0.1 仅在 CPU 运行的第一个扫描周期为 ON，SM0.4 和 SM0.5 分别为 1min 和 1s 的时钟脉冲。

12．局部变量存储器（L）

局部变量是指在程序中只在特定过程或函数中可以访问的变量。局部变量是相对于全局变量而言的，寻址方式和全局变量类似。S7-200 SMART 中局部变量存储器用 L 表示，仅在被它创建的 POU（主程序、子程序、中断程序）中有效，每个 POU 提供 64 字节，其中最后 4 字节被系统占用，实际可供使用的为 60 字节。IN：输入变量，调用 POU 提供的输入参数。OUT：输出变量，返回调用 POU 的输出参数。IN_OUT：输入/输出参数，由调用 POU 提供的参数，先由子程序修改，然后返回调用 POU。TEMP：临时变量。

13．顺序控制继电器（S）

顺序控制继电器与顺序控制指令 SCR 配合使用，用于标记顺序控制的程序段。在不用作顺序控制时也可当成位存储器来代替 M。

3.5　直接寻址与间接寻址

1．直接寻址

寻址方式是指程序执行时 CPU 如何找到指令操作数存放地址的方式。SMART 系列 PLC 将数据信息存放于不同的存储器单元，每个单元都有确定的地址。根据对存储器数据信息访问方式的不同，寻址方式可以分为直接寻址和间接寻址。

所谓直接寻址就是明确指出存储单元的地址，程序中指令的参数直接指明存储区域的名称（内部软元件符号）、地址编号和长度。

常用的直接寻址方式有位寻址、字节寻址、字寻址和双字寻址。直接寻址方式也是 PLC 用户程序使用最多、最普遍的方式，可以按位、字节、字、双字方式对 I、Q、S、V、SM、M、L 等存储区域进行存取操作。

若要存取存储区的某一位，则必须指定地址，包括存储区标识符、字节地址和位号。图 3-4 是一个位寻址的例子，如 I2.4。在这个例子中，存储区、字节地址（I 代表输入，2 代表字节号）和位地址（第 4 位）之间用点号（“.”）相隔。

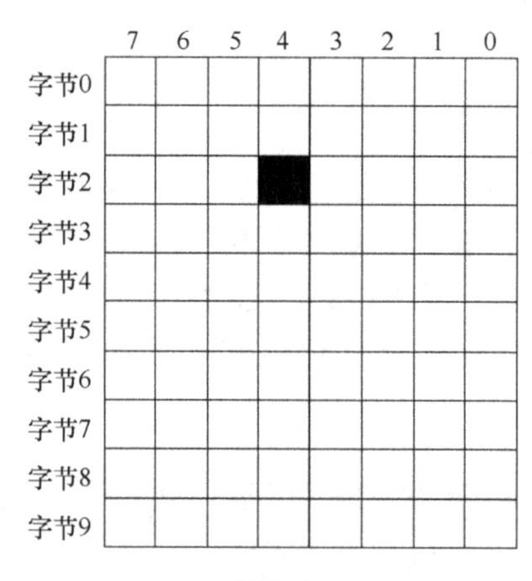

图 3-4

同理可知按字节寻址 VB0: V 表示变量存储区，B 表示按字节方式寻址，0 表示字节编号。

按字寻址 VW100:V 表示变量存储区，W 表示按字方式寻址，100 表示字节编号。

按双字寻址 VD200:V 表示变量存储区，W 表示按双字方式寻址，200 表示字节编号。

由此可知：I0.0 为 IB0 中的一个位，IW0 包含了 IB0 和 IB1，ID0 包含 IW0 和 IW2，所以寻址时要注意地址的重叠。同类重叠：VW0，VW1。不同类重叠：VB100，VW100。

2. 间接寻址

指令中给出的地址是存放数据的地址，称为间接寻址。间接寻址的方式是，指令给出存放操作数地址的存储单元的地址（也称地址指针），按照这一地址找到的存储单元中的数据才是所需要的操作数，相当于间接地取得数据。SMART 以变量存储区（V）、局部变量存储器（L）或累加器（AC）的内容值为地址进行间接寻址。可间接寻址的存储区有 I、Q、V、M、S、T（仅当前值）和 C（仅当前值）。对独立的位值或模拟量值不能进行间接寻址。用间接寻址方式存取数据时遵循建立指针、使用指针来存取数据（间接存取）和修改指针的步骤。

（1）建立指针。间接寻址前，应先建立指针。指针为双字长，是所要访问存储单元的 32 位物理地址。只能使用变量存储区（V）、局部变量存储器（L）或累加器（AC1、AC2、AC3）作为指针，AC0 不能用于间接寻址的指针。为了建立指针，必须使用双字传送指令 MOVD，将存储器区域中某个位置的地址移入存储器的另一个位置或累加器作为指针，即将所要访问的存储器单元的地址装入用来作为指针的存储器单元或寄存器，装入的是地址而不是数据本身。下面这条指令创建了一个指向 VB0 的指针。

“&”为地址符号，与单元组合表示所对应单元的 32 位物理地址，VB0 只是一个直接地址编码，并不是它的物理地址。指令中的&VB0 代表 VB0 的物理地址。指令中的第二个地址的数据长度必须是双字长，如 AC、LD 和 VD。这里的地址“&VB0”要用 32 位表示，因而必须使用双字传送指令。

（2）间接存取。依据指针中的内容值作为地址存取数据。使用指针可存取字节、字、双字型的数据，下面三条指令是分别以字节、字、双字间接存取的应用方法。

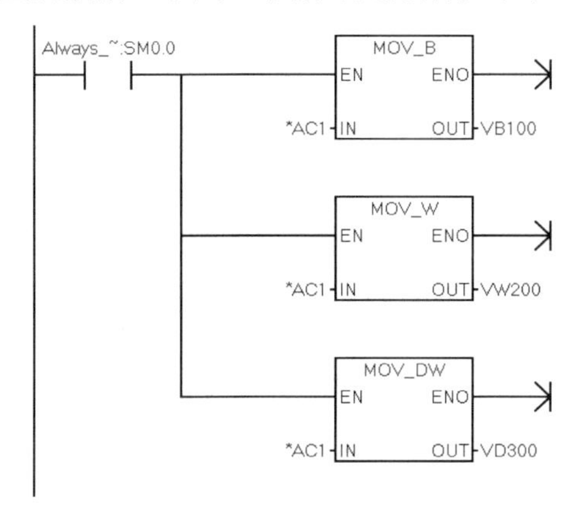

（3）修改指针。处理连续地址存储单元中的数据时，通过修改指针可以非常方便地存取数据。在 SMART 中，指针的内容不会自动改变，可用自增或自减等指令修改指针值，从而可连续存取存储单元中的数据。指针中的内容为双字型数据，应使用双字指令来修改指针值。简单的数学运算指令，如加法指令或递增指令可用于修改指针值，如下所示。

上面指令中，若按字节存取，则修改指针偏移 1 位；若按字存取，则修改指针偏移 2 位；若按双字存取，则修改指针偏移 4 位。

3.6 位逻辑指令概述及应用

在学习编程指令之前我们来了解一下 PLC 的执行过程，PLC 执行分为三个阶段。

1. 输入采样阶段

在输入采样阶段，PLC 以扫描方式依次读入所有输入状态和数据，并且将它们存入 I/O 映像区中的相应单元内。输入采样结束后，转入用户程序执行和输出刷新阶段。在这两个阶段中，即使输入状态和数据发生变化，I/O 映象区中相应单元的状态和数据也不会改变。因此，如果输入是脉冲信号，则该脉冲信号的宽度必须大于一个扫描周期，才能保证在任何情况下该输入均能被读入。

2. 用户程序执行阶段

在用户程序执行阶段，PLC 总是按由上而下的顺序依次扫描用户程序（梯形图）。在扫描每一条梯形图时，又总是先扫描梯形图左边的由各触点构成的控制线路，并且按先左后右、先上后下的顺序对由触点构成的控制线路进行逻辑运算，然后根据逻辑运算的结果，刷新该逻辑线圈在系统 RAM 存储区中对应位的状态；或者刷新该输出线圈在 I/O 映像区中对应位的状态；或者确定是否要执行该梯形图所规定的特殊功能指令，即在用户程序执行过程中，只有输入点在 I/O 映象区内的状态和数据不会发生变化，而其他输出点和软设备在 I/O 映像区或系统 RAM 存储区内的状态和数据都有可能发生变化，并且排在上面的梯形图的程序执行结果会对排在下面的凡是用到这些线圈或数据的梯形图起作用；相反，排在下面的梯形图，其被刷新的逻辑线圈的状态或数据只能到下一个扫描周期才能对排在其上面的程序起作用。

3. 输出刷新阶段

当扫描用户程序结束后，PLC 就进入输出刷新阶段。在此期间，CPU 按照 I/O 映象区内对应的状态和数据刷新所有输出锁存电路，再经输出电路驱动相应的外设。这时才是 PLC 的真正输出。如图 3-5 所示。

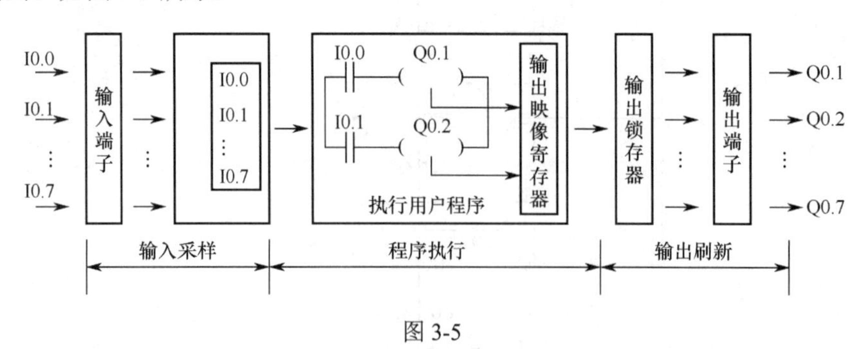

图 3-5

了解了 PLC 的执行过程，能够更好地理解编程指令的执行。

位逻辑指令是 PLC 编程中最基本、使用最频繁的指令。按不同的功能用途，有不同的表示形式，可分为以下几类，如图 3-6 所示。

（1）常开触点。PLC 中用于编程的虚拟常开触点类似于继电器电路中的常开触点，当外部有输入或线圈得电时，相应的常开触点就会闭合，触点使用次数无限制。不过在 PLC 执行外部采样时外部有输入常开触点不会立即动作，而是先把状态保存到对应的映像区中，待程序执行阶段再根据存储器的状态统一刷新触点状态。快捷键为 F4。

（2）常闭触点。PLC 中用于编程的虚拟常闭触点类似于继电器电路中的常闭触点，当外部有输入或线圈得电时，相应的常闭触点就会断开，触点使用次数无限制。快捷键为 F4。

（3）线圈输出。PLC 中用于驱动线圈（虚拟线圈和物理线圈）得电的指令类似于继电器电路中的线圈，当前面的条件接通时，驱动线圈得电，当前面的条件断开时，驱动线圈失电，所以使用过程中要避免双线圈出现。线圈对应的常开和常闭触点的使用次数无限制。和常开/常闭触点一样，当程序运行结果有输出时不会立即驱动外部输出动作，而是先把状态更新到输出映像区，待到输出刷新阶段再根据输出映像区的状态统一刷新状态。快捷键为 F6。

<table>
<tr><td>标准位逻辑</td><td>常开触点
—| |—</td><td>常闭触点
—|/|—</td><td>线圈输出
—( )</td></tr>
<tr><td>置位/复位指令</td><td>—(S)
—(R)</td><td>S1 OUT
SR
R</td><td>S OUT
RS
R1</td></tr>
<tr><td>立即位逻辑指令</td><td colspan="3">—|I|—　—|/I|—　—(I)　—(SI)　—(RI)</td></tr>
<tr><td>其他位逻辑指令</td><td colspan="3">—|NOT|—　—|P|—　—|N|—　NOP</td></tr>
</table>

图 3-6

（4）例题：广场中央有一景观灯，广场上有 3 个出入口，试用 PLC 控制景观灯。要求从任何一个出入口都能开关灯。

I/O 分配如表 3-1 表示。

表 3-1

功　　能	外部设备	I/O 分配	功　　能	外部设备	I/O 分配
出入口 1	SB1	I0.0	出入口 3	SB3	I0.2
出入口 2	SB2	I0.1	景观灯	HL	Q0.0

程序如下：

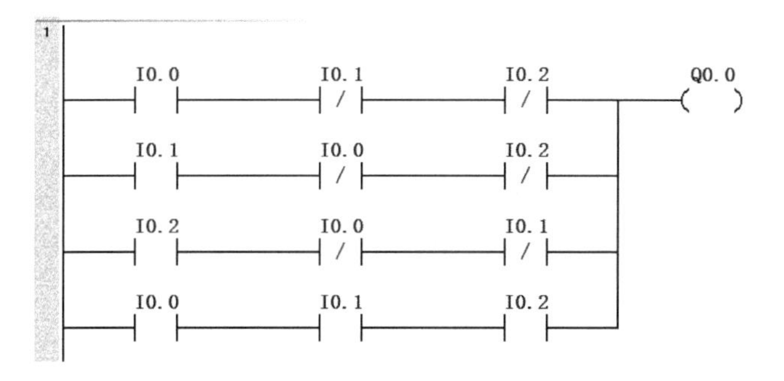

置位、复位指令介绍如下。

置位：（S） 按下 F6 键再输入 S，最后按下回车键。

复位：（R） 按下 F6 键再输入 R，最后按下回车键。

SMART 的输入与输出都与其对应的存储器状态有关，PLC 扫描到 I0.0 有输入，就会刷新 I0.0 输入映像寄存器状态为“1”，当程序执行后需要输出时，首先将 Q0.0 输出映像寄存器状态置“1”，PLC 访问输出映像寄存器状态为“1”时，刷新输出。

由此可见，PLC 的物理端子有无输出是由对应映像寄存器的状态决定的，状态为“1”时有输出，状态为“0”时无输出。

了解了 PLC 输出的实质后再来看置位和复位。

置位：（S）PLC 执行一次指令，就将对应的位寄存器进行置“1”操作。

复位：（R）复位是置位的反动作，将对应的位寄存器进行置“0”操作。

在这之前我们通过线圈输出 Q0.0 —( )，可以直接输出使灯泡点亮，但是线圈输出前面的条件断开后，Q0.0 就断开不再输出，而不能像置位、复位那样保持当前的输出状态。因为线圈输出的执行过程是：当条件接通时，把对应映像寄存器置“1”，当条件断开时，又会把对应映像寄存器置“0”。

在编程过程中遇到一次置位多个输出或一次复位多个输出该怎么做呢？在软件中输入置位和复位会看到 M0.0 —(S) 1，下部的 1 可以改为 2，3，4，5，6，7……所以 M0.0 是起始地址，下部的数字是个数，如 M0.0 —(S) 4 是指将 M0.0、M0.1、M0.2、M0.3 同时置位，复位时同理。

置位优先触发器：SR（S1、R；OUT）

SR（置位优先触发器）是一种置位优先锁存器。如果置位（S1）和复位（R）的信号均为真，则输出（OUT）为真。

复位优先触发器：RS（S、R1；OUT）

RS（复位优先触发器）是一种复位优先锁存器。如果置位（S）和复位（R1）的信号均为真，则输出（OUT）为假。

立即输入常开：I0.0 —| I |—

执行指令时，立即指令读取物理输入值，但不更新过程映像寄存器，而是会立即刷新触点状态。物理输入点（位）状态为 1 时，常开立即触点闭合（接通）。输入方法：按下 F4 键再输入 I，最后按回车键。

立即输入常闭：I0.1 —| /I |—

执行指令时，立即指令读取物理输入值，但不更新过程映像寄存器，而是会立即刷新触点状态。物理输入点（位）状态为 0 时，常闭立即触点闭合（接通）。输入方法：按下 F4 键再输入 I，最后按回车键。

注意：以上两条立即输入指令都是针对物理输入 I 的，所以操作数只能是输入 I。

立即置位：—(SI)　Q0.0　1

输入方法：按下 F6 键输入 S，再输入 I，最后按回车键。

立即复位：—(RI)　Q0.0　1

输入方法：按下 F6 键输入 R，再输入 I，最后按回车键。

立即输出：—(I)　Q0.0

输入方法：按下 F6 键输入 I，最后按回车键。

以上三条指令和立即输入原理类似，操作数都只能是物理输出 Q（如 Q0.0）。

上升/下降沿检测：

上升沿：指信号从 OFF 转向 ON 的一瞬间。

下降沿：指信号从 ON 转向 OFF 的一瞬间。

如图 3-7 所示。

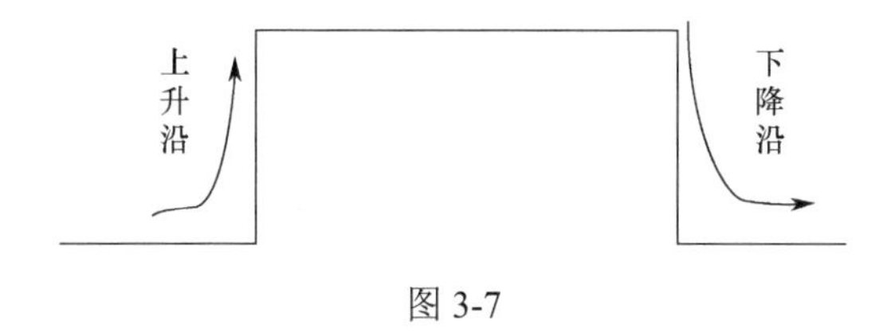

图 3-7

上升沿检测：—| P |—

指当 PLC 检测到有上升沿信号时，保持一个扫描周期的高电平有效（输入方法：按下 F4 键再输入 P，最后按回车键）。如下所示。

I0.0　P　Q0.0

I0.0 的接通状态

I0.0 的上升沿状态

Q0.0 的接通状态

下降沿检测：—| N |—

指当 PLC 检测到有下降沿信号时，保持一个扫描周期的高电平有效（输入方法：按下 F4 键再输入 N，最后按回车键）。如下所示。

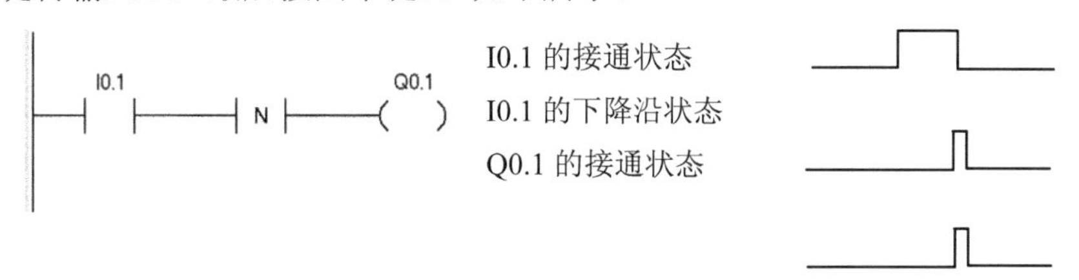

由上面的例子可以看出，如果使用上升沿（下降沿）脉冲，则不管 I0.0 接通多久，Q0.0 只会在接通或断开的瞬间接通一个扫描周期，所以上升沿（下降沿）一般用于需要外部信号

接通（断开）瞬间执行一次程序的场合。因为 PLC 扫描速度很快，一般按钮不管按多快，都会比扫描周期长很多，也就是说，在按下到松开 PLC 的过程中已经扫描了几百上千次，所以如果只需要执行一次，则必须加上升沿（下降沿）脉冲指令。

下面看一个单按钮启/停的例子。

按一下按钮 I0.0，Q0.0 接通；再按一下按钮 I0.0，Q0.0 熄灭。如下所示。

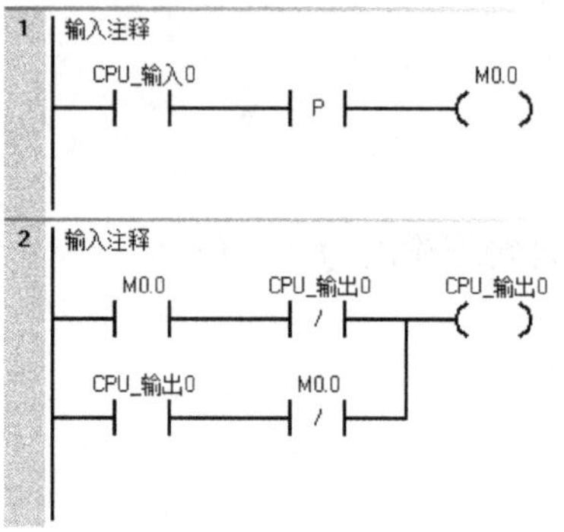

当第一次按下 I0.0 时，分析 M0.0 和 Q0.0 的状态。

当再次按下 I0.0 时，分析 M0.0 和 Q0.0 的状态。

非指令：—|NOT|—

对前面所有条件的取反操作。如下所示。

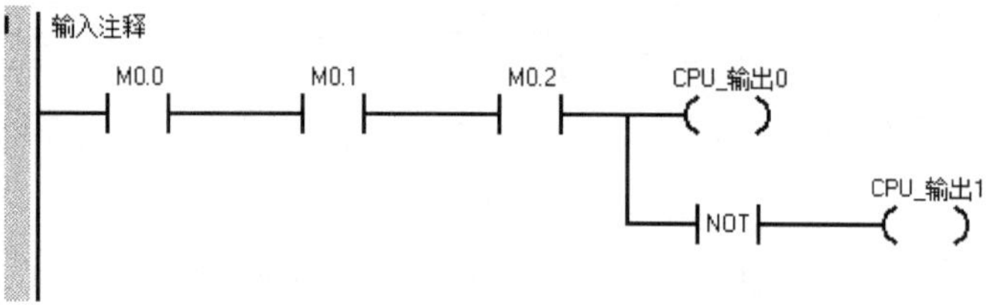

当 M0.0、M0.1、M0.2 接通时，Q0.0 有输出，而 Q0.1 前面加了非指令，所以 Q0.1 没有输出，反之同理。

使用位逻辑编程时，需要注意以下几点 SMART 编程规则。

① 输出线圈前一定要连触点条件，否则编译不了。如下左边程序所示。

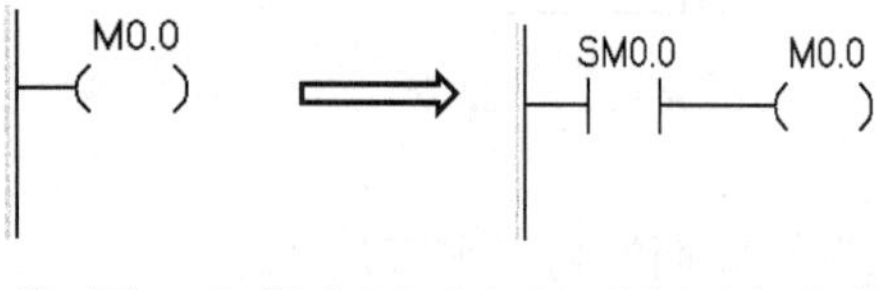

② 同一个程序不要出现两个同名字的线圈输出，即双线圈。处理双线圈常用两种方法，一是组合法，二是替换法。如下所示。

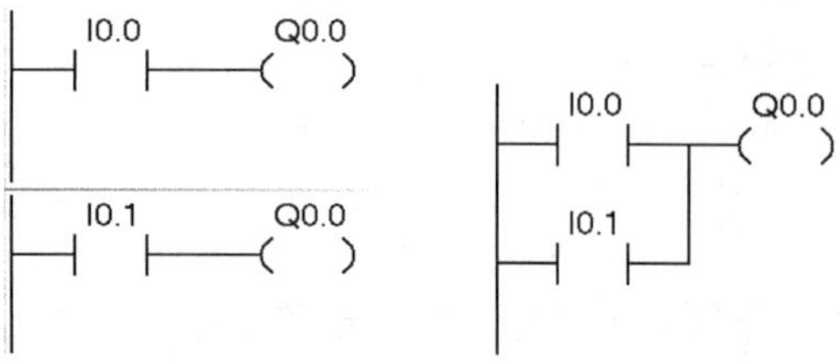

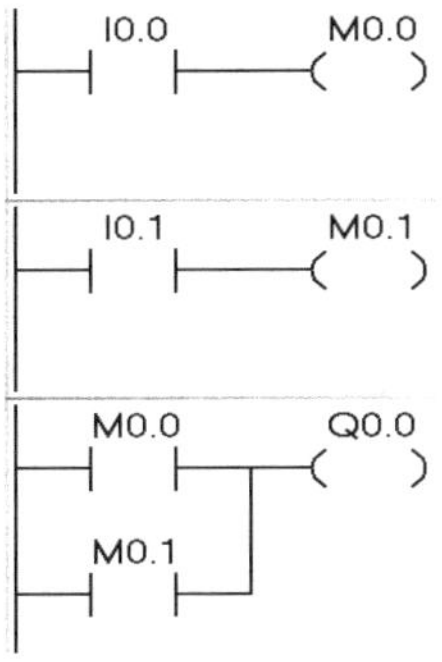

I0.0　M0.0

I0.1　M0.1

M0.0　Q0.0

M0.1

③ 一个程序段内不要出现多个独立的输出，即两个输出之间无逻辑关联，如下例中的 Q0.0 和 Q0.1 之间无关联，即为独立输出。

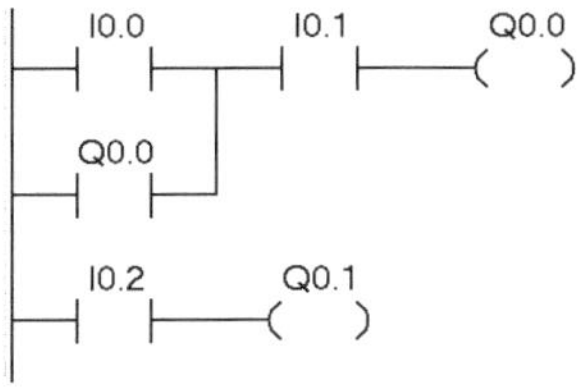

I0.0　I0.1　Q0.0

Q0.0

I0.2　Q0.1

3.7　定时器与计数器的应用

3.7.1　定时器

定时器的功能：累计 PLC 的时钟脉冲，当达到设定值时输出触点动作，类似于继电器电路中时间继电器的作用。

下面我们了解一下定时器使用时要注意的几点事项。

① 时基（定时器的计时单位）：有 100ms、10ms、1ms 三种；所选用的定时器时基由定时器编号决定，具体如表 3-2 所示。

表 3-2

类　别	时　基	最　大　值	定时器编号	
TONR	1ms	32.767s	T0，T64	有记忆接通延时定时器
	10ms	327.67s	T1～T4，T65～T68	
	100ms	3276.7s	T5～T31，T69～T95	
TON TOF	1ms	32.767s	T32，T96	TON 接通延时定时器，TOF 关断延时定时器（都无记忆）
	10ms	327.67s	T33～T36，T97～T100	
	100ms	3276.7s	T37～T63，T101～T255	

② 设定值：当定时器累计到设定值时，对应的触点就会动作。可以用一个 16 位有符号常数直接给定，也可通过一个字寄存器间接给定。定时时间=时基×设定值。

③ 当前值：定时器运行的过程变量值。可以直接用 T37 等表示，为 16 位有符号数。

定时器按照时基不同可分为 1ms、10ms、100ms 定时器；按照定时开始方式不同又可分为接通延时和关断延时定时器；按照是否累计又分为累计型和不累计型定时器。具体分类如表 3-2 所示。

需要选择什么样的计时器，由定时长、定时精度、计时开始方式及是否需要记忆等要求决定，选用合适的定时器能够达到定时效果的同时简化编程。

（1）有记忆接通延时定时器（TONR）：在启用的输入为“接通”时开始计时；当前值大于或等于预设值（PT）时，定时器的状态为“接通”，就算输入断开，仍保持定时器当前值不清除，触点也保持“接通”状态。输入方法为：按 F9 键，输入 TONR，然后按回车键。

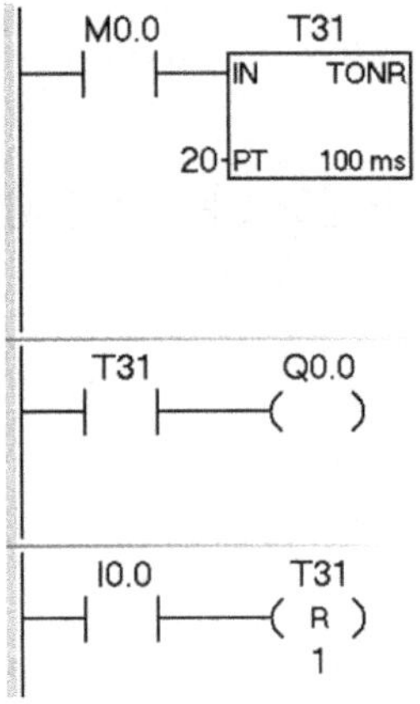

M0.0 T31 IN TONR 20 PT 100 ms
T31 Q0.0
I0.0 T31 R 1

M0.0 接通开始计时，当前值达到预设值 20 时 T31 触点接通，M0.0 断开后当前值继续保持，T31 触点也保持接通。需要通过 I0.0 来复位 T31 触点，同时清零当前值。

（2）无记忆接通延时定时器（TON）：在启动条件“接通”时开始计时，当前值大于或等于预设值时，定时器接通。输入方法：按 F9 键，输入 TON，回车。

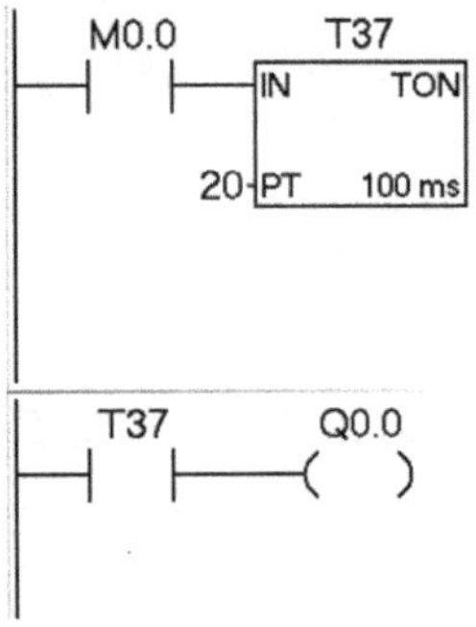

M0.0 T37 IN TON 20 PT 100 ms
T37 Q0.0

M0.0 接通开始计时，当前值达到预设值 20 时 T37 触点接通，M0.0 断开，当前值清零，T37 触点也断开，所以无记忆接通延时定时器无须复位操作。

（3）关断延时定时器（TOF）：输入从“接通”到“不通”后，延迟固定一段时间再关闭输出。启用定时器输入接通后，定时器会立即接通，当前值清零。

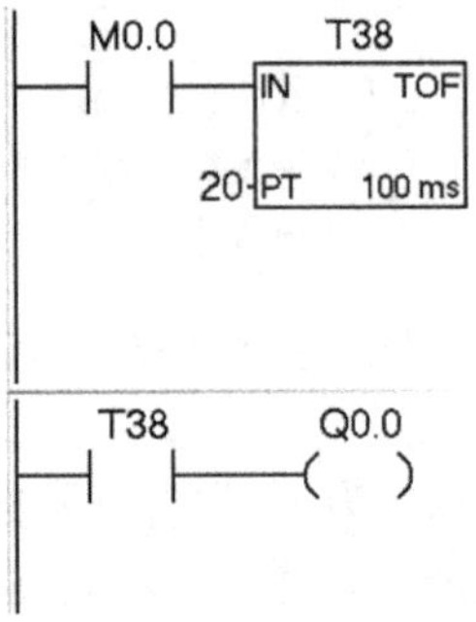

M0.0 T38 IN TOF 20 PT 100 ms
T38 Q0.0

当 M0.0 接通时，T38 马上接通，当前值清零；当 M0.0 断开时，T38 开始计时，达到预设值后，T38 触点断开，计时停止。

下面看一个灯不断闪烁的程序，按下 I0.0，灯 Q0.0 以亮 0.5s 灭 0.5s 的周期循环闪烁，按下 I0.1 结束，灯灭。

如果只需要每 1s 产出一个脉冲信号就可以写为：

3.7.2　计数器

计数器顾名思义是用来计数的，利用 CPU 扫描到计数器前面的条件由“不通”变为“接通”，计数器当前值改变“1”。SMART 用“C”表示，当计数值达到预设值时执行动作。内部计数器分为增计数、减计数、增/减计数器。

（1）增计数器（CTU）：每次增计数输入“CU”从“不通”向“接通”转换时，当前值加 1。

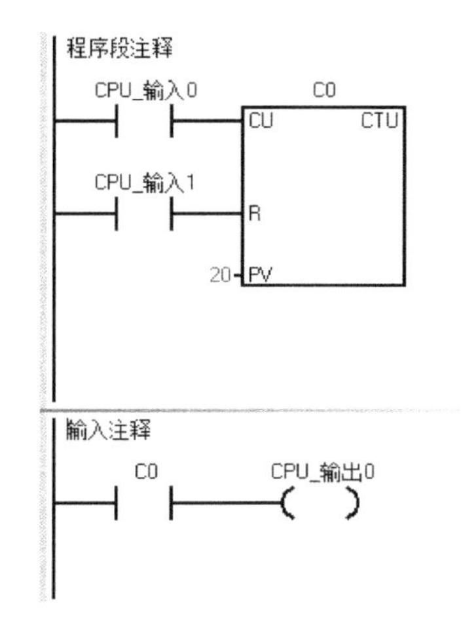

注：计数器必须单独占用一个网络，否则编译错误，“R”端不能空置，如果不用可以用 SM0.1 代替，后面用 RST 进行复位。

① “CU”端的条件每次由“不通”变为“接通”时，当前值加 1。

② 当前值大于等于预置值时，线圈动作。

③ 在任何时候只要“R”端接通，线圈复位，当前值清零。

④ 计数值到达 32767 时停止计数。

（2）减计数器（CTD）：每次减计数输入“CD”从“不通”向“接通”转换时，当前值减 1。

1 程序段注释
CPU_输入0
C1
CD CTD
First_Scan_On
LD
10-PV
2 输入注释
C1
CPU_输出0

① 先将“LD”端接通一次后断开，然后将预置值载入当前值。

② “CD”端每次由“不通”变为“接通”时，当前值减 1。

③ 当前值只有减到 0 时，线圈才会动作。

（3）增/减计数器（CTUD）：每次增计数输入“CU”由“不通”转为“接通”时，计数器当前值加 1；每次减计数输入“CD”由“不通”转为“接通”时，计数器当前值减 1。

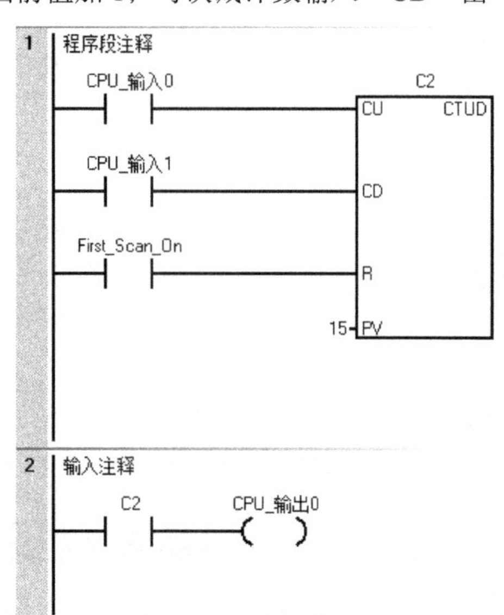

① “CU”每次接通当前值加 1。

② “CD”每次接通当前值减 1。

③ 当前值大于等于预置值时，线圈动作。

④ 在任何时候只要“R”端接通，线圈复位，当前值清零。不用时可用 SM0.1 代替。

在外部写复位程序。

注意：当前值到达 32767 时，“CU”端再接通一次，当前值变为-32768；同理当前值为-32768 时，“CD”端再接通一次，当前值变为 32767，循环计数。

3.8 练习

一、填空题。

1．SMART 支持________、________、________三种编程语言。

2．在 PLC 编程中最常用的进制类型为________、________、________，不管输入的数据为什么类型，最终存储在 PLC 中的一定是________。

3．PLC 中存储的最小单位为________，SMART 中的数据一般按________、________存取。

4．十进制数 195 转换成二进制数为________，转换成十六进制数为______。

5．十进制数 2016 转换成 BCD 码为________，转换成二进制数为___________________。

6. 定时器有_________、_____________、___________三种类型，其中____________为累计型。

7. 计数器有__________、______________、____________三种类型。

二、分析题。

试列出 VD0 中包含哪些字、字节和位。

三、编程题。

1. 用 PLC 控制两台三相异步电动机 M1 和 M2，要求如下：

（1）必须先启动系统才可控制，如果系统停止，则两台电动机都停止运行。

（2）两台电动机互不影响地独立启动和停止。

（3）能同时控制两台电动机启动和停止。

（4）有任何一台电动机发生故障，则两台同时停止。

I/O 分配如下。

I0.0：系统启动
I0.1：系统停止
I0.2：M1 启动
I0.3：M1 停止
I0.4：M2 启动
I0.5：M2 停止
I0.6：M1 和 M2 同时启动
I0.7：M1 和 M2 同时停止
I1.0：M1 热过载继电器信号
I1.1：M2 热过载继电器信号
I1.2：故障复位

Q0.0：M1 启停接触器
Q0.1：M2 启停接触器
Q0.2：系统指示灯
Q0.3：M1 过载指示灯
Q0.4：M2 过载指示灯

2. 请设计一个喷泉自动控制系统。

要求：喷泉有 A、B、C 三组喷头，启动后，A 先喷 5s 后停止，然后 B、C 同时喷 5s 后 B 停止，C 再喷 5s 后停止，接着 A、B 又开始喷 2s 后 C 又开始喷，持续 5s 后全部停止。

停 3s 开始重复上述过程。A（Q0.0），B（Q0.1），C（Q0.2）。启动按钮：I0.0。停止按钮：I0.1。（按下停止按钮，等待整个动作完成后再停止）

3．按下启动按钮（I0.0），绿灯（Q0.0）闪 3 次，然后红灯（Q0.1）闪两次，接着红、绿灯同时闪 5 次后灭。

4．设计交通红绿灯 PLC 控制系统，控制要求如下。

（1）东西向：绿灯（Q0.5）亮 5s，绿灯闪 3 次（亮 0.5s 灭 0.5s），黄灯（Q0.4）亮 2s，红灯亮（Q0.3）10s。

（2）南北向：红灯亮（Q0.0）10s，绿灯亮 5s，绿灯（Q0.2）闪 3 次，黄灯（Q0.1）亮 2s。

5．试设计一小车运行程序，小车由三相异步电动机拖动，动作要求如下。

（1）自动模式：按下启动按钮，小车由原位开始前进至终点，2s 后自动返回原点停止。

（2）手动模式：在手动控制状态下可以任意前进和后退。

（3）有运行保护功能，即小车在自动运行状态下，其他按钮失效，要等小车返回原点后停止其他按钮才有效。

（4）电动机过载保护功能。

（5）报警功能。

（6）急停功能。

自行分配 I/O 点，完成程序编写。

6．设计抢答器 PLC 控制系统。

（1）有 A、B、C、D 四个抢答按钮，当主持人按下抢答开始按钮（I0.0）时，抢答指示灯（Q0.0）点亮，并且伴有 3s 报警提示音（Q0.1），提示结束后才可进行抢答。

（2）谁先按下抢答按钮，谁就抢答成功，其余 3 人再按抢答无效。

（3）K1（I0.2，Q0.2）、K2（I0.3，Q0.3）、K3（I0.4，Q0.4）、K4（I0.5，Q0.5）分别为四个人抢答按钮和成功指示灯，抢答成功，指示灯点亮并闪烁 3 次后常亮。

（4）待抢答成功后，主持人按下复位按钮（I0.1），所有灯全部熄灭。

7．按下启动信号 I0.0，六盏灯（Q0.0～Q0.5）正向依次点亮，间隔时间为 1s。按下停止信号 I0.1 时亮到哪一盏就从哪一盏开始反向依次全部熄灭，间隔时间也是 1s。

第 4 章

S7-200 SMART 的应用指令

本章学习目的：通过对本章的学习掌握如何应用顺序控制指令优化程序结构，了解跳转指令及循环指令的应用。了解移位及循环移位指令的执行形式，熟练掌握存储器中各个位的排列顺序。掌握传送指令、比较指令及转换指令的应用。了解实时时钟的读取与设定，学会实时时钟的应用。掌握四则运算指令，特别是浮点数运算的应用。掌握子程序的应用及编程注意事项，学会创建及使用局部变量进行编程，学会自定义库的创建，包括用局部变量代替 V 存储器的库和带有定义符号后的 V 存储器的库。

4.1 顺序控制指令的应用

顺序控制是指按照生产工艺预先规定的顺序，各个执行机构自动且有秩序地进行操作。如果一个控制系统可以分解成几个独立的控制动作，且这些动作必须严格按照一定的先后次序执行才能保证生产过程的正常运行，那么系统的这种控制称为顺序控制。

SMART 不支持直接用顺序功能图（SFC）编程语言，但是可以根据控制要求，利用顺序控制指令将其转化为梯形图程序，SMART 提供了方便的顺序控制指令。

顺序控制的基本思路就是将一个相对复杂的控制过程分解成若干个顺序相连的阶段。这些阶段称为“步”，也称流程或状态，并用编程元件“S”来标记。“步”主要根据关键输出量的状态变化来划分，一般来说，在一步内关键输出量的状态不变，相邻两步的输出量状态则不同，具体划分还要根据控制要求来确定。步的划分使复杂的控制要求变得简单明了。

由此可见，“步”的划分需要标记开始、结束和跳转，SMART 提供了顺控开始（SCR）、顺控结束（SCRE）和顺控跳转（SCRT）指令。

（1）顺控开始，即载入顺序控制继电器 S 指令，S0.0 SCR （S 为状态寄存器），意为顺序控制程序段的开始，不需要插入触点可直接和主母线相连。输入方法：按 F9 键输入 SCR，再按回车键。

（2）顺控结束，即顺序控制继电器结束指令，(SCRE) ，不带任何操作数。输入方法：按 F6 键输入 SCRE，再按回车键。

（3）顺控跳转，即顺序控制继电器转移指令，S0.1 (SCRT) ，意为跳转到（打开）下一步，同时关闭当前所在的步。输入方法：按 F6 键输入 SCRT，再按回车键。

顺序控制编程具有思路规范、条理清楚、易于化解复杂控制间的交叉联系、使编程变得容易等优点。在使用过程中要注意以下几点。

注意：① 步的状态未打开，里面的程序即使条件满足也不会执行。

② 顺控开始和顺控结束必须成对出现。

③ 不同的流程里也不允许出现两次相同的输出，否则视为双线圈。

④ 在当前步中，该步的状态继电器 S 的上升沿采集不到。

⑤ SCRT 跳转的同时会关闭当前流程，如果不关闭当前流程而打开新的流程，则可以用置位指令。

⑥ 如果最后一步完成后没有需要跳转的步，则需要用复位指令关闭当前步。

例：如图 4-1 所示为气动搬运机械手示意图，根据下面的动作顺序编写控制程序。

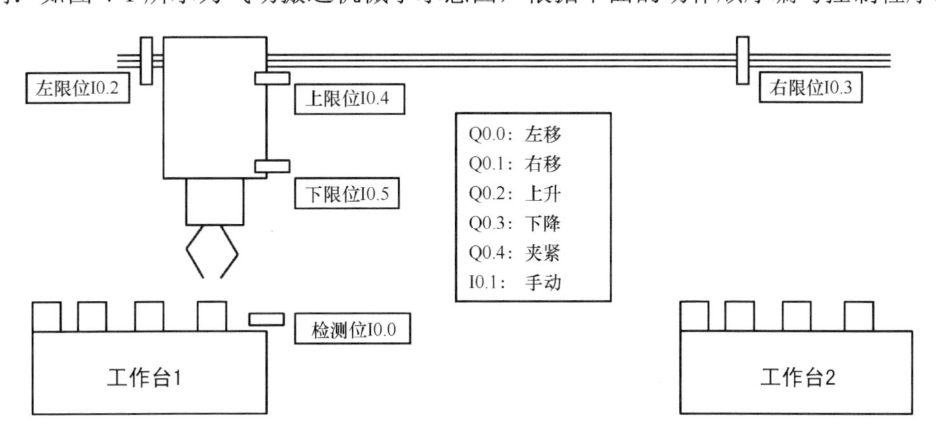

图 4-1

动作解析如下。

第一步：工件到位信号，机械手下降。

第二步：下降至下限位，夹紧工件。

第三步：1s 后，机械手上升。

第四步：上升到上限位，机械手右移。

第五步：右移至右限位，机械手下降。

第六步：下降至下限位，松开工件。

第七步：1s 后，机械手上升。

第八步：上升至上限位，左移。

第九步：左移至左限位，停止，等待工件到位信号。

编写的程序如下所示。

```
1  初始化
   First_Sc~:SM0.1          M0.0
   ──┤ ├──────┬─────────( R )
              │            10
              │           S0.0
              └─────────( R )
                           10

2  启动
   检测信号:I0.0   左限位:I0.2   上限位:I0.4     S0.0          S0.0
   ──┤ ├──────────┤ ├──────────┤ ├──────────┤ / ├─────────( S )
                                                               2
```

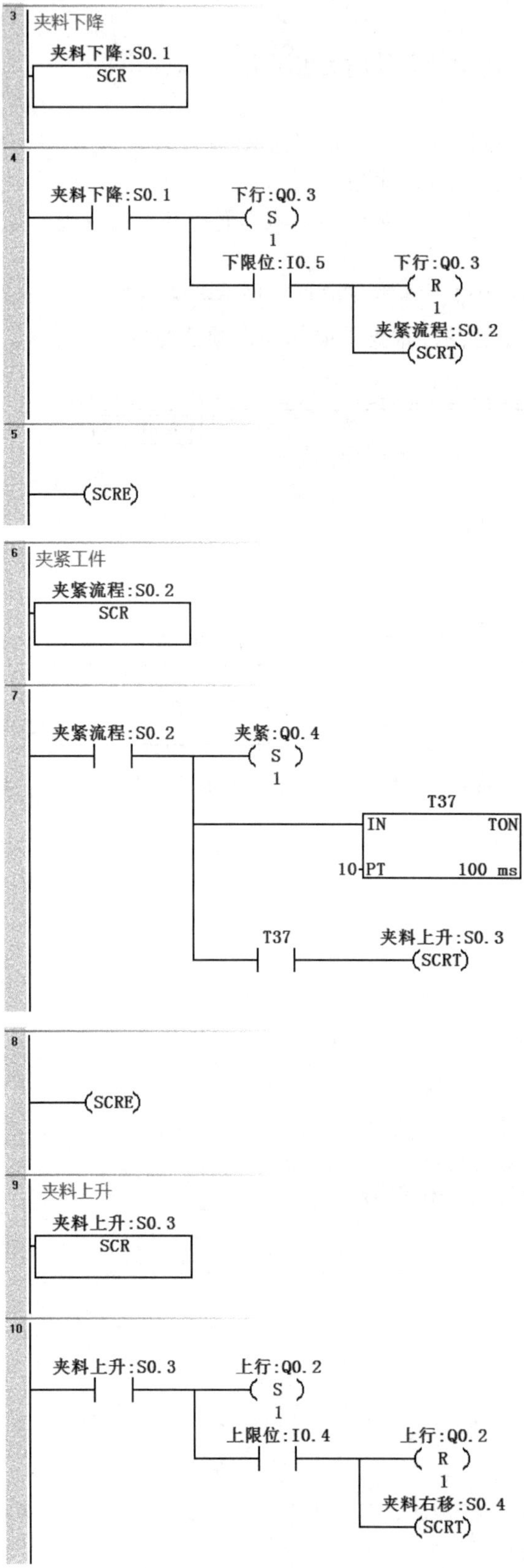

3 夹料下降

夹料下降:S0.1
SCR

4

夹料下降:S0.1 下行:Q0.3
(S)
1
下限位:I0.5 下行:Q0.3
(R)
1
夹紧流程:S0.2
(SCRT)

5

(SCRE)

6 夹紧工件

夹紧流程:S0.2
SCR

7

夹紧流程:S0.2 夹紧:Q0.4
(S)
1

T37
IN TON
10-PT 100 ms

T37 夹料上升:S0.3
(SCRT)

8

(SCRE)

9 夹料上升

夹料上升:S0.3
SCR

10

夹料上升:S0.3 上行:Q0.2
(S)
1
上限位:I0.4 上行:Q0.2
(R)
1
夹料右移:S0.4
(SCRT)

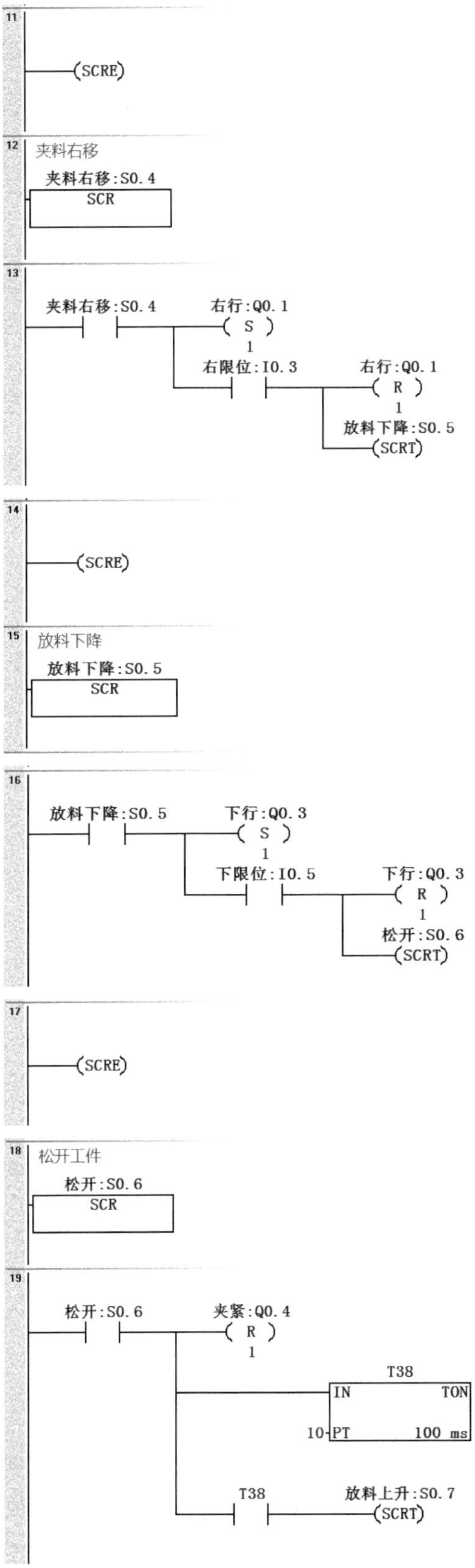

11
—(SCRE)

12 夹料右移
夹料右移:S0.4
SCR

13
夹料右移:S0.4 —| |— 右行:Q0.1 (S) 1
右限位:I0.3 —| |— 右行:Q0.1 (R) 1
放料下降:S0.5 (SCRT)

14
—(SCRE)

15 放料下降
放料下降:S0.5
SCR

16
放料下降:S0.5 —| |— 下行:Q0.3 (S) 1
下限位:I0.5 —| |— 下行:Q0.3 (R) 1
松开:S0.6 (SCRT)

17
—(SCRE)

18 松开工件
松开:S0.6
SCR

19
松开:S0.6 —| |— 夹紧:Q0.4 (R) 1
T38: IN TON, 10-PT 100 ms
T38 —| |— 放料上升:S0.7 (SCRT)

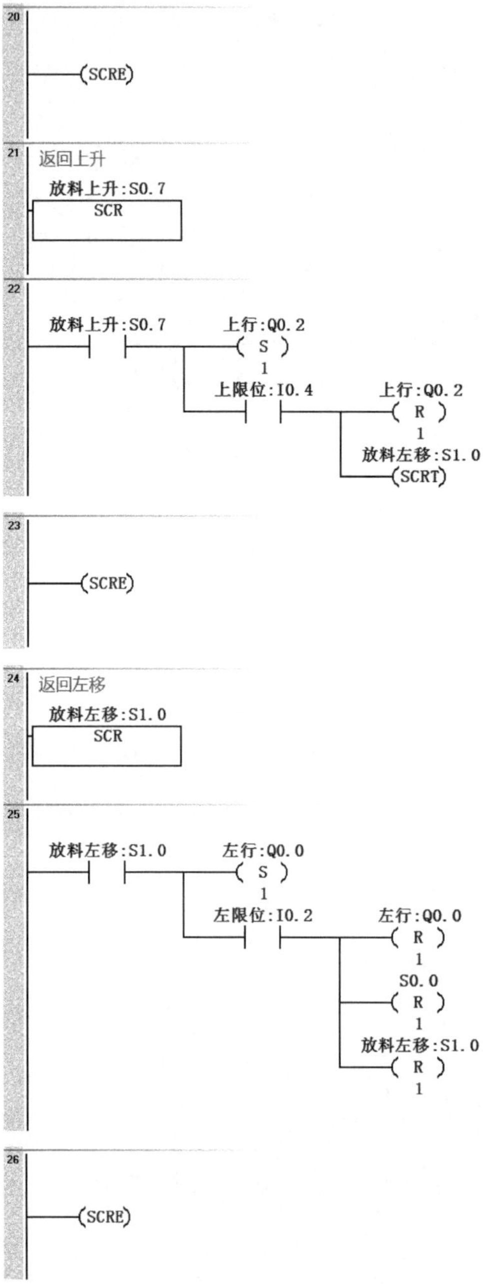

20
(SCRE)

21 返回上升
放料上升:S0.7
SCR

22
放料上升:S0.7 上行:Q0.2
(S)
1
上限位:I0.4 上行:Q0.2
(R)
1
放料左移:S1.0
(SCRT)

23
(SCRE)

24 返回左移
放料左移:S1.0
SCR

25
放料左移:S1.0 左行:Q0.0
(S)
1
左限位:I0.2 左行:Q0.0
(R)
1
S0.0
(R)
1
放料左移:S1.0
(R)
1

26
(SCRE)

各步中即使用了 SM0.0，在该步状态未置位时也不会执行，用对应的 S 效果一样。

4.2 跳转指令

跳转指令又称为转移指令。在程序中使用跳转指令后，系统可以根据不同条件选择执行不同的程序段。跳转指令由跳转指令 JMP 和标号指令 LBL 组成，可使程序结构更加灵活，减少扫描时间，从而加快了系统的响应速度。

JMP 和 LBL 必须配合应用在同一个程序块中，即 JMP 和 LBL 可同时出现在主程序、子程序或中断程序中。不允许从主程序中跳转到子程序或中断程序，也不允许从某个子程序或中断程序中跳转到主程序、其他子程序或中断程序。

执行跳转指令需要用两条指令配合使用，跳转开始指令 JMP *n*（按 F6 键可输入）和跳转标号指令 LBL *n*（按 F9 键可输入），*n* 是标号地址，其取值范围是 0～255 的字型类型。

跳转指令可以使程序流程跳转到具体的标号处。当跳转条件满足时，程序由 JMP 指令控制跳转到对应的标号地址 *n* 处向下执行（即跳过了 JMP *n* 和 LBL *n* 之间的程序）；当跳转条件不满足时，顺序向下执行程序，即执行 JMP *n* 和 LBL *n* 之间的程序，如下所示。

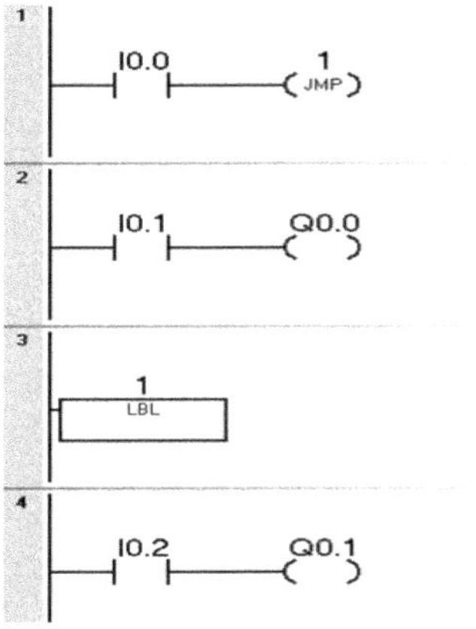

分析：当 I0.0 未接通时，程序未执行跳转，接通 I0.1 时，Q0.0 得电，接通 I0.2 时，Q0.1 也得电；当 I0.0 接通时，跳转条件满足，程序跳转到 LBL 标记处，所以接通 I0.1 时 Q0.0 不再得电。

4.3 循环指令

当控制系统遇到需要反复执行若干次相同功能的程序时，可以使用循环指令，以提高编程效率。循环指令由循环开始指令 FOR、循环体和循环结束指令 NEXT 组成，如下所示。

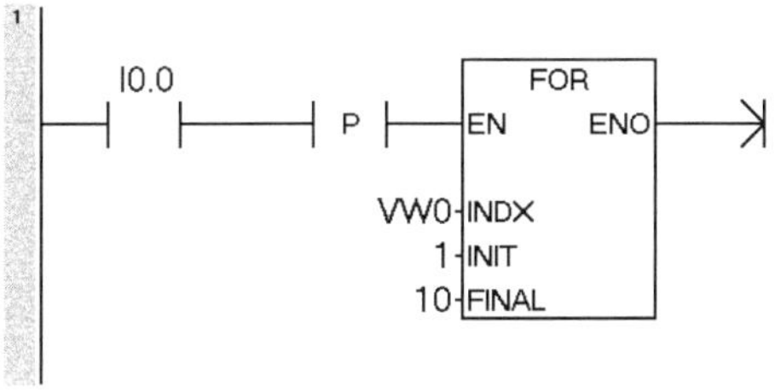

FOR 指令表示循环的开始，NEXT 指令表示循环的结束，中间为循环体。

EN 为循环控制输入端，INDX 为设置指针或当前循环次数的计数器；INIT 为计数初始值；FINAL 为循环计数终值。

在循环控制输入端有效且逻辑条件 INDX 小于 FINAL 时，系统反复执行 FOR 和 NEXT 之间的循环体程序。每执行一次循环体，INDX 自增加 1，直至当前循环计数器值大于终值时，退出循环。

INDX 的操作数为 VW、IW、QW、MW、SW、SMW、LW、T、C、AC、*VD、*AC、和*CD，属 INT 型。

使用循环指令时需注意以下问题：

（1）FOR 和 NEXT 必须成对出现。

（2）FOR 和 NEXT 可以嵌套循环，最多嵌套 8 层。

（3）当输入控制端 EN 重新有效时，各参数自动复位。

例题：

将 VW0～VW18 按照从大到小的顺序排列。思路为将相邻两个数进行比较，如果不满足条件就进行交换，如此比较一轮就要比较 9 次，需要比 9 轮才能真正做到从大到小排列。

1 循环开始
I0.0 P FOR EN ENO
VW1000 INDX
1 INIT
9 FINAL

2 建立指针
SM0.0 MOV_DW EN ENO
&VB0 IN OUT AC1
MOV_DW EN ENO
&VB2 IN OUT AC2

3 嵌套内循环开始
SM0.0 FOR EN ENO
VW1002 INDX
1 INIT
9 FINAL

4 比较交换
*AC1 <I *AC2
MOV_W EN ENO
*AC1 IN OUT VW1004
MOV_W EN ENO
*AC2 IN OUT *AC1
MOV_W EN ENO
VW1004 IN OUT *AC2

5 指针偏移
SM0.0 ADD_DI EN ENO
AC1 IN1 OUT AC1
2 IN2
ADD_DI EN ENO
AC2 IN1 OUT AC2
2 IN2

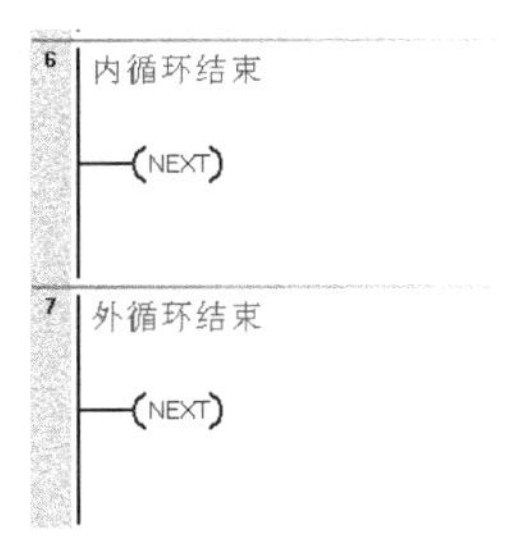

4.4　移位及循环移位指令的应用

移位及循环移位指令包括左移指令、右移指令、循环左移和循环右移，每种又分为字节、字和双字类型，还包括一个移位寄存器指令，如图 4-2 所示。

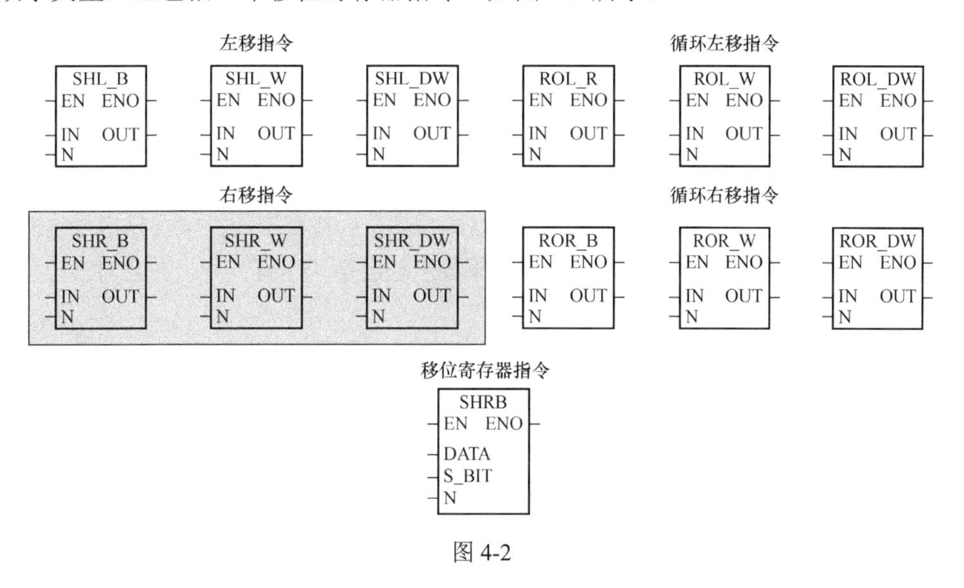

图 4-2

1. 左移指令

左移指令分为字节左移、字左移和双字左移，如图 4-3 所示。

以字左移为例，字节与双字左移同理，只是参与移位的位数不同。字左移指令将输入数值（IN）向左移动 N 位，然后将结果载入输出字（OUT）中，并且对移出位补零。

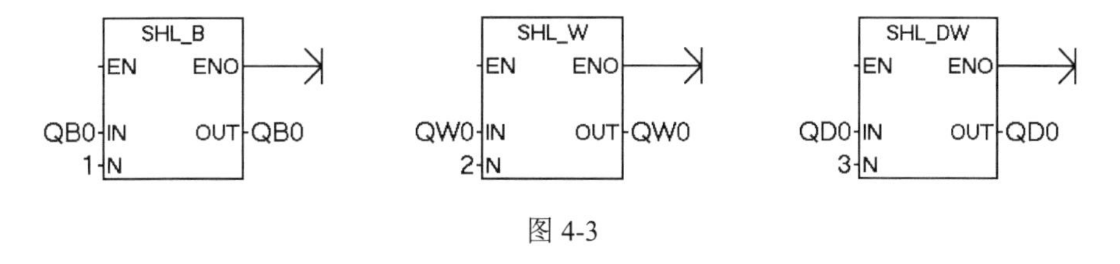

图 4-3

注意：IN 和 OUT 必须是同一个地址。

每个扫描周期检测到 EN 条件满足时都会发生移位，需要加边沿配合使用。

左移指令里移出位直接补零，溢出位直接丢掉，如图 4-4 所示。

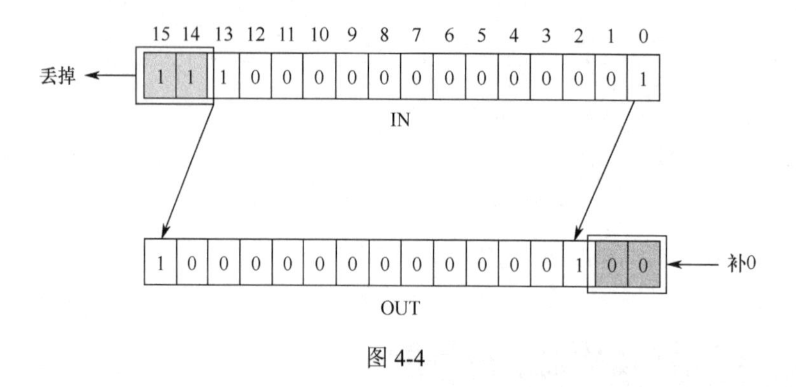

图 4-4

2. 右移指令

右移指令如图 4-5 所示。

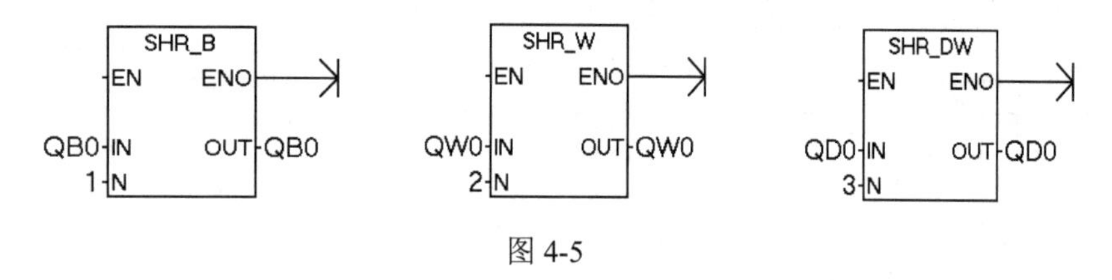

图 4-5

以字右移为例，字节与双字右移同理，只是参与移位的位数不同。字右移指令将输入数值（IN）根据移位计数（N）向右移动，然后将结果载入输出字（OUT）中，并且对移出位补零。

注意：IN 和 OUT 必须是同一个地址。

每个扫描周期检测到 EN 条件满足都会发生移位，需要加边沿指令配合使用。右移指令里移出位直接补零，溢出位直接丢掉，如图 4-6 所示。

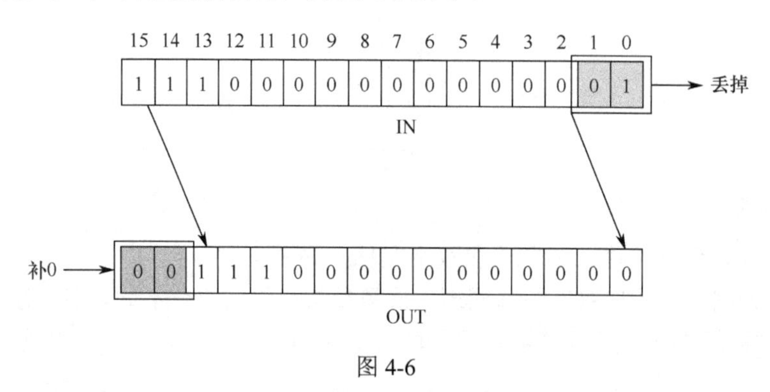

图 4-6

3. 循环左移指令

循环左移指令如图 4-7 所示。

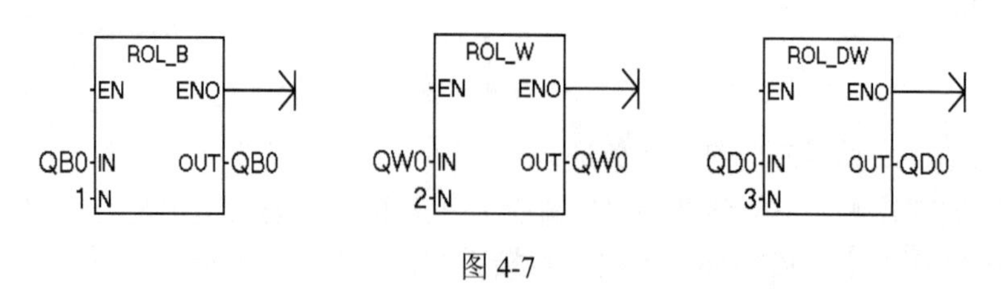

图 4-7

4. 循环右移指令

循环右移指令如图 4-8 所示。

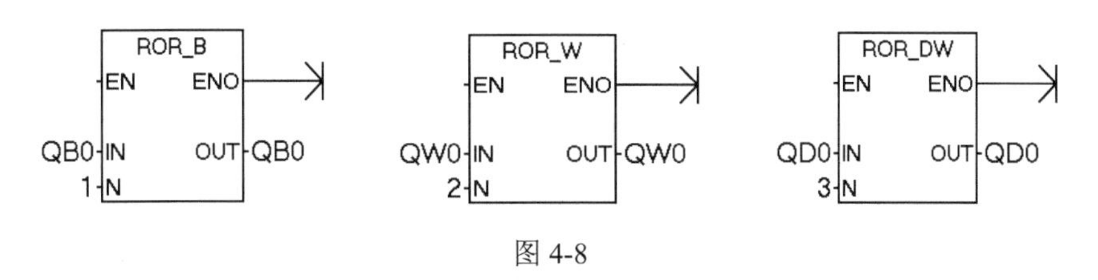

图 4-8

循环左移和循环右移指令将输入数值（IN）向左或向右移动 N 位，并且将结果载入输出数值（OUT）中，只是将溢出位循环再补给溢出位，如图 4-9 所示。如果字节循环移位 N 大于 8，则实际移动位数为 N/8 取余。字循环移位和双字循环移位同理。

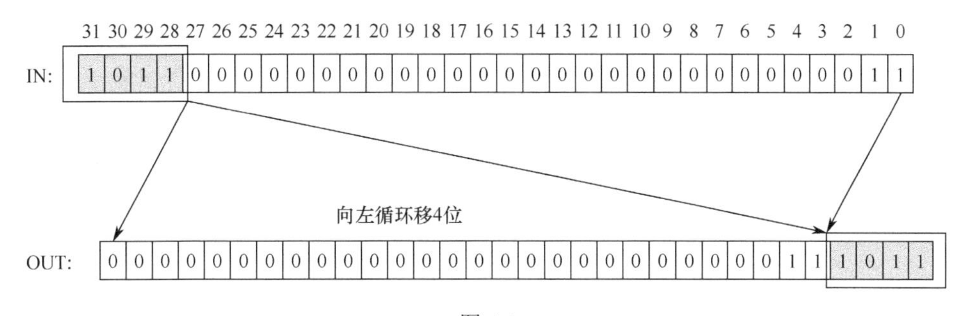

图 4-9

5. 移位寄存器

移位寄存器如图 4-10 所示。

EN：每个扫描周期执行一次。

DATA：数据移入位。

S_BIT：指定移位寄存器的初始位。

N：指定移位寄存器的长度和方向（N 为正数左移，N 为负数右移），最大为 64 位。

注意：该指令中位的高低排列顺序与前面讲的排列顺序不完全一致，永远遵循编号大的位处在高位的原则。

如图 4-11 所示，EN 前应加边沿配合使用。

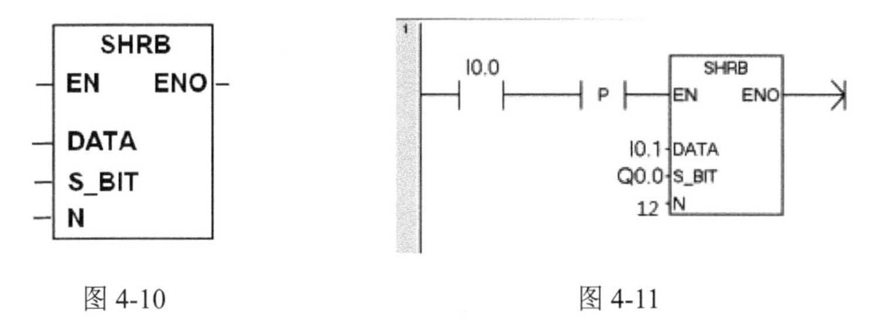

图 4-10　　图 4-11

如图 4-11 中，把从 Q0.0 开始的 12 个位状态连成一串，指令每执行一次，这 12 个位状态左移 1 位，Q0.7 溢出，Q0.0 以 I0.1 的状态补上。指令执行前状态如图 4-12 所示。

Q1.3	Q1.2	Q1.1	Q1.0	Q0.7	Q0.6	Q0.5	Q0.4	Q0.3	Q0.2	Q0.1	Q0.0
1	0	0	1	1	0	0	1	1	1	0	0

图 4-12

执行一次指令后，先往左移一位，移出去的最高位溢出，然后把 I0.0 的状态放入低位 Q0.0。

	Q1.3	Q1.2	Q1.1	Q1.0	Q0.7	Q0.6	Q0.5	Q0.4	Q0.3	Q0.2	Q0.1	Q0.0
1	0	0	1	1	0	0	1	1	1	0	0	
↑ 丢掉												↑ I0.1 的状态

图 4-13

执行结果为：由 Q0.0～Q1.3 的 12 个位，每执行一次向高位移动一次。如果要由高位向低位移动，只需要把 N 位的 12 改为−12 即可。

移位寄存器典型的应用是在次品检测和剔除生产线上，如果检测到次品就马上剔除，相对来说所花的时间长效率低，如果要等待移动到几个工位后才能剔除，那么就可以利用移位寄存器指令将次品信号实时采集并保存到存储器中，然后整体移动几个工位后再执行剔除。

如图 4-14 所示的控制流程。凸轮转一圈，工件向前移动一个位置，BL2 检测凸轮，给一个脉冲信号。BL1 为检测次品信号，检测到次品给出一个信号。YV 为电磁阀信号，当 YV 得电时打开底盖，上面的次品就掉入次品箱中，0.5s 后自动关闭。

要求：检测到次品后移动 4 个工位后才驱动电磁阀掉到次品箱里。

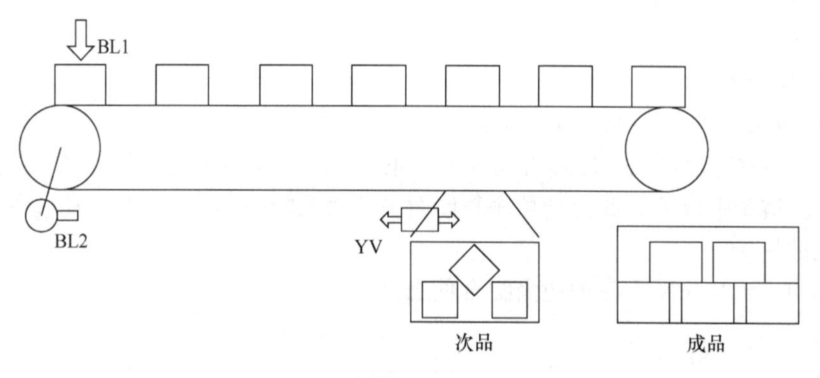

图 4-14

I/O 分布如下：

次品接通信号 BL1:I0.0。

移位脉冲信号 BL2:I0.1。

YV 接通电磁阀：Q0.0。

控制程序如下：

4.5　传送指令的应用

1. MOV 指令

将 IN 端输入数据移至 OUT 输出端。不同的数据类型需要用不同的指令进行传送，分为如下几种。按 F9 键，再输入对应的指令快速定位，如图 4-15 所示。

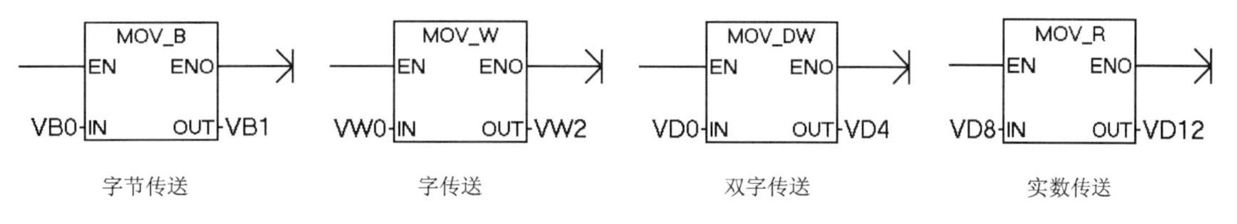

图 4-15

说明：

（1）只要检测到 EN 条件闭合，就发生数据传送，每个扫描周期执行一次。

（2）值的传递过程为 IN 复制到 OUT。

（3）对 IN 的参数可以是常数也可以是变量，对 OUT 必须是变量。

（4）每种指令对应的数据类型必须正确，否则会发生错误。

（5）对定时器和计数器用字传送指令，传送的是当前值。

（6）实数传送即浮点数传送，所有浮点数都是 32 位，所以操作数为 VD0。

如图 4-16 所示，传送指令常用于给寄存器赋值。注意数据类型及地址重叠。

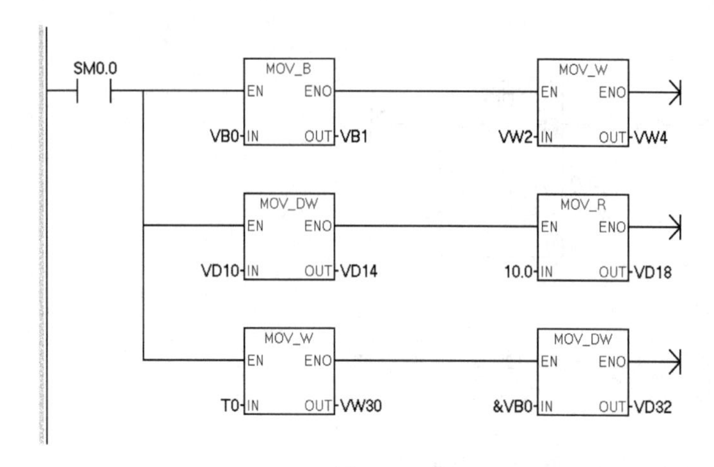

图 4-16

2. 块传送

将相邻几个数据同时传送到另外几个相邻的寄存器中，如图 4-17 所示。

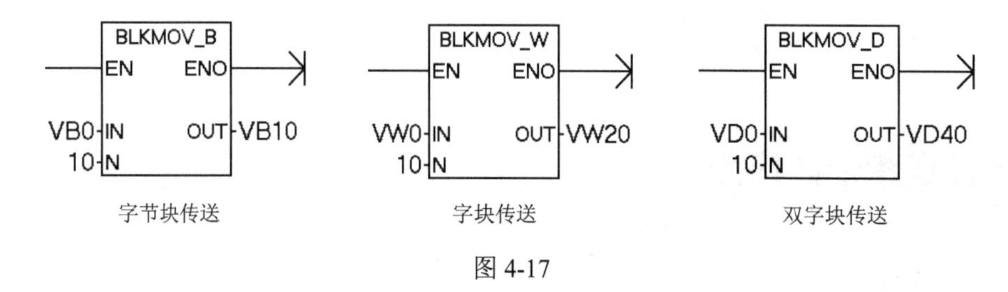

图 4-17

以字节块传送为例，如下所示。字块和双字块传送同理。

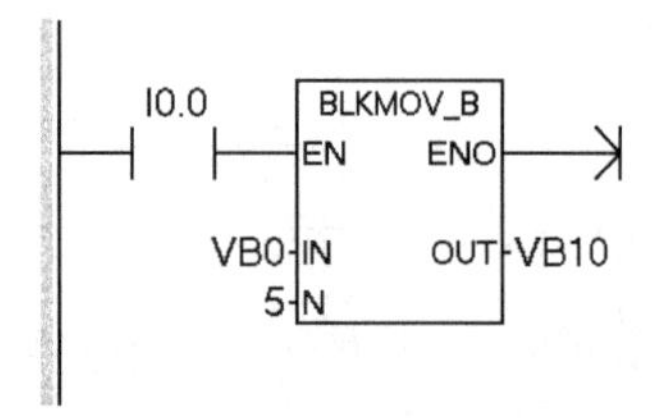

I0.0 接通时会发生数据传送，传送过程如图 4-18 所示。

由此可知：

（1）IN 为传送数据的起始地址。

（2）N 为传送数据的数量。

（3）OUT 为接收数据的起始地址。

执行过程：将 IN（VB0）开始的 N（5）个数据复制到 OUT（VB10）开始的 N（5）个寄存器中，N 为 1～255 中的数。3 种块的传送原理相同，只是存储空间大小不同而已。

注意：块传送地址要避免重叠，否则数据传送会出错。

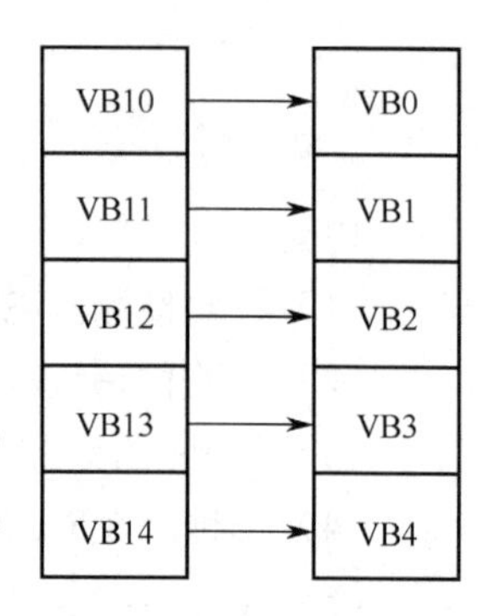

图 4-18

3. 存储区填充指令（多点传送且为 16 位有符号数）

说明：将 IN 中字类型的存储器或常数写入从地址 OUT 开始的 N 个字寄存器中。N 的范围是 1～255。如图 4-19 所示。

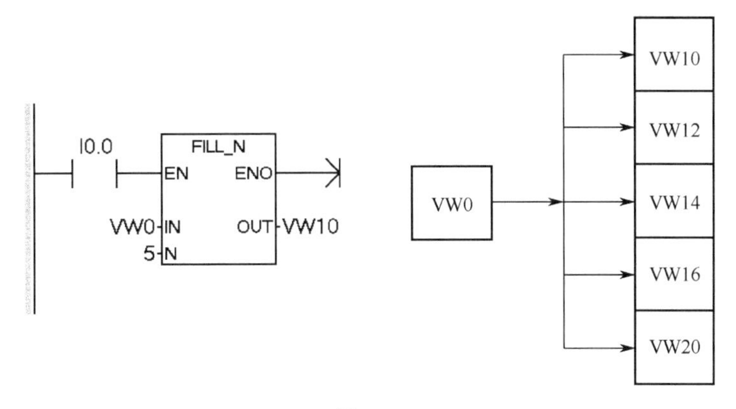

图 4-19

该指令可用于给相邻多个字批量赋同样的值，常用来批量清零。

4. 字节交换指令

说明：将 IN 中字寄存器的高字节和低字节交换一下。用十六进制或二进制监控，可看到字节交换前、后高低字节的数据变化。

注意：每个扫描周期交换一次，所以需要加上升沿或下降沿配合使用。

如果要将两个字类型 VW0 和 VW4 的数据交换，该怎么做呢？

基本思路为：引入中间变量 VW2，先将 VW0 传送到 VW2 中保存起来，再将 VW4 传送给 VW0，最后将 VW2 中保存的值传送到 VW4 中，实现交换。双字及浮点数交换同理。

4.6 比较指令的应用

数据比较指令按比较类型分为 6 类，按数据类型又可分为 4 类，如图 4-20 所示。

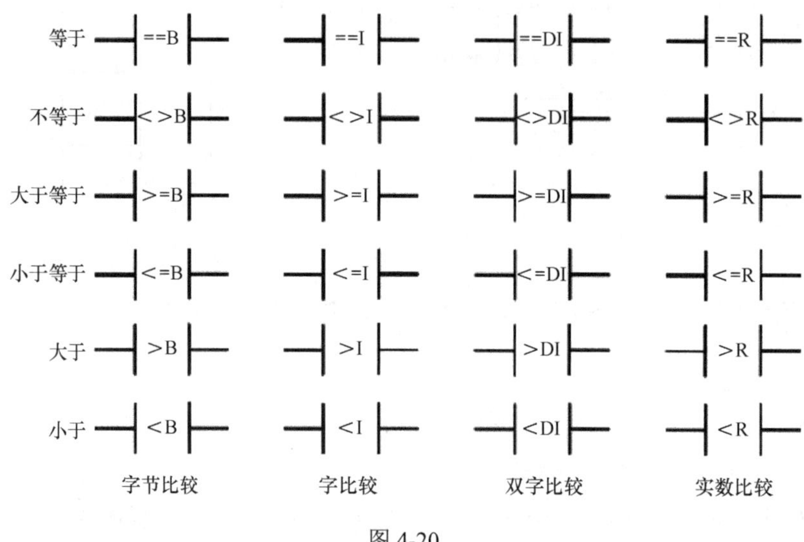

图 4-20

操作数可以是变量也可以是常数，但两个操作数的数据类型必须相同，不同数据类型用不同的指令。比较指令在编程中作为条件使用，当满足比较的条件时就会导通，能流就能通过而触发后面的指令。按 F4 键输入相应条件就能找到指令。

4.7 转换指令的应用

在生产中经常用到比较、数据运算，而运算的数据类型必须相同，那么碰到不同数据类型要进行运算时该如何处理呢？需要用到本节讲到的转换指令将它们转换成相同类型再进行运算。

注意：

（1）检测到 EN 条件满足时，就发生数据类型转换。

（2）转换后只是存储类型的空间发生变化，值的大小保持不变。

（3）由大转换至小时可能发生数值溢出情况，此时不执行指令，保留原来的值。

（4）不能跨级转换。

4.7.1 字节与整数之间的转换

1. 字节转整数

说明：将字节数值 IN 转换成整数数值，并且将结果存入 OUT 指定的变量中。因为字节不带符号，所以无符号扩展，如图 4-21 所示。

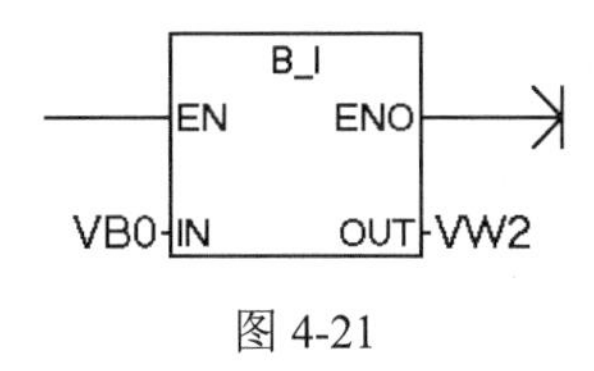

图 4-21

2. 整数转字节

说明：将整数数值转换成字节数值，并且将结果存入 OUT 中，数值为 0～255 时可被转换，超过则输出不执行。

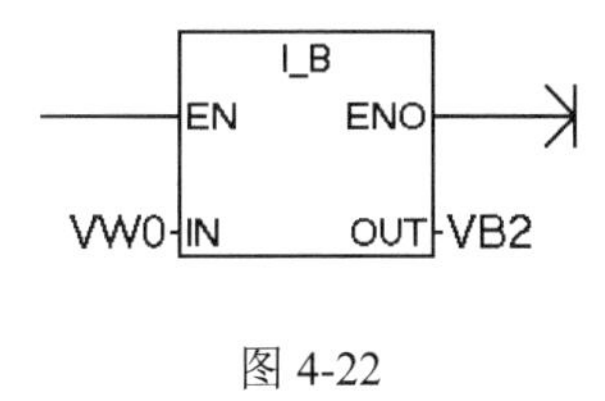

图 4-22

4.7.2　整数与双整数之间的转换

1. 整数转双整数

说明：将整数值 IN 转换成双整数值，并将结果存入 OUT 中。只可转换有符号数，如图 4-23 所示。

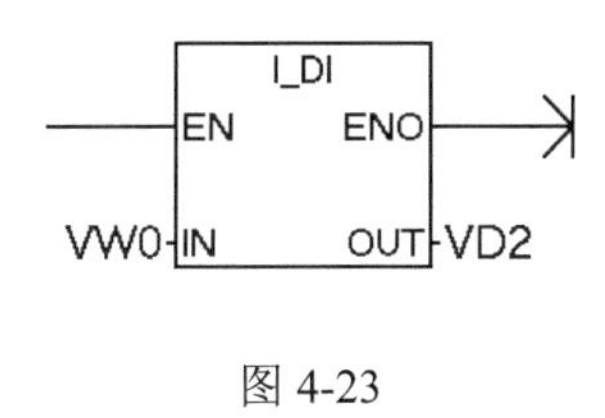

图 4-23

2. 双整数转整数

说明：将双整数值 IN 转换成整数值，并且将结果存入 OUT 中。如果转换值过大，则无法在输入中表示，输出不受影响，范围为−32768～+32767，如图 4-24 所示。

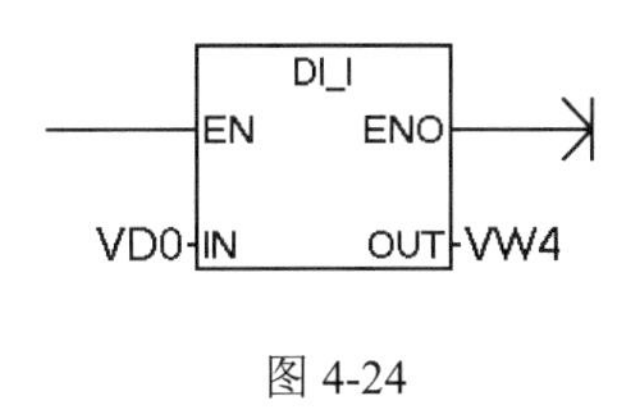

图 4-24

4.7.3　双整数与实数（浮点数）之间的转换

注意：浮点数（实数）需要占用 32 位的空间，即浮点数都为双字类型。

在进行浮点数运算前一定要确保参与运算的数全部是浮点数，如果不是则需要转换成浮点数。运算完成后结果在使用的时候可能要转换成双整数，如脉冲数。

1. 双整数转浮点数

说明：将 32 位带符号整数 IN 转换成 32 位实数，并将结果存入 OUT 中，如图 4-25 所示。

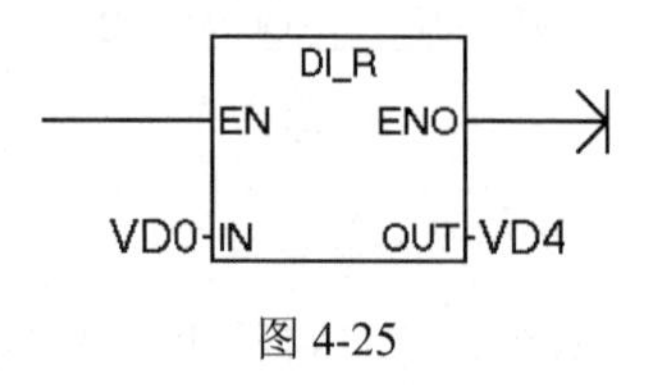

图 4-25

2. 实数转双整数

1）ROUND

说明：将实数 IN 转换成双整数，并将结果存入 OUT 中，对小数部分四舍五入，即如果小数部分大于等于 0.5，则进位为整数，如图 4-26 所示。

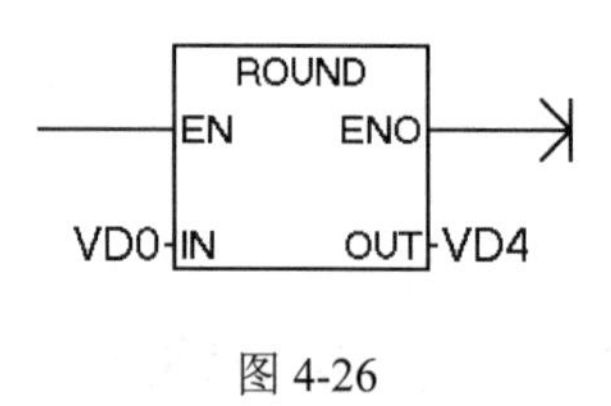

图 4-26

2）TRUNC

说明：将实数 IN 转换成双整数，并将结果的整数部分存入 OUT 中，只有整数部分被转换，小数部分被丢弃。如果转换的值为非实数或值过大，则无法在输出中表示，输出不受影响，如图 4-27 所示。

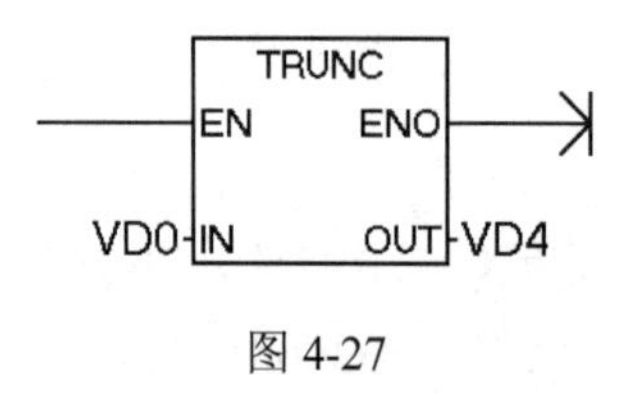

图 4-27

4.7.4 七段数字显示译码（SEG）

将输入字节 IN 中的数生成七段显示段格式，如 VB0=8，则 QB0=2#0111111，如图 4-28 和图 4-29 所示。

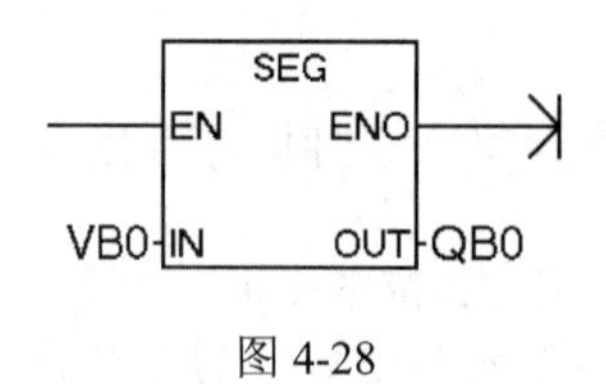

图 4-28

Q0.0(a)
Q0.5 (f)　Q0.1 (b)
(g) Q0.6
Q0.4 (e)　Q0.2 (c)
Q0.3(d)

	g	f	e	d	c	b	a		g	f	e	d	c	b	a
0	0	1	1	1	1	1	1	8	1	1	1	1	1	1	1
1	0	0	0	0	1	1	0	9	1	1	0	0	1	1	1
2	1	0	1	1	0	1	1	a	1	1	1	0	1	1	1
3	1	0	0	1	1	1	1	b	1	1	1	1	1	0	0
4	1	1	0	0	1	1	0	c	0	1	1	1	0	0	1
5	1	1	0	1	1	0	1	d	1	0	1	1	1	1	0
6	1	1	1	1	1	0	1	e	1	1	1	1	0	0	1
7	0	0	0	0	1	1	1	f	1	1	1	0	0	0	1

图 4-29

4.7.5　BCD 码与整数之间的转换

1. BCD 码转整数

将 BCD 形式存储的数据 IN 转换为整数，并将结果送入 OUT 中，如图 4-30 所示。

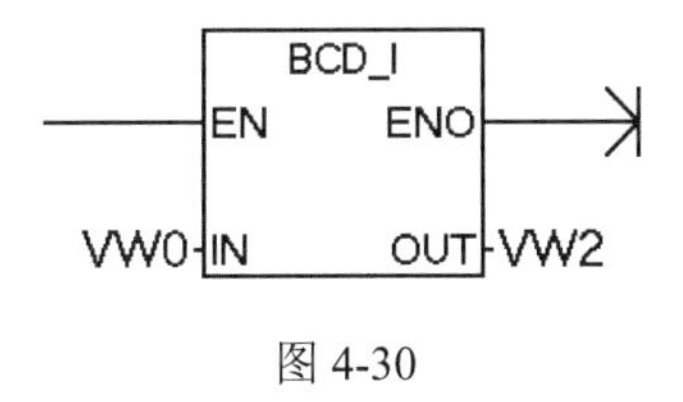

图 4-30

2. 整数转 BCD 码

将整数形式存储的数据 IN 转换为 BCD 码，并将结果送入 OUT 中，如图 4-31 所示。

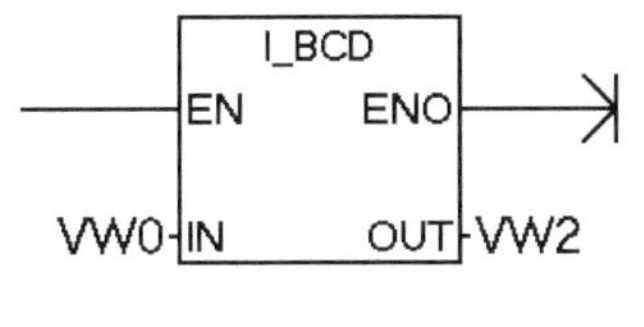

图 4-31

其他转换指令在编程过程中应用较少，此处不进行讲解，可自行查看帮助了解使用方法。

在 PLC 中时钟采用 BCD 码形式存储，当要使用 PLC 时钟功能时，用读取指令读出的是 BCD 形式，可以通过 BCD 转整数指令转换成整数形式，也可以不进行转换，BCD 形式存储的数值刚好与十六进制的时钟数值相同，可以直接把锁机时间设定为十六进制。

4.8　实时时钟指令及定时锁机应用

当需要设定特定日期做某种动作时，如定时锁机，就要用到 PLC 的实时时钟功能，SMART 系列 PLC 标准型 CPU 系统集成了时钟功能，只要利用时钟指令读取系统时钟即可。经济型 CR40 和 CR60 没有实时时钟和超级电容。

注意：如果没有安装电池信号板，则时钟只能保持 7 天左右；如果安装了电池信号板，则可保持一年以上。

1. 读取实时时钟指令

读取实时时钟指令如下所示。

读取实时时钟
SM0.0
READ_RTC
EN ENO
VB0 T

读取实时时钟指令的 T（VB0）为 8 字节缓冲区起始地址，缓冲区格式如图 4-32 所示。

8 字节时间缓冲区的格式，从字节地址 T 开始

所有日期和时间值必须采用 BCD 格式分配（例如，16#12 代表 2012 年）。 00 至 99 的 BCD 值范围可分配范围为 2000 至 2099 的年份。

T 字节	说明	数据值
0	年	00 至 99（BCD 值）20xx 年： 其中，xx 是 T 字节 0 中的两位数 BCD 值
1	月	01 至 12（BCD 值）
2	日	01 至 31（BCD 值）
3	小时	00 至 23（BCD 值）
4	分	00 至 59（BCD 值）
5	秒	00 至 59（BCD 值）
6	保留	始终设置为 00
7	星期几	使用 SET_RTC/TODW 指令写入时会忽略值。 通过 READ_RTC/TODR 指令进行读取时，值会根据当前年/月/日值报告正确的星期几。 1 至 7，1 = 星期日，7 = 星期六（BCD 值）

图 4-32

2. 设定实时时钟指令

设定实时时钟指令如图 4-33 所示。

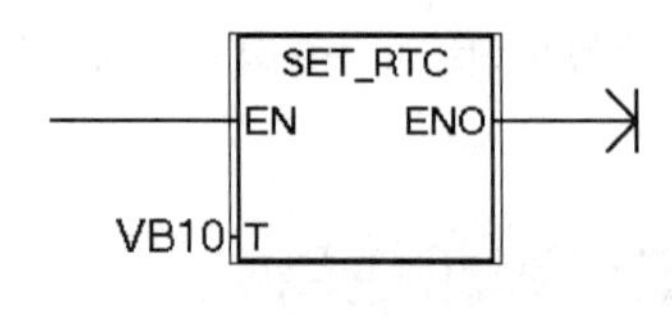

图 4-33

设定实时时钟指令可用来设定或校准时钟，但一定要提前设定好时钟，再用边沿执行一次，便可将设定好的时钟写入系统。一般可以选择编程软件中的 PLC 菜单下的“设置时钟”选项，弹出如图 4-34 所示的设置对话框。

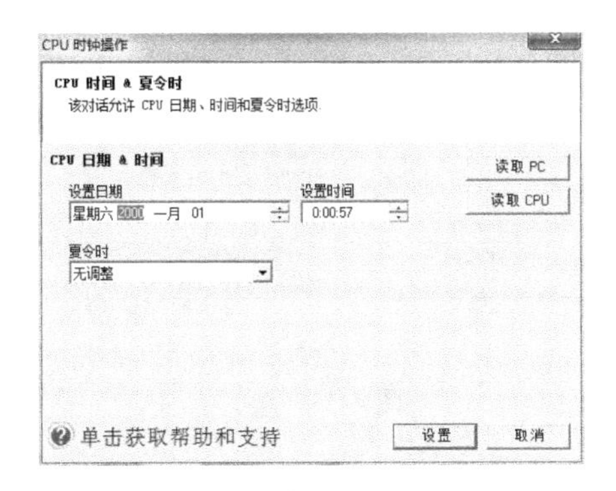

图 4-34

可手动设定时钟，也可单击“读取 PC”按钮，确定好后单击“设置”按钮即可修改系统的实时时钟。

3. 时钟功能应用之定时锁机

时钟功能常用于定时锁机，在机器出厂时设定付款日期，如果逾期未付清货款，则执行锁机操作。原理是利用时钟读取指令读取 PLC 的时钟，由于时钟通常以 BCD 码的形式存放，所以要利用 BCD_I 指令转换成十进制形式，再与设定日期进行比较。当系统日期超过设定日期时，则执行锁机，再增加其他辅助功能，示例程序如图 4-35 所示。

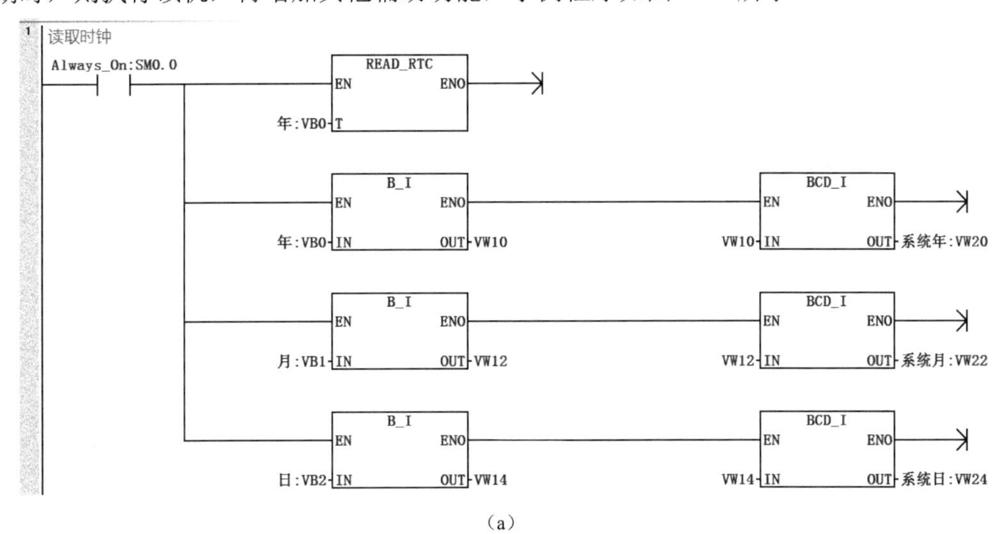

（a）

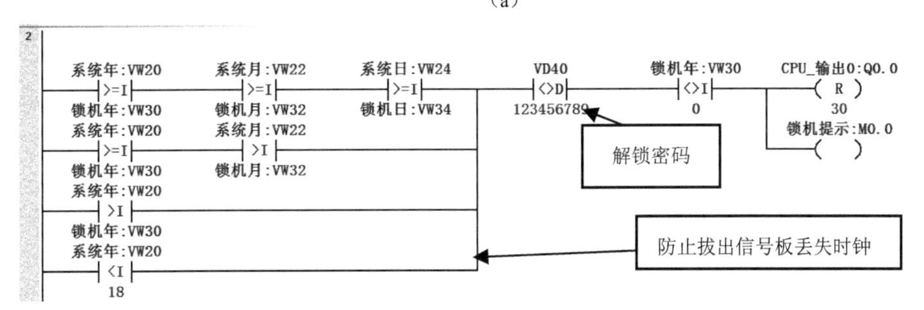

（b）

图 4-35

符号	地址	注释
CPU_输出0	Q0.0	
锁机年	VW30	设定锁机年份
锁机日	VW34	设定锁机日期
锁机提示	M0.0	用于触发HMI锁机提示
锁机月	VW32	设定锁机月份
系统年	VW20	读取的系统年份
系统日	VW24	读取的系统日期
系统月	VW22	读取的系统月份

（c）

图 4-35（续）

4.9 整数四则运算及递增递减指令应用

1. 加法 ADD

将 IN1 加 IN2，得到的结果传送至输出 OUT 中，即 IN1+IN2=OUT。如果得到的结果超出存储范围，则自动循环，即 32767 加 1，结果会变成−32768，如图 4-36 所示。

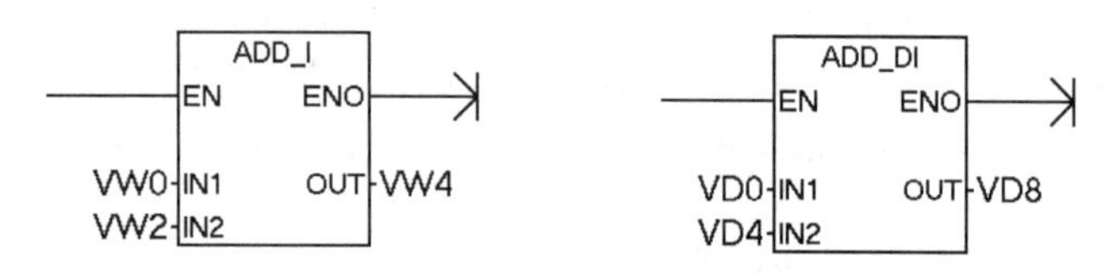

图 4-36

2. 递增指令 INC（自加 1）

每执行一次将 IN 加 1，得到的结果传送至输出 OUT 中，即 IN+1=OUT，如图 4-37 所示。

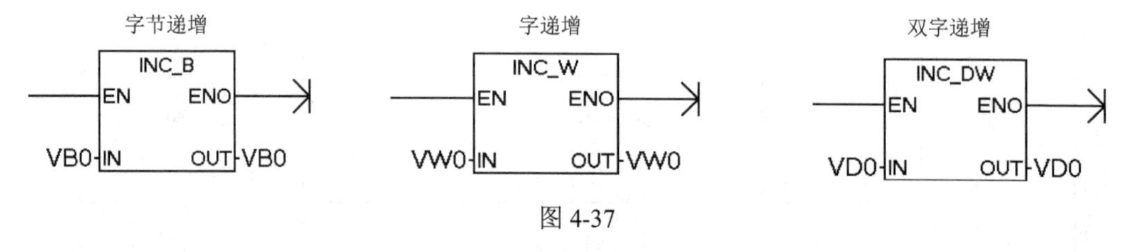

图 4-37

注意：（1）IN 和 OUT 的地址必须相同才能实现自加 1。

（2）如果使用连续执行，则 PLC 每个扫描周期都会自加 1。请务必注意，常配合上升沿或下降沿使用。

（3）该指令只能做到自加 1，如果要自加 2、3 等，则可以用加法指令，将结果再送入自身地址来实现，如下所示。

I0.0 — P — ADD_I (EN, ENO; VW0 → IN1, 2 → IN2, OUT → VW0)

3. 减法 SUB

将 IN1 减去 IN2，得到的结果传送至输出 OUT 中，即 IN1−IN2=OUT，如图 4-38 所示。

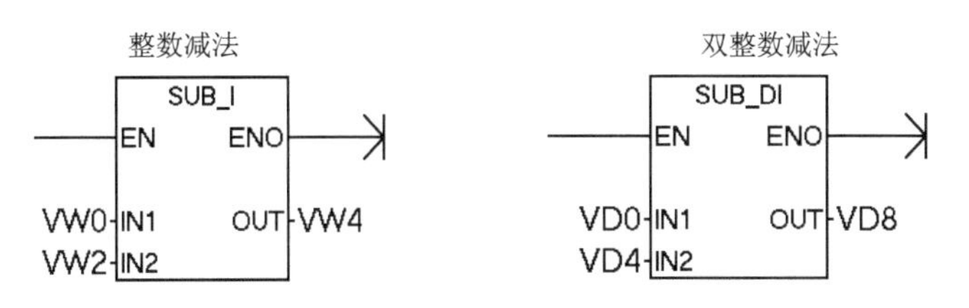

图 4-38

4. 递减指令 DEC（自减 1）

每执行一次将 IN 减 1，得到的结果传送至输出 OUT 中，即 IN1−1=OUT，如图 4-39 所示。

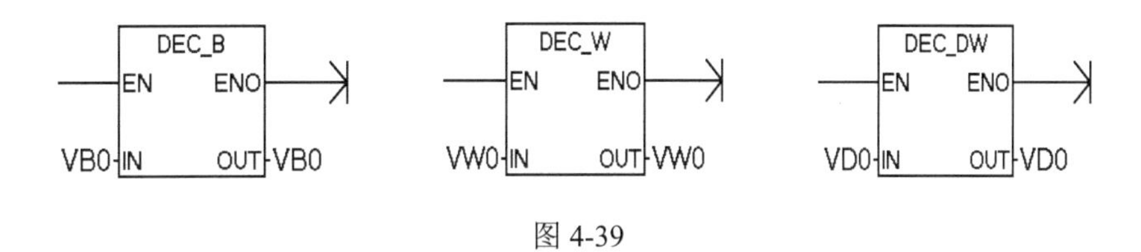

图 4-39

注意：（1）IN 和 OUT 的地址必须相同才能实现自减 1。

（2）如果使用连续执行，则 PLC 的每个扫描周期都会自减 1。请务必注意，常配合上升沿或下降沿使用。

（3）该指令只能做到自减 1，如果要自减 2、3 等，则可以用减法指令，将结果再送入自身地址来实现，如下所示。

I0.0
P
SUB_I
EN
ENO
VW0
IN1
OUT
VW0
2
IN2

5. 乘法运算 MUL

将 IN1 乘以 IN2，得到的结果传送至输出 OUT 中，即 IN1×IN2=OUT，如图 4-40 所示。

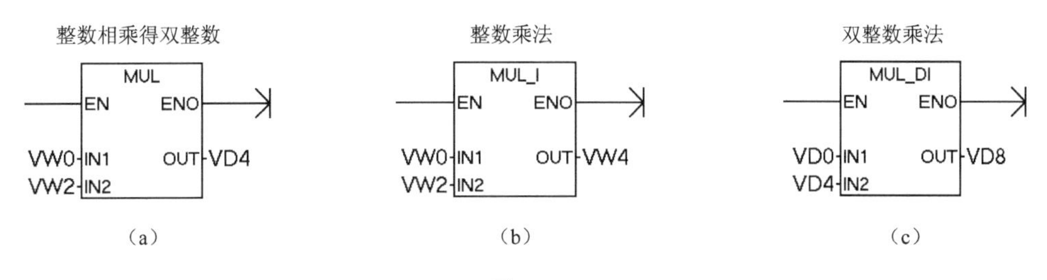

图 4-40

（1）图 4-40（a）表示的是 16 位整数 IN1 乘以 16 位整数 IN2，结果为 32 位的双整数并存入 OUT 中。

（2）图 4-40（b）表示的是 16 位整数 IN1 乘以 16 位整数 IN2，结果为 16 位的整数并存入 OUT 中。

（3）图 4-40（c）表示的是 32 位整数 IN1 乘以 32 位整数 IN2，结果为 32 位的双整数并存入 OUT 中。

6. 除法 DIV

将 IN1 除以 IN2，得到的结果传送至输出 OUT 中，即 IN1/IN2=OUT，如图 4-41 所示。

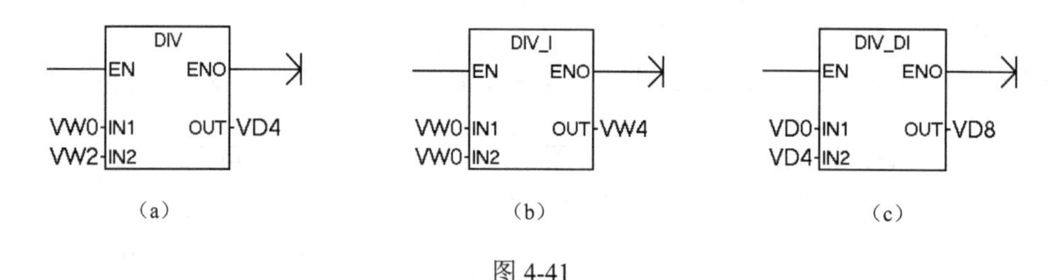

图 4-41

（1）图 4-41（a）表示的是 16 位整数 IN1 除以 16 位整数 IN2，结果为 32 位整数并存入 OUT 中，其中包含一个 16 位余数（高位）和一个 16 位商（低位），可用来进行奇偶判断、数字拆分等。

（2）图 4-41（b）表示的是 16 位整数 IN1 除以 16 位整数 IN2，结果为 16 位整数并存入 OUT 中，余数舍去。

（3）图 4-41（c）表示的是 32 位整数 IN1 除以 32 位整数 IN2，结果为 32 位整数并存入 OUT 中，余数舍去。

综上可知：整数运算除法时余数会舍去，从而影响运算精度，只能适用于精度要求不高的场合。在运算时尽可能提供精度，应遵循先加减后乘除的原则。如果要进行高精度运算则要用到浮点数运算。

4.10 浮点数运算指令应用

前面讲的是整数之间的运算，在编程过程中往往需要处理一些非整数运算，这时就需要用到浮点数运算。浮点数一定是 32 位，占两个字。

注意：参与浮点数运算的操作数必须是浮点数类型，如果不是则需要用 DI_R 转换为浮点数，常数需要带“.0”，如 10 需要写作 10.0。

1. 浮点数加法

浮点数加法跟整数加法一样，即 IN1+IN2=OUT，只不过操作数全部为浮点数，得到的结果也是浮点数，如下所示。

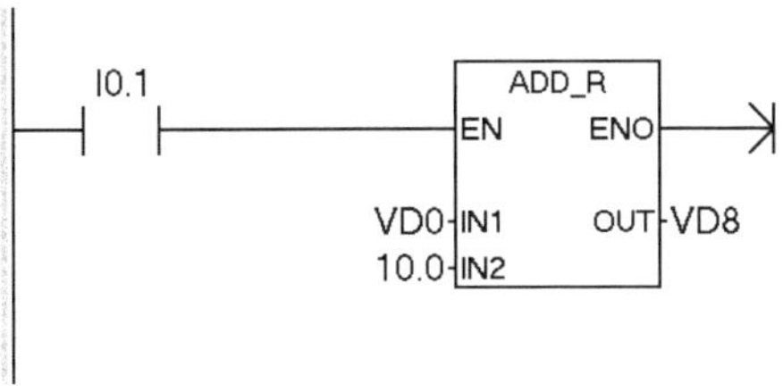

I0.1
ADD_R
EN　ENO
VD0 IN1　OUT VD8
10.0 IN2

2. 浮点数减法

浮点数减法跟整数减法一样，即 IN1−IN2=OUT，只不过操作数全部为浮点数，得到的结果也是浮点数。动手实验：下面 VD0 里的结果等于多少？

I0.0
SUB_R
EN　ENO
18.8 IN1　OUT VD0
5.4 IN2

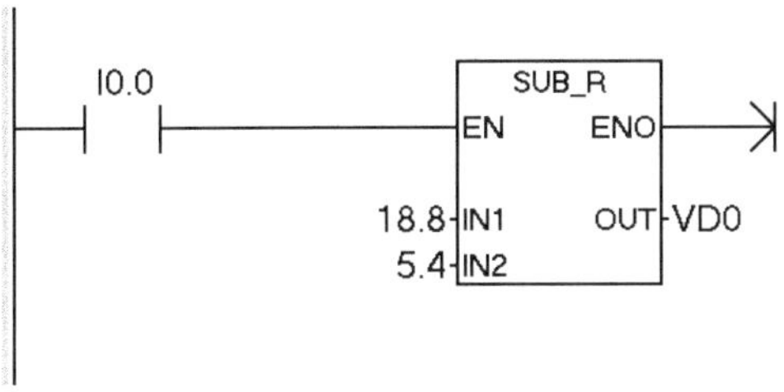

3. 浮点数乘法

浮点数乘法跟整数乘法 MUL 一样，即 IN1×IN2=OUT，只不过操作数全部为浮点数，得到的结果也是浮点数。动手实验：下面 VD0 里的结果等于多少？

I0.0
MUL_R
EN　ENO
10.2 IN1　OUT VD0
5.3 IN2

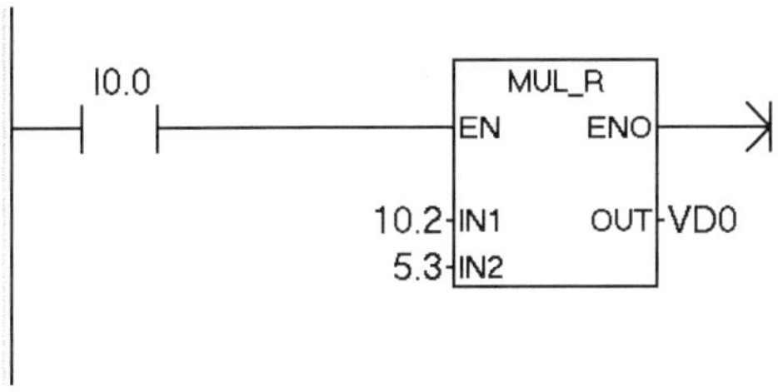

4. 浮点数除法

浮点数除法跟整数除法 DIV 一样，即 IN1÷IN2=OUT，只不过操作数全部为浮点数，得到的结果也是浮点数。动手实验：下面 VD0 里的结果等于多少？

I0.0
DIV_R
EN　ENO
10.2 IN1　OUT VD0
5.3 IN2

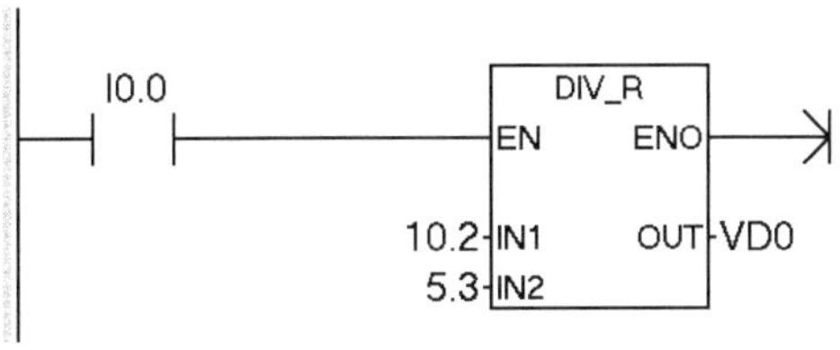

5. 浮点数正弦运算 SIN

浮点数正弦 SIN 指令对角度值 IN 进行正弦三角函数运算，并且将结果存入 OUT 中。输入以弧度为单位，如果是度，则需要先转换成弧度，用以度表示的角度乘以 0.01744（π/180）。动手计算 30 度的正弦值，如下所示。

I0.0 MUL_R EN ENO 30.0 IN1 OUT VD0 0.01744 IN2
SIN EN ENO VD0 IN OUT VD4

6. 浮点数余弦运算 COS

浮点数余弦 COS 指令对角度值 IN 进行余弦三角函数运算，并且将结果存入 OUT 中。输入以弧度为单位，如果是度，则需要先转换成弧度，用以度表示的角度乘以 0.01744（π/180）。动手计算 60 度的余弦值，如下所示。

I0.0 MUL_R EN ENO 60.0 IN1 OUT VD0 0.01744 IN2
COS EN ENO VD0 IN OUT VD4

7. 浮点数正切运算 TAN

浮点数正切 TAN 指令对角度值 IN 进行正切三角函数运算，并且将结果存入 OUT 中。输入以弧度为单位，如果是度，则需要先转换成弧度，用以度表示的角度乘以 0.01744（π/180）。动手计算 60 度的正切值，如下所示。

I0.0 MUL_R EN ENO 60.0 IN1 OUT VD0 0.01744 IN2
TAN EN ENO VD0 IN OUT VD4

8. 浮点数平方根运算 SQRT

浮点数平方根运算指令对 32 位实数 IN 进行去平方根运算，并且将结果存入 OUT 中。动手计算 2.0 的平方根。

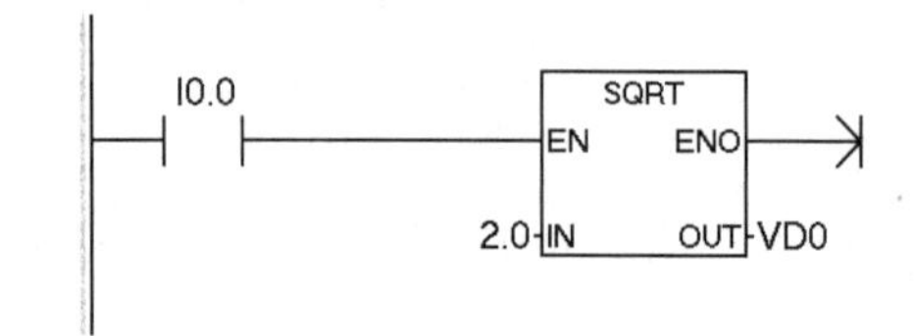

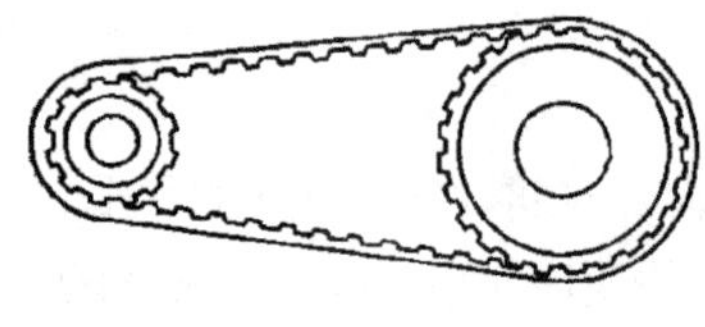

图 4-42

例题：根据图 4-42 算出脉冲数。图 4-42 为同步带传动机构，小同步带轮为主动轮与步进电动机相连，直径为 VD0，大同步带轮连接一根送纸滚轴，同步轮直径为 VD4，滚轴直径为 VD8，设步进电动机旋转一圈需要 2000 个脉冲，试求设定纸长 VD100 需要发送多少脉冲数。程序及说明如图 4-43 所示。

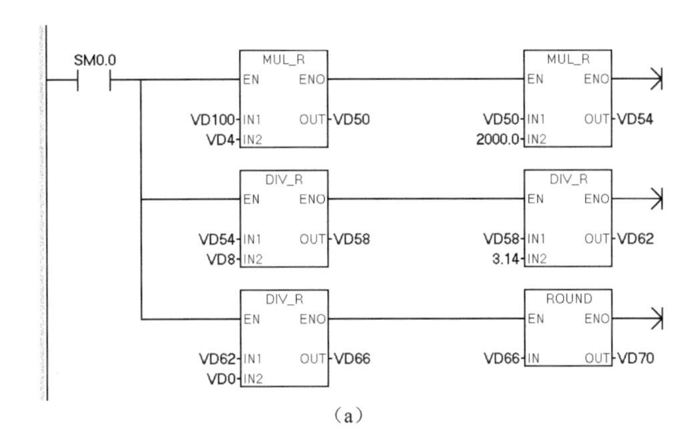

（a）

符号	地址	注释
Always_On	SM0.0	始终接通
大轮直径	VD4	同步轮直径(mm)
脉冲数_个	VD70	送纸长度对应脉冲个数
送纸长度	VD100	设定送纸的长度(mm)
送纸轴直径	VD8	滚轴直径(mm)
小轮直径	VD0	主动轮直径(mm)

（b）

图 4-43

4.11 子程序调用与局部变量的使用

一个完整的程序要实现多个功能，可以只用一个主程序来实现，也可以分多个子程序单独实现再由主程序分别调用；如果只用一个主程序就会显得很纷乱，且调试修改效率低，而使用子程序可以一目了然，快速确定问题所在，所以首选使用子程序来编程。

在实际项目中有很多类似的功能，因此可以多次调用子程序，而不用多次复制相同的语句，选择调用相同的子程序即可。

S7-200 SMART 的控制程序由主程序、子程序和中断程序组成。一个项目最多可以有 128 个子程序。

在 S7-200 SMART 编程软件界面上方可以看到 MAIN SBR_0 INT_0 中断例程注释。SBR_0 就是子程序的位置，右击属性可以修改子程序名称。通常需要多个不同的子程序怎么办？右击 SBR_0 位置，在出现的下拉菜单中选择“插入”→“子程序”即可，如图 4-44 所示。

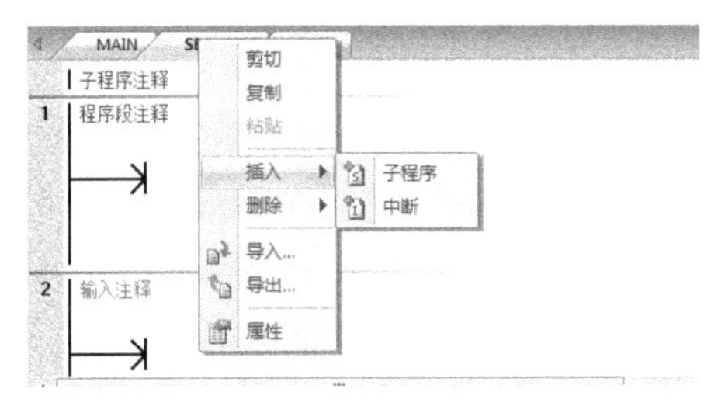

图 4-44

右击选择“属性”弹出属性设置对话框，可进行命名和设置密码保护，如图 4-45 所示。

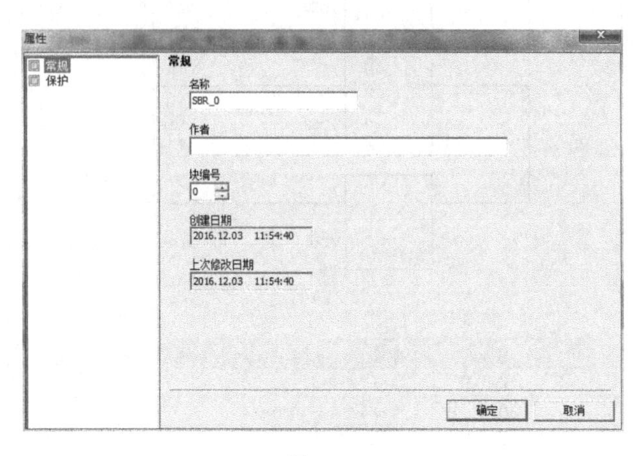

图 4-45

在需要调用子程序编程时，可以在指令树中选择“调用子例程”下的子程序，如图 4-46 所示。

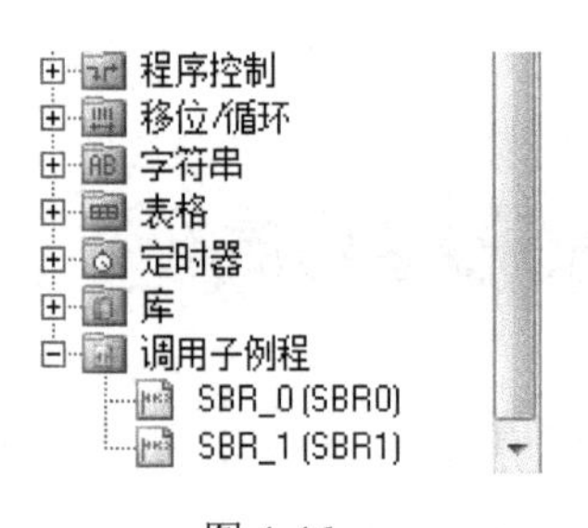

图 4-46

拖动到编程区域，编写对应的调用条件，若一直调用则用 SM0.0，如下所示。

SM0.0　SBR_0　EN

在对子程序进行编程时，切换到对应编程区域进行编程。编程方法和主程序中基本类似，但子程序有以下几个特点：

（1）PLC 扫描一般只会在主程序中，只有调用到子程序时才会跳转到子程序中扫描，所以要执行子程序前面的调用条件一定要接通。

（2）子程序不调用就不扫描，所以可以节省程序执行时间，提高响应速度。

（3）子程序不调用就不扫描，会保留该子程序最后一个扫描周期中各存储区的工作状态。

（4）允许双线圈，只要不同时调用有相同线圈输出的子程序就行。

（5）模块化编程，方便管理，思路清晰。

（6）子程序允许嵌套，最多 8 层。子程序的个数最多有 128 个。

（7）SM0.1 一般不放在子程序中使用。

（8）上升沿、下降沿放在子程序中要注意与调用条件配合，分清先后关系。

（9）不能使用跳转指令跳入或跳出子程序。

（10）在同一个周期内多次调用子例程时，不应使用上升沿、下降沿、定时器和计数器指令。

1. 带参数（局部变量）的子程序调用指令

子程序可能有要传递的参数（变量和数据），这时可以在子程序调用指令中包含相应参数，它可以在子程序与调用程序之间传送。参数在子程序的局部变量表中定义，定义参数时必须指定参数的符号名称（最多 23 个英文字符）、变量类型和数据类型。每个子例程调用的输入/输出参数的最大限制是 16。局部变量表中的变量有 IN、OUT、IN/OUT 和 TEMP 4 种类型。

（1）IN 类型：将指定位置的参数传入子程序。

（2）OUT 类型：从子程序来的结果值（数据）传到指定的参数位置。

（3）IN/OUT 类型：将指定位置的参数传到子程序，从子程序来的结果值被返回到同样的地址。

（4）TEMP 类型：临时变量只用作子程序内部的暂时存储器，不能用来传递参数。

2. 局部变量

L 是局部存储器，作为暂时存储器或给子程序传递参数。L 支持按位、字节、字、双字来寻址，如用 L2.5、LB3、LW4、LD6 来存取，但仅仅在它被创建的子程序中有效，创建方法如图 4-47 所示。

变量表

	地址	符号	变量类型	数据类型	注释
1		EN	IN	BOOL	
2	L0.0	启动	IN	BOOL	作为程序启动开关
3	L0.1	停止	IN	BOOL	作为程序停止开关
4	LW1	定时时长	IN	WORD	
5			IN_OUT		
6	L3.0	指示灯1	OUT	BOOL	作为输出指示灯1
7	L3.1	指示灯2	OUT	BOOL	作为输出指示灯2
8			OUT		
9			TEMP		

图 4-47

利用带局部变量的子程序编写一个简单的实例：控制要求按下启动指示灯 1 点亮，延时一定时间（可调）后指示灯 2 点亮，按下关闭按钮同时关闭。

子程序如图 4-48 所示。

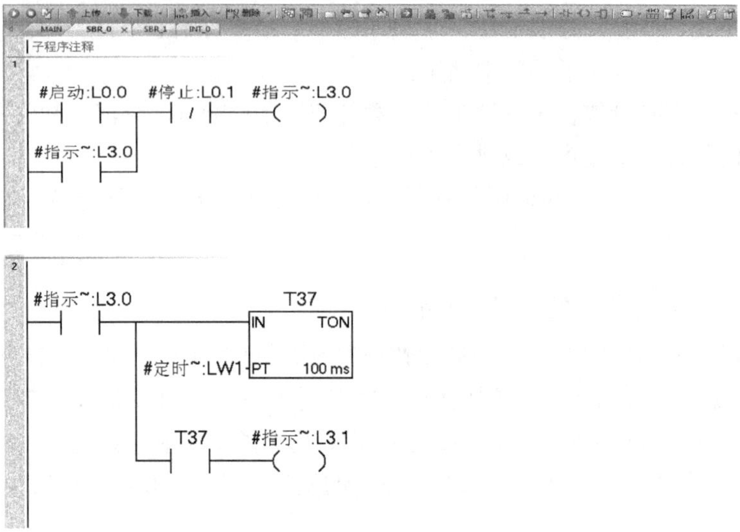

图 4-48

主程序如图 4-49 所示。

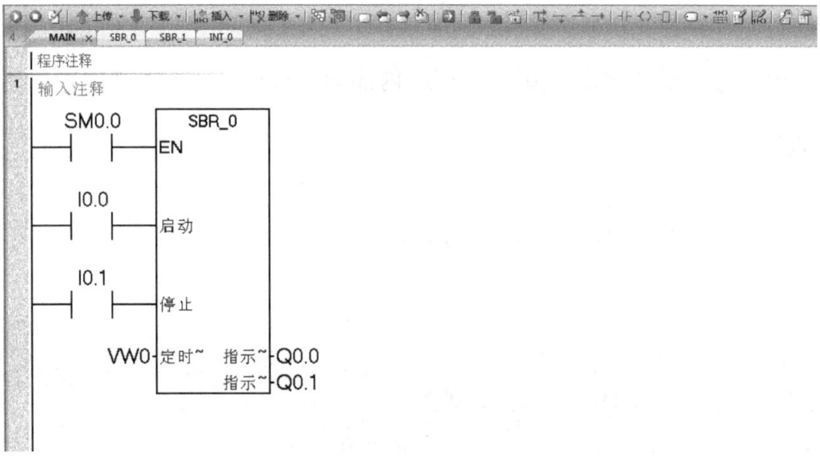

图 4-49

主程序只要调用子程序编程，且启动、停止、定时时长、指示灯 1、指示灯 2 都可以随便定义。

编写好的子程序不仅可以被当前项目调用，还可以建成库供其他项目调用。在以后的编程中经常会出现一些经典的应用，或者出现经常处理的类似程序，可以将它们建成“库”，碰到类似的用法只需要直接调用库进行编程即可。那么库应该怎么建立呢？

（1）重命名：首先把编写好的具有特殊功能（脉冲运算、模拟量换算等）的子程序进行重命名，避免与其他项目中的子程序重名。我们以上例中的子程序为例，命名为“指示灯延时启动”。

（2）创建库文件：在左侧指令树中找到“库”并右击弹出对话框，选择“创建库”，如图 4-50（a）所示，弹出如图 4-50（b）所示的对话框：选择需要建立库的子程序“指示灯延时启动”，单击“添加”按钮；选择“属性”对库进行命名及指定库文件的存储位置；选择“保护”，可以对库文件设置一个密码保护，可以限制阅读和修改库程序。设置好后单击“确定”按钮，将会在指定目录下生成一个库文件。

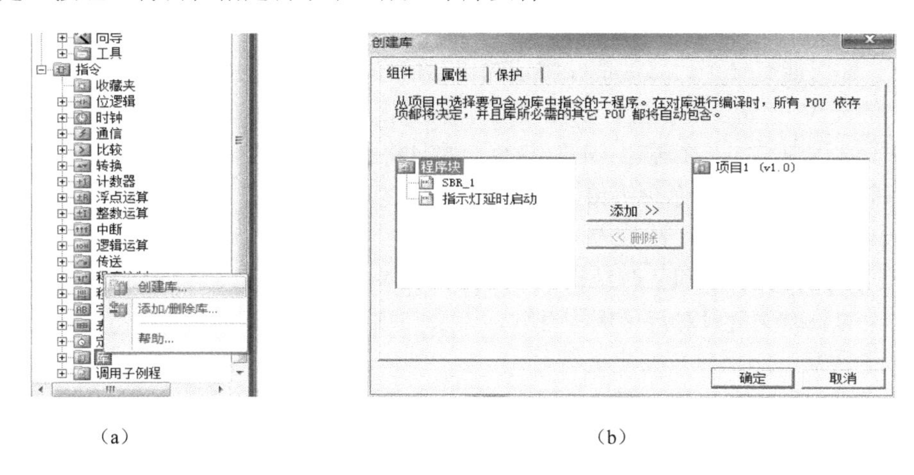

（a）　　　　（b）

图 4-50

（3）添加/删除库：选择“添加/删除库”弹出如图 4-51（a）所示的对话框，单击“添加”按钮找到刚才建立好的库文件，单击“确定”按钮后库文件被加载进来。关闭当前项目，重新打开编程软件找到“库”，可以看到我们刚才添加的库程序，如图 4-51（b）所示。

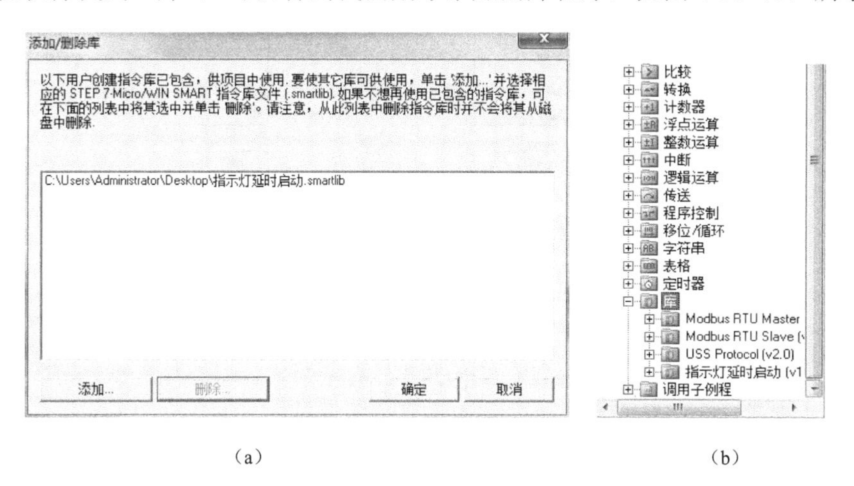

（a）　　　　（b）

图 4-51

以上介绍的创建库的方法为 V2.1 之前的版本，V2.2 版本采用库文件集中管理的思路，所创建的库文件必须放置在系统指定的目录下，无须“添加/删除”库，直接刷新即可显示库。一般默认为 C:\Users\Public\Documents\Siemens\STEP 7-MicroWIN SMART\Lib，可以通过软件的“工具”→“选项”→“项目”→“用户库文件夹”来进行修改。重新安装软件或重装系统前请对库文件进行备份。

要消除库和项目之间出现存储器使用冲突的可能性，应避免在用户定义库中使用全局存储器。可能无法完全消除库对全局资源的使用，但是在可能的情况下最大限度地减少此类使用是有必要的。这里列出最小化全局存储器使用的一些方法。

（1）尽量用局部存储器代替全局存储器。

通过使用局部存储器，尽量降低库对全局存储器的依赖。还可以直接将局部存储器指定为库指令使用的存储器。

例如，你可能有一个计算数值并将该输出存储在 V 存储器的子例程中。程序的其余部分则会读取该 V 存储器的位置，以便确定计算结果。如果你希望将该子例程放入库中，则可考虑在子例程中增加一个输出 OUT 参数，并且将计算结果存储在该参数中。这样就无须使用 V 存储器，并且允许你决定结果的存储位置。

（2）使用临时变量进行计算。

将临时变量用于计算和临时结果可尽量减少指令库对全局存储器的使用。你在子例程变量表中定义的临时变量只对该子例程有效，不会与项目冲突。

（3）需要 V 存储器时，要定义符号。

有时必须在创建库的子例程中使用全局 V 存储器时，应为所有 V 存储器声明符号，并且在程序中使用这些符号。编译该库时，编译器将使用这些符号来决定你的库所需的存储器大小。通用规则是，将包括在库中的子例程所占用的 V 存储器分组到连续位置中。

以常用的步进脉冲数运算为例，因为使用比较频繁，可以建立成库，方便在以后编程过程中调用。使用全局变量运算的程序如下：

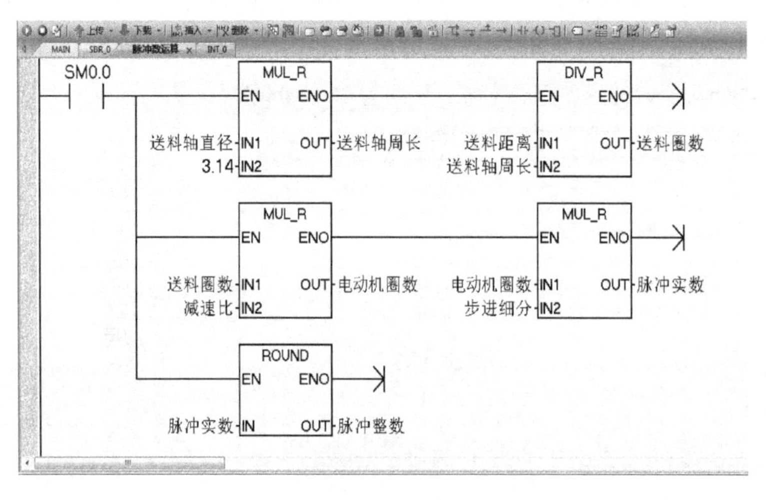

图 4-52

如果要将该子程序建成库，则必须给所有全局变量都定义符号，否则无法建立。建成库以后编程调用库时，必须要进行库存储器分配，右击左侧项目树中的“程序块”，选择“库存储器分配”，单击“建议地址”按钮，系统自动分配未使用的存储器供给库使用，如图 4-53 所示。

注意：在编写库程序时，所用到的 V 存储器地址必须全部定义符号，否则无法创建库。创建成库后再次调用该库进行编程时，所用到的 V 存储器不再是之前编写库程序的地址，需要重新分配 V 存储器地址。但是会按照之前的地址进行分配，如存储器大小、数据类型及编号之间的规律，所以应尽量采用连续的地址进行编程。

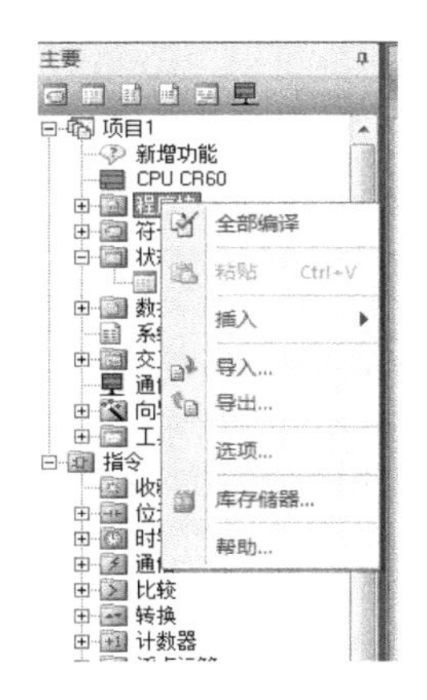

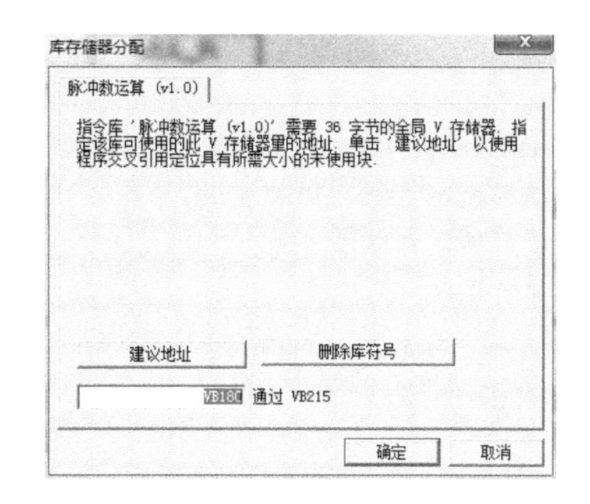

图 4-53

4.12 练习

1. 按下 I0.0，K1 灯（Q0.0）闪 3 次，接着 K2 灯（Q0.1）闪 5 次，然后 K3 灯（Q0.2）常亮 3s，最后 K1、K2、K3 同时闪 3 次后灭掉，停顿 5s 后重复上述动作，直到按下停止 I0.1 等待整个动作完成后停止，请用顺序控制指令完成程序的编写。

2. 将 VD0、VD4、VD8、VD12、VD16、VD20、VD24、VD28、VD32、VD36 按照从大到小的顺序排列。

提示：利用“冒泡”法进行排序。先建立指针进行间接寻址，再运用 FOR 循环指令逐个比较，不满足就进行交换。

3. ① 运行 PLC，灯 K0 点亮。

② 按下 I0.0，灯 K0～K7 以 1s 的频率依次点亮（仅一盏灯亮），即 K0 亮 1s 后灭，接着 K1 亮 1s 后灭，如此循环转动。

③ 按下 I0.1，转动停止，灯不再循环转动，再次按下 I0.0 又接着循环转动。

④ 按下 I0.2 复位，即回到初始状态，只有 K0 亮。

I/O 分布如下。

I0.0：启动。

I0.1：停止。

I0.2：复位。

K0～K7：Q0.0～Q0.7。

根据要求编写程序并输入 PLC 试验。

提示：可以用移位寄存器实现。

注意：如何实现多次循环。

4. 用 8 盏灯模拟电动机轴转动启停速度变化过程。要求：

按下 I0.0，开始启动旋转，按下 I0.1 暂停，再次按下 I0.0 继续旋转。

① 先以 2s 的频率正转 2 圈。

② 再以 1s 的频率正转 3 圈。

③ 接着以 0.5s 的频率正转 5 圈。

④ 接着以 0.2s 的频率正转 5 圈。

⑤ 接着以 0.5s 的频率反转 5 圈。

⑥ 接着以 0.2s 的频率反转 5 圈。

⑦ 停止 5s，循环上述动作。

5. 设计交通红绿灯 PLC 控制系统，控制要求如下。

① 东西向：绿灯（QO.5）亮 5s，绿灯闪 3 次（亮 0.5s 灭 0.5s），黄灯（Q0.4）亮 2s，红灯亮（Q0.3）10s。

② 南北向：红灯亮（Q0.0）10s，绿灯亮 5s，绿灯（Q0.2）闪 3 次，黄灯（Q0.1）亮 2s。

用触点比较指令完成交通红绿灯程序。

提示：比较 T37 当前值，在每一个时间段点亮对应的灯。

6. 商品自动售货机。要求如下：

① 此售货机可投入 1 元、5 元、10 元纸币，投币口分别为（I0.0）、（I0.1）、（I0.2）。

② 所售商品分别为 4 元（I0.3，Q0.0，Q0.4）、6 元（I0.4，Q0.1，Q0.5）、10 元（I0.5，Q0.2，Q0.6）、12 元（I0.6，Q0.3，Q0.7）。

③ 当投入货币总值大于等于所需要购买的商品价格时，对应的商品指示灯就会点亮，

此时按下相应的商品按钮就会掉出我们所购买的商品，出口阀驱动时间为 2s。

④ 同一时间只能购买一种商品，不找零。

7. 小灯变速旋转实验：

① PLC 启动运行，K0 灯点亮。

② 按下 I0.0 灯，K0～K7 以 1s 的频率依次循环点亮。

③ 按下 I0.1 转动停止。

④ 按下 I0.2 复位成 K0 亮。

⑤ 按一次 I0.3，转动速度增加 0.2s，按一次 I0.4，转动速度减慢 0.2s。

8. 目的：自动将 A 处的料搬运到料罐 C 中，如图 4-54 所示。

① 有手动、半自动、自动切换功能。分别用 I0.0、I0.1、I0.2 来切换系统的 3 个状态，分别由 3 个指示灯显示：手动（Q0.0）、半自动（Q0.1）、自动（Q0.2）

② 手动时可以通过按钮控制 A（I0.3，Q0.3）、C（I0.4，Q0.4）处电磁阀的开关，小车的前进（Q0.5，I0.5）和后退（Q0.6，I0.6）。

③ 半自动时，按下启动按钮（I0.7），如果小车在原点（I1.0）位置打开电磁阀 Q0.3 开始装料，5s 后关闭，小车开始向前运行，碰到行程开关 2（I1.1），小车停止并开始卸料（Q0.4），5s 后小车返回原点停止。

④ 自动状态下按下启动小车在原点位置开始装料，动作和半自动一样，卸料完成后返回原点又自动装料，一直循环，直到按下停止开关（I1.2）小车把料卸完回到原点才停止。

⑤ 切换至半自动或自动状态，检测到小车未在原点，则自动启动回原点程序。

要求用子程序调用完成程序的编写。

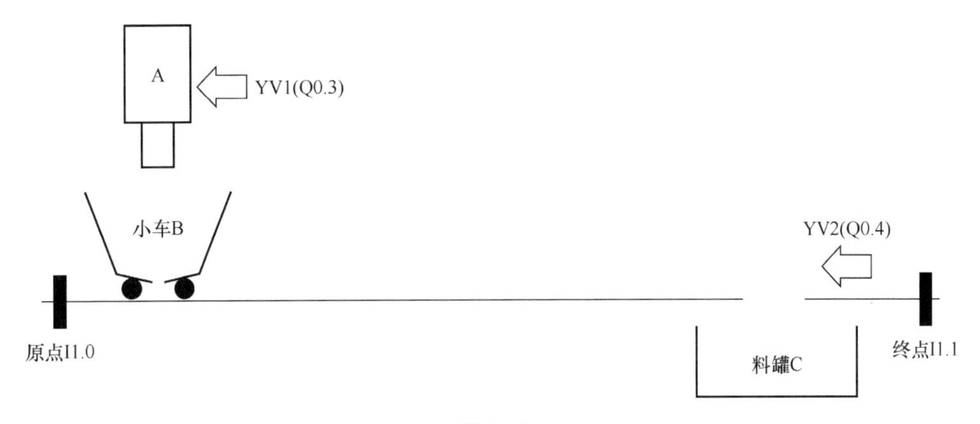

图 4-54

第 5 章

中断及中断程序的编写

本章学习目的：通过对本章的学习，了解中断的基本概念及中断的使用场合。掌握中断的分类及各种中断程序的编写。注意中断抗干扰问题、传感器的选择及连接走线。

5.1 中断的基本概念

所谓中断，是指当 PLC 在执行正常程序时，由于系统中出现了某些急需处理的特殊情况或请求，使 PLC 暂时停止现行程序的执行，转去对这种特殊情况或请求进行处理（即执行中断服务程序），当处理完毕后自动返回到原来被中断的程序处继续执行。所以中断程序一般用于需要立即执行，而不受扫描周期限制的场合。S7-200 SMART 中断系统包括中断源、中断事件号、中断控制指令及中断程序，如图 5-1 所示。

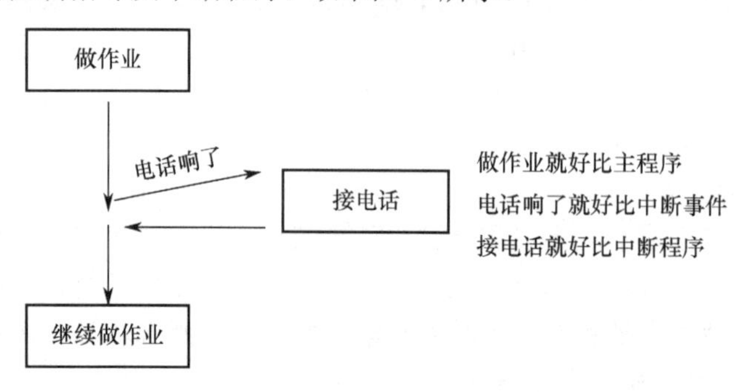

图 5-1

使用中断快速响应时，一般会将输入 I 点的滤波设置为微秒级，加上中断不受扫描周期的限制，所以响应速度要比普通程序快。然而在使用 I/O 中断时，很容易受到外部信号的干扰造成误动作，所以在选择输入传感器时应考虑抗干扰的问题，尽量选择带屏蔽的传感器，并保证可靠接地，走线时应做到强、弱电分开走，远离干扰源。

5.2 中断的分类

在 S7-200 SMART 中，中断源分为通信中断、I/O 中断和时基中断 3 大类，共 30 余个中断源。

1）通信中断

PLC 与外部设备或上位机进行信息交换时可以采用通信中断，它包括 6 个中断源，中断事件号为 8、9、23、24、25、26。通信中断源在 PLC 的自由通信模式下，通信口的状态可由程序来控制。用户可以通过编程来设置协议、波特率和奇偶校验等参数。

2）I/O 中断

I/O 中断包括上升/下降沿中断、高速计数器中断和脉冲串输出中断。

上升/下降沿中断利用 I0.0～I0.3 的上升沿和下降沿可以各产生 2 个外部中断请求，以及扩展信号板 I7.0 和 I7.1 的上升沿和下降沿各产生 2 个外部中断请求。

高速计数器中断：利用高速计数器 HSC*n* 的计数当前值等于设定值、输入计数方向的改变、计数器外部复位等事件，可以产生 8 个中断请求。

3）时基中断

时基中断包括循环定时中断和定时器中断。

循环定时中断的定时时间以毫秒（ms）为单位（范围为 1～255 ms）。当时间到达设定值时，对应的定时器溢出产生中断，在执行中断处理程序的同时，继续下一个定时操作，周而复始，因此，该定时时间称为周期时间。定时中断有定时中断 0 和定时中断 1 两个中断源，设置定时中断 0 需要把周期时间值写入 SMB34，设置定时中断 1 需要把周期时间值写入 SMB35。

定时器中断是利用定时器定时时间到达设定值时产生的中断。定时器只能使用分辨率为 1 ms 的 TON/TOF 定时器 T32 和 T96。当定时器的当前值等于设定值时，各产生一个中断请求。

5.3　中断事件类型和优先级

1．中断源及中断事件号

中断源是请求中断的来源。每个中断源都分配了一个编号，称为中断事件号，中断指令是通过中断事件号来识别中断源的。按照优先级分类排列如表 5-1 所示。

表 5-1

优先级组	事件号	说明
通信 最高优先级	8	端口 0 接收字符
	9	端口 0 发送完成
	23	端口 0 接收消息完成
	24	端口 1 接收消息完成
	25	端口 1 接收字符
	26	端口 1 发送完成
I/O 中等优先级	0	I0.0 上升沿
	2	I0.1 上升沿
	4	I0.2 上升沿
	6	I0.3 上升沿

续表

优先级组	事件号	说明
I/O 中等优先级	35	I7.0 上升沿（信号板）
	37	I7.1 上升沿（信号板）
	1	I0.0 下降沿
	3	I0.1 下降沿
	5	I0.2 下降沿
	7	I0.3 下降沿
	36	I7.0 下降沿（信号板）
	38	I7.1 下降沿（信号板）
	12	HSC0 CV=PV（当前值 = 设定值）
	27	HSC0 方向改变
	28	HSC0 外部复位
	13	HSC1 CV=PV（当前值 = 设定值）
	16	HSC2 CV=PV（当前值 = 设定值）
	17	HSC2 方向改变
	18	HSC2 外部复位
	19	PLS0 PTO 脉冲计数完成中断
	20	PLS1 PTO 脉冲计数完成中断
	32	HSC3 CV=PV（当前值 = 设定值）
	34	PLS2 PTO 脉冲计数完成中断
定时 最低优先级	10	定时中断 0 SMB34
	11	定时中断 1 SMB35
	21	定时器 T32 CT = PT 中断
	22	定时器 T96 CT = PT 中断

注：固件版本 V2.3 以上增加了两个高速计数器 HSC4 和 HSC5，相应中断详见帮助。

2. 中断优先级

在 PLC 应用系统中通常有多个中断源，给各中断源指定处理的优先次序称为中断优先级。因此当多个中断源同时向 CPU 申请中断时，CPU 将优先处理优先级高的中断源的中断请求。S7-200 SMART 规定的中断优先级由高到低依次是通信中断、I/O 中断、定时中断，而每类中断的中断源又有不同的优先权，具体排列如表 5-1 所示。

经过中断优先级判断后，PLC 将优先级最高的中断请求送给 CPU，CPU 响应中断后首先自动保护现场数据（如逻辑堆栈、累加器和某些特殊标志寄存器位），然后暂停正在执行的程序（断点），转去执行中断处理程序。中断处理完成后，CPU 又自动恢复现场数据，最后返回断点继续执行原来的程序。在相同的优先级内，CPU 按先来先服务的原则以串行方式处理中断，因此，任何时间内只能执行一个中断程序。对于 S7-200 SMART 系统而言，一旦中断程序开始执行，它不会被其他中断程序及更高优先级的中断程序打断，而是一直执行到中断程序结束为止。当 CPU 正在处理一个中断时，新出现的中断需要排队等待处理。

5.4 中断程序的编写

通过前面章节的介绍可知：

（1）中断事件不止一个，由中断事件号来区分。

（2）和普通子程序一样，中断程序也可以有很多个，某个中断事件需要指定哪个中断程序，应该使用中断连接，提示该事件成立时连接到指定中断程序。

（3）中断执行完成返回主程序继续执行。

特别要注意的是：中断子程序有别于子程序调用，由 PLC 自动调度，不需要人为显示调用。我们需要做的仅仅是将事件号和中断程序建立连接，开放中断，并编写中断子程序的内容而已。

由此总结编写中断程序的基本步骤如下。

（1）允许中断，使用 ENI 指令。

（2）连接中断事件和中断程序，使用连接中断 ATCH 指令。

（3）编写中断子程序。

（4）中断子程序自动返回，需要有条件返回用 RETI 指令。

编写中断程序时的注意事项。

（1）产生中断时立刻执行中断程序，且只执行一个扫描周期。

（2）定时器、计数器、上升沿、下降沿、SM0.1 不能用在中断程序中，用了也达不到效果。

（3）中断程序中不能使用 DISI、ENI、SCR、HDEF、END 指令，使用了会出现非致命错误。

（4）多个事件号可以调用同一个中断程序，但一个事件号不能同时连接多个中断程序。如果连接第二个中断程序时，会自动断开与第一个中断程序的连接。

要编写中断程序先要了解中断指令的使用，下面来看看 SMART 提供了哪些中断指令。

PLC 运行模式时，中断开始时被禁止，一旦进入运行模式，可以通过执行全局中断允许（ENI）启用所有中断进程，也可执行全局中断禁止（DISI）再次禁止所有中断事件进程。

（1）中断允许（ENI）指令：全局性启用所有附加中断事件进程。

（2）中断禁止（DISI）指令：全局性禁止所有中断事件进程。

（3）中断连接（ATCH）指令：建立中断事件号与中断程序的连接。

（4）中断分离（DTCH）指令：取消中断事件（EVNT）与中断子程序的关联，并禁用该中断事件。用于分类不必要的中断连接，防止不必要的误动作干扰程序运行。一般情况下只要有分离中断指令 DTCH，肯定会有 ATCH，而有 ATCH 不一定有 DTCH。

（5）清除中断事件（CLR_EVNT）指令：删除中断队列中所有类型为 EVNT 的中断事件。此指令用于清除队列中不必要的中断，不必要的中断可能由传感器输出误操作造成。

（6）中断有条件返回（RETI）：用于根据前面的逻辑条件有选择性地从中断程序中返回，而不用等待中断程序执行完毕。

注意：执行中断禁止（DISI）指令会禁止处理中断，中断条件满足时不会产生中断，但是中断事件将继续入队等候，待下次执行中断允许（ENI）时立刻产生中断，如图 5-2 所示。

图 5-2

中断示例 1（I/O 中断）：利用 I0.0 的上升沿中断实现 Q0.0 单按钮启停控制，即按一次启动，再按一次停止。

分析可知：I0.0 的上升沿中断事件号为 0 号，要实现启停交替控制，必须要有置位和复位交替控制。

方法 1：可以利用两个中断程序，其中一个为点亮，另一个为熄灭，0 号事件交替连接到两个中断程序，如图 5-3 所示。

方法 2：可以利用一个中断程序对中断次数进行累加，等于 1 时点亮，等于 2 时熄灭，并清零累加值。

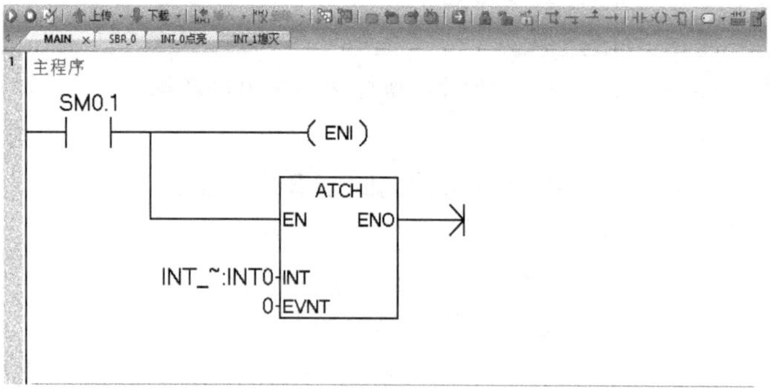

（a）

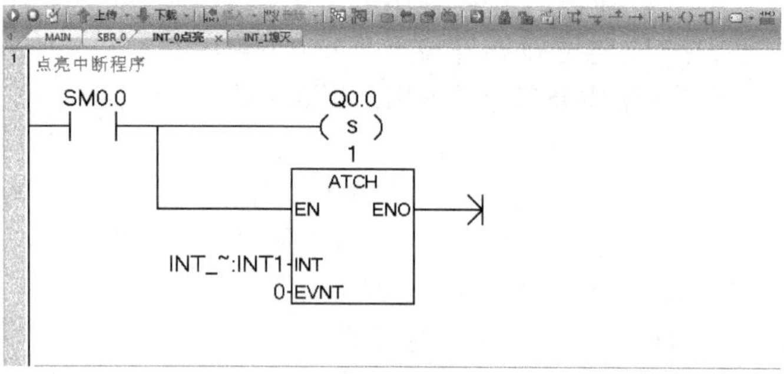

（b）

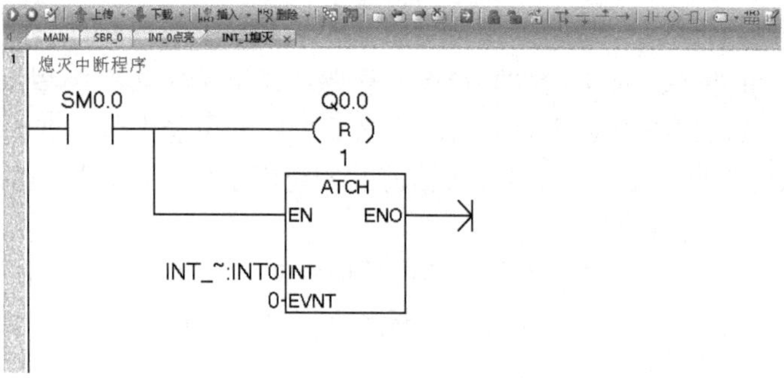

（c）

图 5-3

中断示例 2（循环定时中断）：按下启动 I0.0，点亮 Q0.0，做一个 250ms 的高精度周期定时操作，用循环左移驱动 Q0.0～Q0.7 依次循环点亮，如图 5-4 所示。

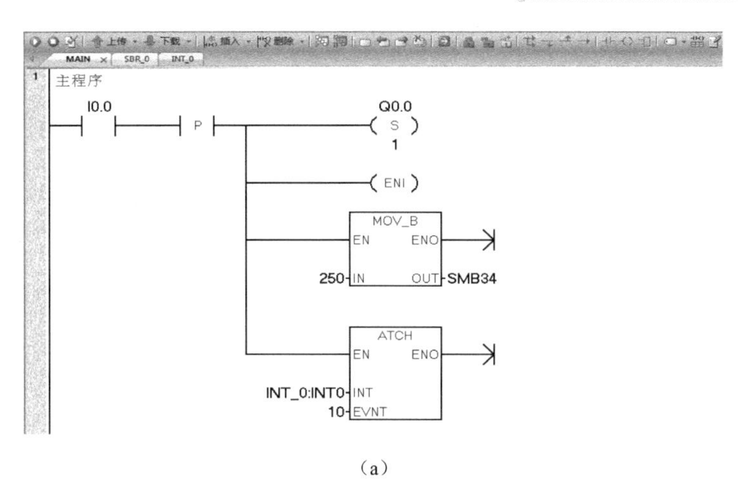

（a）

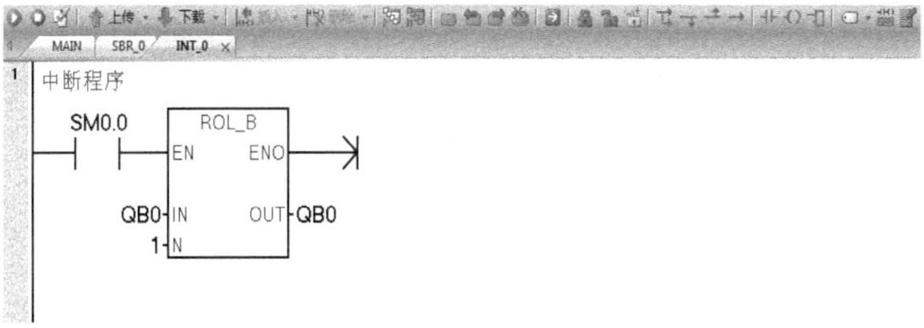

（b）

图 5-4

中断示例 3（定时器中断）：利用定时器中断实现，按下启动 I0.0，Q0.0 以亮 0.5s 灭 0.5s 的高精度定时闪烁，直到按下停止 I0.1 为止，如图 5-5 所示。

分析：要用定时器中断必须选用 T32 或 T96，中断事件号分别为 21 和 22。

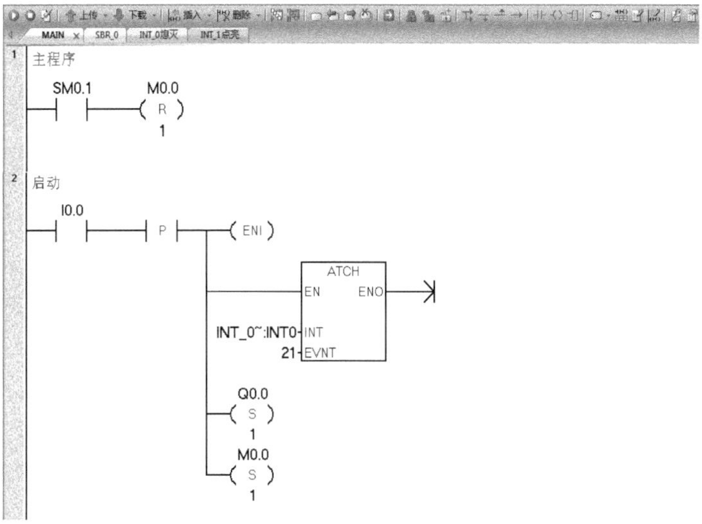

（a）

图 5-5

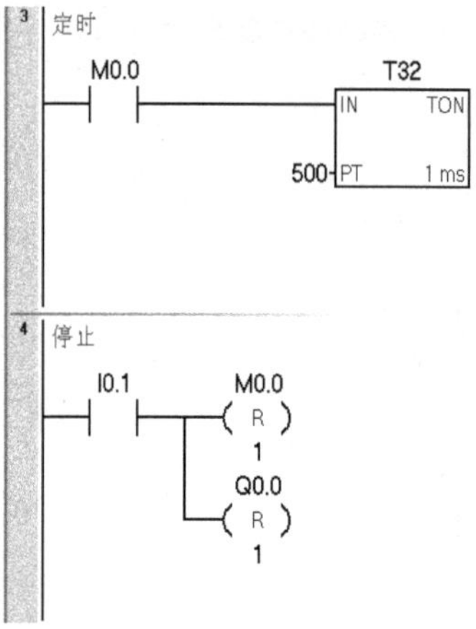

（b）

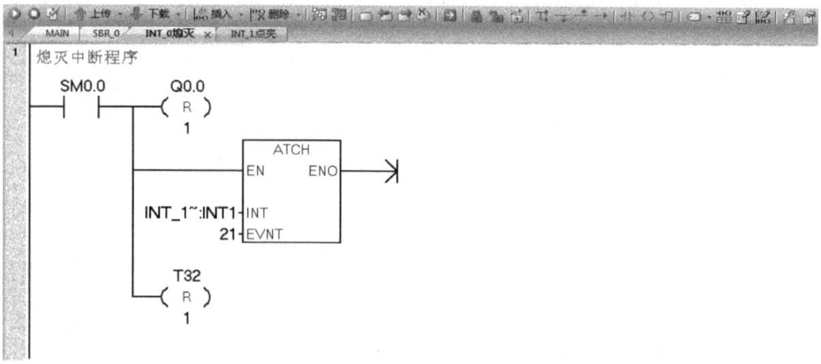

（c）

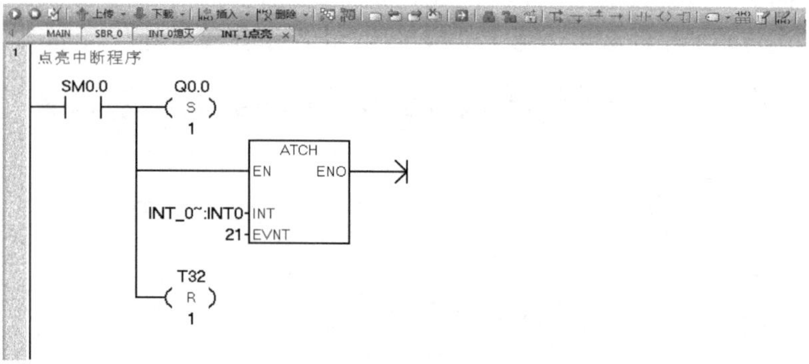

（d）

图 5-5（续）

5.5 练习

如图 5-6 所示为某自动打孔攻丝机械，钻头由一台普通电动机带动前进（Q0.0）、后退（Q0.1）。当钻头停在原点时按下启动（I0.5），钻头前进到 A 点停止，打孔（Q0.2）1s，攻丝

（Q0.3）1s；接着前进至 B 点停止，打孔 1s，攻丝 1s；接着前进至 C 点，打孔 1s，攻丝 1s；完成后直接返回到原点停止。

要求：A、B、C 点用 I/O 中断，打孔和攻丝时间用定时中断。

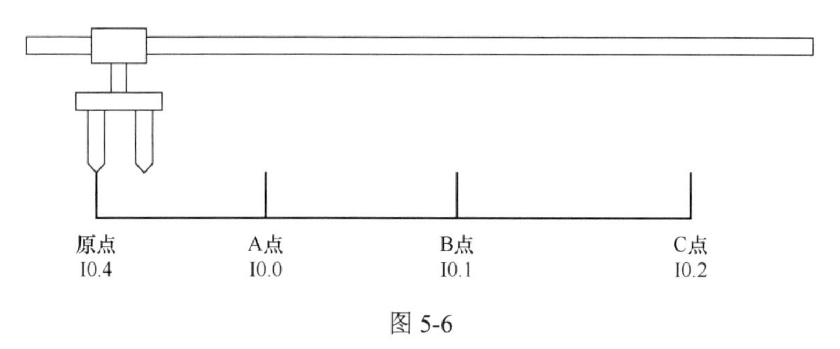

图 5-6

第 6 章

高速计数的应用

本章学习目的：了解 SMART 提供了几路高速计数、外部硬件资源分配及连接。掌握高速计数的 8 种模式的区别，以及各自的程序编写，重点掌握 AB 相正交模式与编码器结合在实际生成中的几个典型应用。学会使用高速计数向导组态生成高速计数程序，简化编程。

6.1 高速计数的概念与外部接线

普通计数器按照顺序扫描的方式进行工作，在每个扫描周期中，对计数脉冲只能进行一次累加。然而，当输入脉冲信号的频率比 PLC 的扫描频率高时，普通计数器将无法正确完成计数任务。在 PLC 中，处理比扫描频率高的输入信号的任务是由高速计数器来完成的。

在 S7-200 SMART CPU 中内置了 6 个高速计数器（HSC0～HSC5，经济型 CPU 的工作频率最高可达 100kHz，标准型 CPU 可达 200kHz），有 8 种工作模式，如表 6-1 所示。

表 6-1

模式	说　明	输入分配		
	HSC0	I0.0	I0.1	I0.4
	HSC1	I0.1		
	HSC2	I0.2	I0.3	I0.5
	HSC3	I0.3		
	HSC4	I0.6	I0.7	I1.2
	HSC5	I1.0	I1.1	I1.3
0	带内部方向控制的单相计数器	时钟		
1		时钟		复位
3	带外部方向控制的单相计数器	时钟	方向	
4		时钟	方向	复位
6	具有 2 个时钟输入的双相计数器	加时钟	减时钟	
7		加时钟	减时钟	复位
9	AB 相正交计数器	时钟 A	时钟 B	
10		时钟 A	时钟 B	复位

时钟：计数输入端子，加时钟有输入时计数值加 1，减时钟有输入时计数值减 1。

时钟 A 和时钟 B 分别为 AB 相正交计数 A 相和 B 相信号输入端子。

方向：控制计数增减端子，有输入为增计数，无输入为减计数。

复位：复位信号输入端子，当复位信号接通时，计数器复位清零。

从表 6-1 可知：S7-200 SMART PLC 有 HSC0～HSC5 六个高速计数器，0，1，3，4，6，7，9，10 八种计数模式。每一个高速计数器都有相对固定的信号输入端子，每一种计数模式都有相对应的功能，如 HSC0 的输入端子为 I0.0、I0.1 和 I0.4，HSC1 的输入端子为 I0.1。HSC0 和 HSC1 共用 I0.1 资源，不得同时使用，同理 HSC2 和 HSC3 也不得同时使用。HSC0 的 0 号模式为带内部方向控制的单相计数器，1 号为带内部方向控制的单相计数器，并且有外部复位端子，复位端子为 I0.4。

内部方向输入的单相增/减计数器，其方向由控制字节的第三位决定。内部方向控制的单相计数器可以通过一个计数输入端子来实现计数，可进行增计数或减计数。

外部方向输入信号的单相增/减计数器可以通过一个计数输入端子来实现计数，通过一个方向输入端子来实现增/减计数。方向输入端子为 0 时减计数，为 1 时增计数。

有增计数和减计数时钟脉冲输入的双向计数器与内部方向输入信号的单相增/减计数器差不多，区别在于，内部方向输入信号的单相增/减计数器输入只需要一个端子进行脉冲计数，而有增/减计数时钟脉冲输入的双向计数器脉冲输入需要两个端子，一个用于增计数，另一个用于减计数。

A/B 相正交计数器和上面的单相计数器不一样，它需要两项脉冲输入，即输入信号要有 A 相和 B 相，两相同时协作进行计数，一般应用于用 A/B 相脉冲输出的检测仪器上，典型应用于编码器高速计数定位中。图 6-1 为编码器示意图。

编码器有一个中心有轴的光栅板，其上有环形通、暗的刻线，由光电发射和接收器件读取，获得两组方波或正弦波信号 A 相和 B 相，每个波相差 90°的相位差（相对于一个周波 360°），另外每转输出一个 Z 相脉冲以代表零位参考位。由于 A、B 两相相差 90°，可通过比较 A 相在前还是 B 相在前，来判别编码器的正转与反转，通过零位脉冲，可获得编码器的零位参考位。编码器码盘的材料有玻璃、金属、塑料，玻璃码盘是在玻璃上沉积很薄的刻线，其热稳定性好，精度高，金属码盘直接加工出通和不通刻线，不易碎，但由于金属有一定的厚度，精度就有限制，所以其热稳定性要比玻璃的热稳定性差一个数量级；塑料码盘是经济型的，其成本低，但精度、热稳定性、寿命均要差一些。编码器每旋转 360°提供的通或暗刻线称为分辨率，也称解析分度，或者直接称多少线，一般每转分度在 5～10 000 线之间。形成的波形如图 6-2 所示。

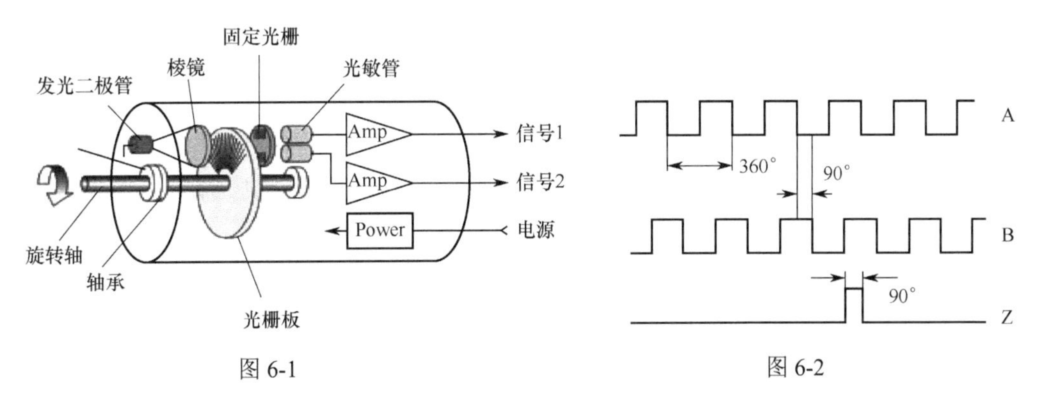

图 6-1　　　　图 6-2

6.2 高速计数器的计数模式及控制字节

6.2.1 高速计数器的计数模式

（1）单路脉冲输入的内部方向控制加/减计数（0 和 1 号模式），即只有一个脉冲输入端，通过高速计数器控制字节的第 3 位来控制做加计数还是减计数。该位为 1，加计数；该位为 0，减计数。如图 6-3 所示。

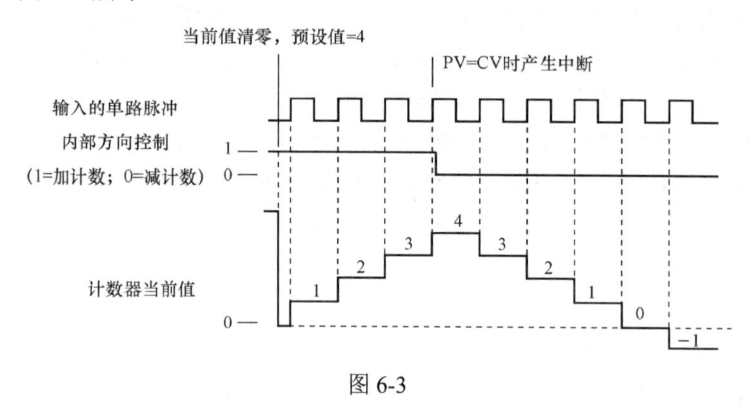

图 6-3

（2）单路脉冲输入的外部方向控制加/减计数（3 和 4 号模式），即有一个脉冲输入端、一个方向控制端，方向输入信号等于 1 时，加计数；方向输入信号等于 0 时，减计数。如图 6-4 所示为外部方向控制的单路加/减计数。

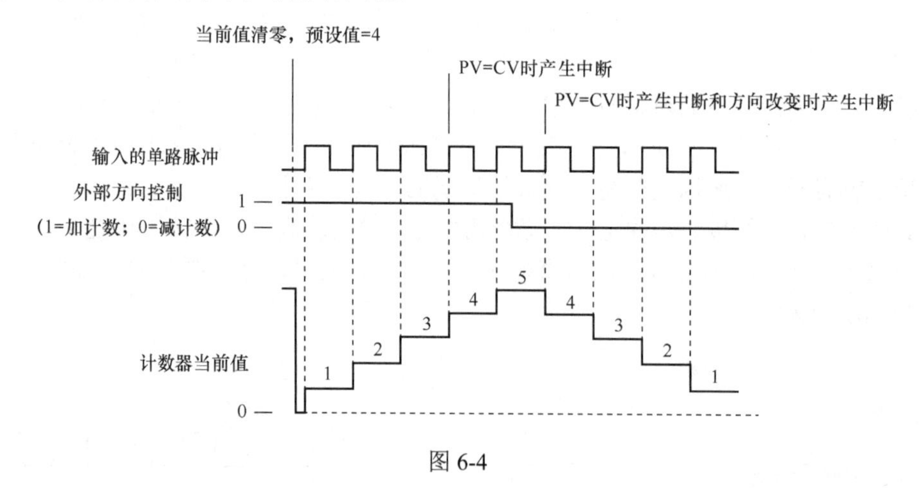

图 6-4

该计数方式可调用当前值等于预设值中断和外部输入方向改变的中断，4 号模式还可以使用外部复位中断。

（3）两路脉冲输入的单相加/减计数（6 和 7 号模式），即有两个脉冲输入端，一个是加计数脉冲，另一个是减计数脉冲，计数值为两个输入端脉冲的代数和，如图 6-5 所示。该计数方式可调用当前值等于预设值中断和外部输入方向改变的中断，7 号模式还可以使用外部复位中断。

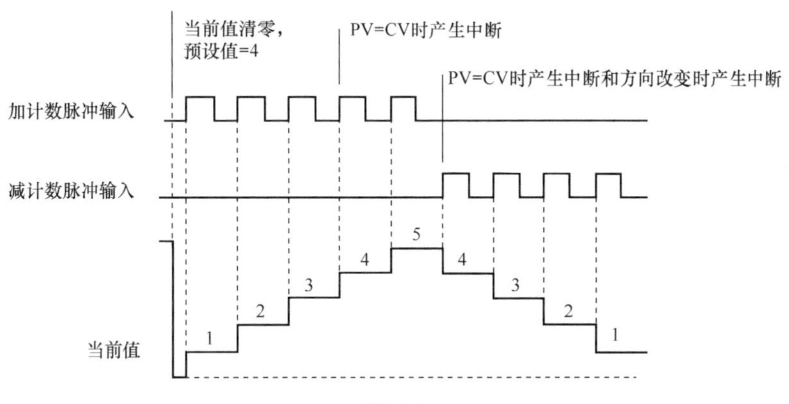

图 6-5

（4）两路脉冲输入的双相正交计数（9 和 10 号模式），即有两个脉冲输入端，输入的两路脉冲 A 相、B 相之间相位互差 90°（正交），A 相超前 B 相 90°时，加计数；A 相滞后 B 相 90°时，减计数。在这种计数方式下，可选择 1x 模式（单倍频，一个时钟脉冲计一个数）和 4x 模式（4 倍频，一个时钟脉冲计 4 个数）。如图 6-6 和图 6-7 所示。

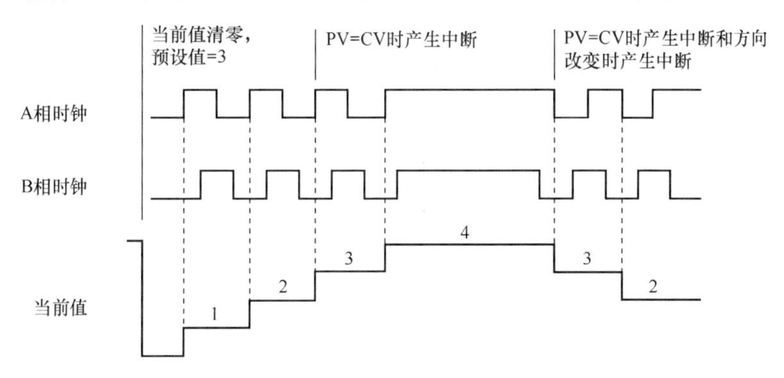

图 6-6

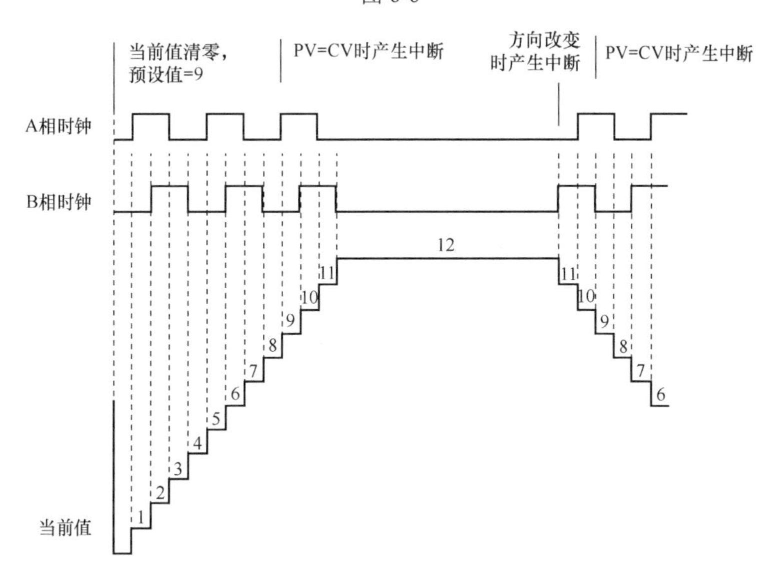

图 6-7

6.2.2　高速计数器的控制字节

高速计数器的控制字节如表 6-2 所示。

表 6-2

HSC0	HSC1	HSC2	HSC3	HSC4	HSC5	描　述
SMB37	SMB47	SMB57	SMB137	SMB147	SMB157	控制字节
SM37.0	不支持	SM57.0	不支持	SM147.0	SM157.0	复位的有效电平控制位： 0＝ 高电平激活时复位 1＝ 低电平激活时复位
SM37.2	不支持	SM57.2	不支持	SM147.2	SM157.2	AB 相正交的计数速率选择： 0＝4×计数速率 1＝1×计数速率
SM37.3	SM47.3	SM57.3	SM137.3	SM147.3	SM157.3	计数方向控制位： 0＝ 减计数 1＝ 加计数
SM37.4	SM47.4	SM57.4	SM137.4	SM147.4	SM157.4	向 HSC 写入计数方向： 0＝ 不更新 1＝ 更新方向
SM37.5	SM47.5	SM57.5	SM137.5	SM147.5	SM157.5	向 HSC 写入新预设值： 0＝ 不更新 1＝ 更新预设值
SM37.6	SM47.6	SM57.6	SM137.6	SM147.6	SM157.6	向 HSC 写入新当前值： 0＝ 不更新 1＝ 更新当前值
SM37.7	SM47.7	SM57.7	SM137.7	SM147.7	SM157.7	启用 HSC： 0＝ 禁用 HSC 1＝ 启用 HSC

6.3　高速计数程序的编写

6.3.1　高速计数器指令

1. 定义高速计数器指令（HDEF）

选择特定高速计数器的操作模式。模式选择定义了高速计数器的时钟、方向和复位功能。每个高速计数器可以使用一条且只能使用一条高速计数器定义指令。

HSC 处就是选择的计数器号，有 HSC0～HSC5 六个；而 MODE 处就是选择的计数模式，有 0，1，3，4，6，7，9，10 八种。如图 6-8 所示。

注意：HDEF 只能用 SM0.1 或边沿接通一次，用 SM0.0 一直接通会报错。一个高速计数器只可写一条 HDEF 指令。

2. 高速计数器指令（HSC）

根据HSC特殊内存位的状态配置去控制高速计数器。参数N指定高速计数器的号码0～5。

如图 6-9 所示。

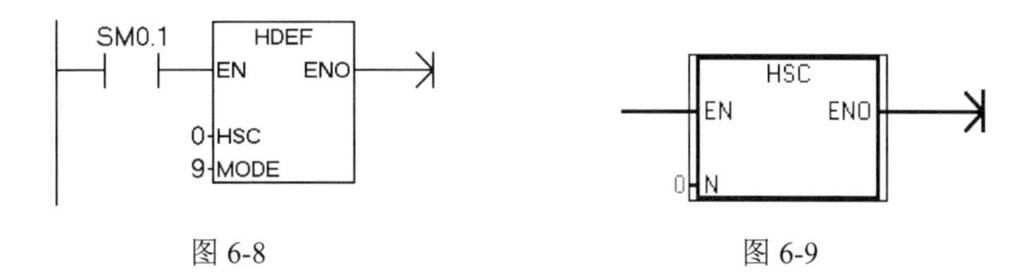

图 6-8　　图 6-9

6.3.2　高速计数程序的编写步骤

要实现高速计数必须完成下列步骤。

第一步：选择高速计数器和高速计数器的工作模式。

第二步：写高速计数器的控制字节。

第三步：设定新的预设值（可选）。

第四步：设定高速计数器的当前值（可选）。

第五步：执行高速计数器指令（HSC）。

如果配合中断需编写中断步骤，并且将中断程序写在第五步之前。

第六步：允许中断 ENI。

第七步：连接中断程序和事件号 ATCH（CV=PV 时产生中断）。

第八步：编写中断程序。

注意：更改高速计数器的任何参数都必须执行一次 HSC 指令，这样参数更改才生效。

中断：高速计数时，当前值等于预设值时会产生中断，如果使用外部复位输入的计数模式，则外部复位有效时产生中断。除 0，1 以外，其他计数器模式在计数方向改变时也可产生中断，每个中断条件可以分别被允许和禁止。详情如表 6-3 所示。

表 6-3

高速计数相关中断事件号	12	HSC0 CV=PV（当前值 = 预设值）
	27	HSC0 方向改变
	28	HSC0 外部复位
	13	HSC1 CV=PV（当前值 = 预设值）
	16	HSC2 CV=PV（当前值 = 预设值）
	17	HSC2 方向改变
	18	HSC2 外部复位
	32	HSC3 CV=PV（当前值 = 预设值）
	29	HSC4 CV=PV
	30	HSC4 方向改变
	31	HSC4 外部复位
	33	HSC5 CV=PV
	43	HSC5 方向改变
	44	HSC5 外部复位

当前值和预设值：各高速计数器均有一个 32 位的当前值和一个 32 位的预设值，均为有符号双整数。高速计数器的当前值存储在对应的存储区中，如表 6-4 所示。高速计数存储区为只读模式，不能通过传送指令直接修改当前值。

表 6-4

高速计数编号	HSC0	HSC1	HSC2	HSC3	HSC4	HSC5
控制字节	SMB37	SMB47	SMB57	SMB137	SMB147	SMB157
新的当前值	SMD38	SMD48	SMD58	SMD138	SMD148	SMD158
预设值	SMD42	SMD52	SMD62	SMD142	SMD152	SMD162
当前值	HC0	HC1	HC2	HC3	HC4	HC5

高速计数器的当前值为只读模式，但并非不可修改，为了能向高速计数器写入预设值和新的当前值，必须先设定控制字节，令其第 5 位和第 6 位为 1，再将预设值和新的当前值传送到表 6-4 所示的对应的特殊地址中，最后再通过执行 HSC 指令刷新设定值。程序如图 6-10 所示。

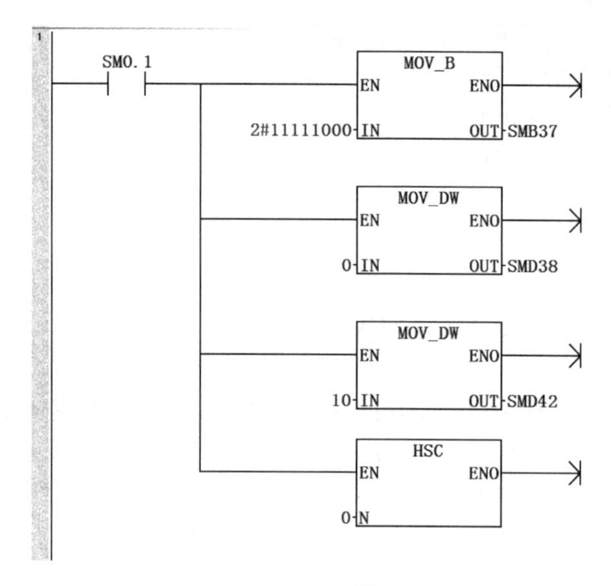

图 6-10

读取当前值：每个高速计数器都有一个 32 位当前值，用于存储计数器的计数值过程变量，可以用 HCX 的格式来表示，可以用双字传送指令直接读取当前值，但是不能直接写入当前值。程序如图 6-11 所示。

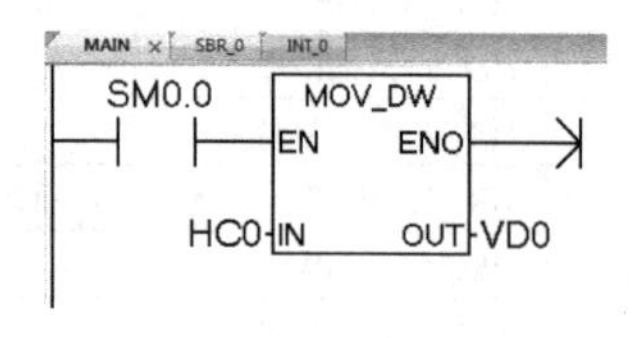

图 6-11

例题 1：试应用高速计数器实现如下效果。

按 I0.1 5 下时点亮 Q0.0，再按 5 下时，熄灭 Q0.0，如此循环不断。

分析题意：高速计数器可选用 HSC1，0 号模式。控制字节：SMB47，允许高速计数，更新当前值，更新预设值，更新计数方向，增计数，所以控制字节的值为 2#11111000。当前值为 SMD48，预设值为 SMD52，中断事件号为 13。程序如图 6-12～图 6-14 所示。

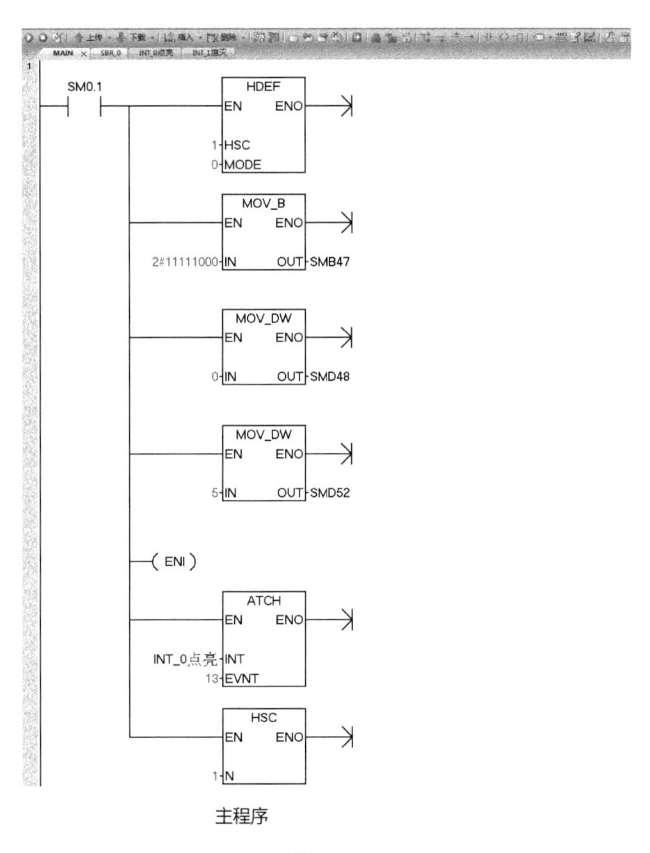

主程序

图 6-12

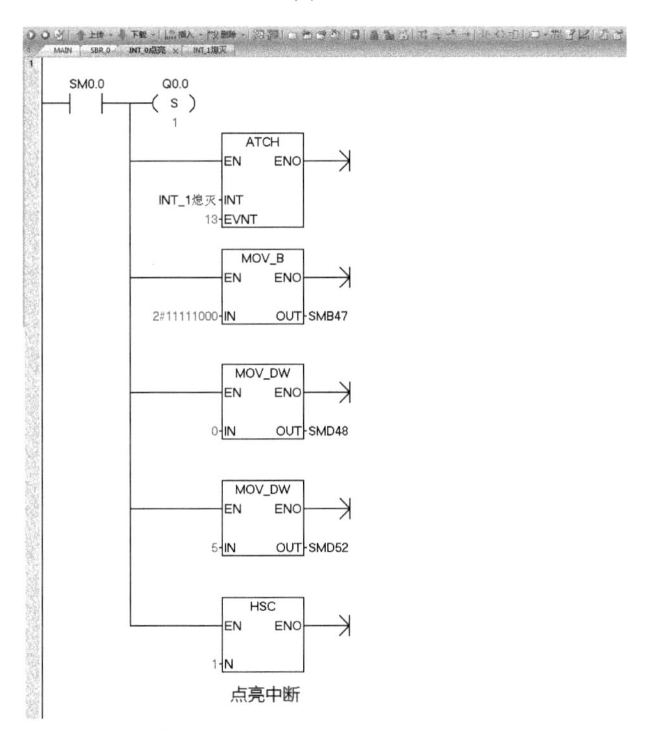

点亮中断

图 6-13

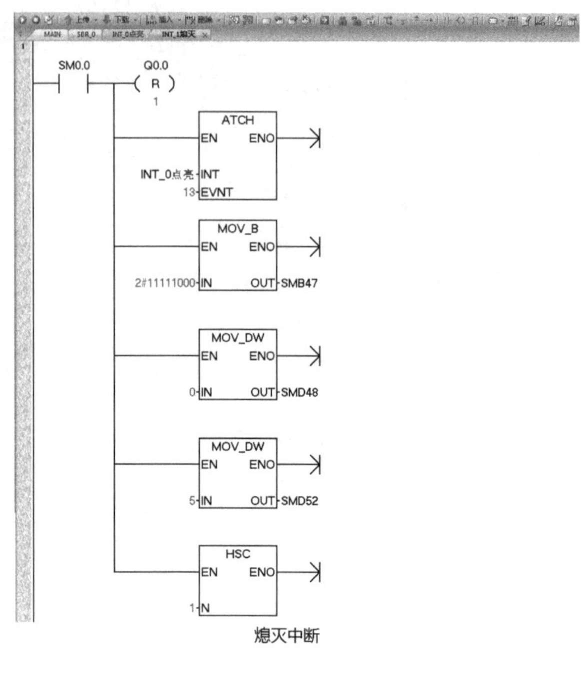

图 6-14

6.4 高速计数向导的应用

高速计数程序是可以自己编写的，在对高速计数编程还不是太熟悉时，可以借助编程软件提供的向导功能来编写。在左侧项目树的子菜单中，可以看到“向导”→“高速计数器”，如图 6-15 所示。

双击“高速计数器”，弹出如图 6-16 所示的对话框。

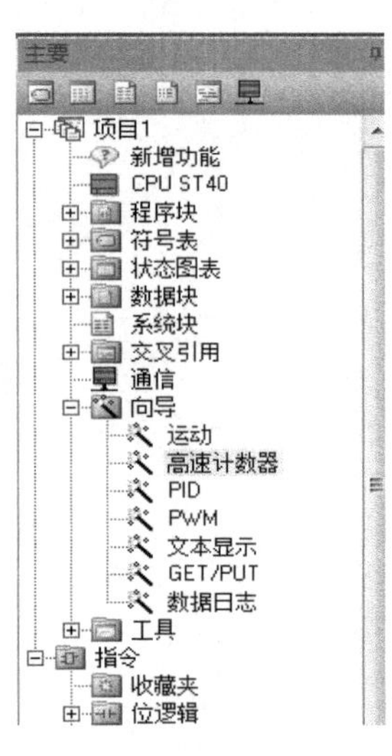

图 6-15

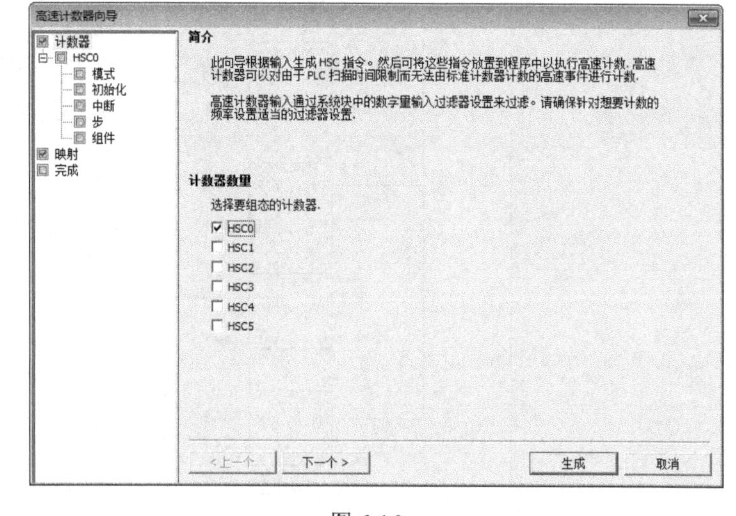

图 6-16

选择所要组态的高速计数器，单击“下一个”按钮，弹出如图 6-17 所示的对话框。

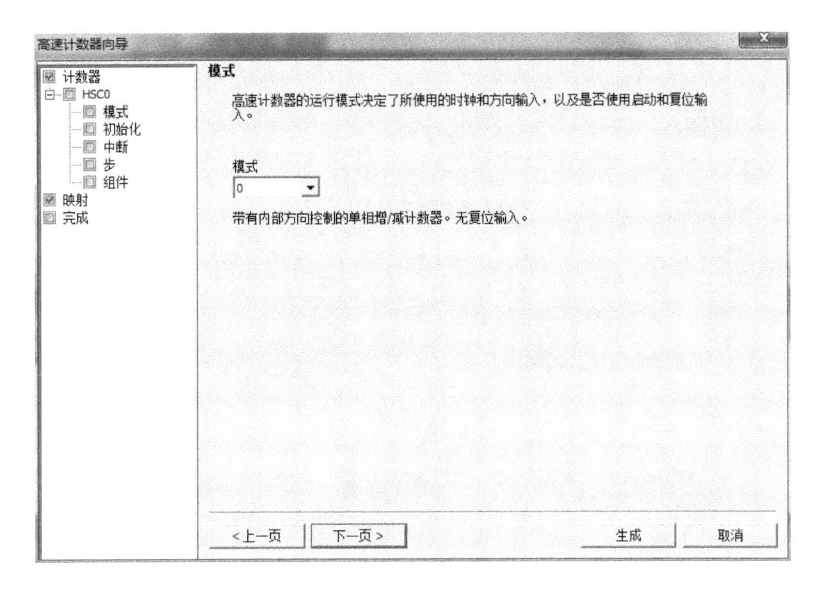

图 6-17

选择高速计数器的工作模式，每一种高速计数器都有详细的模式说明，选择后单击“下一页”按钮，弹出如图 6-18 所示的对话框。

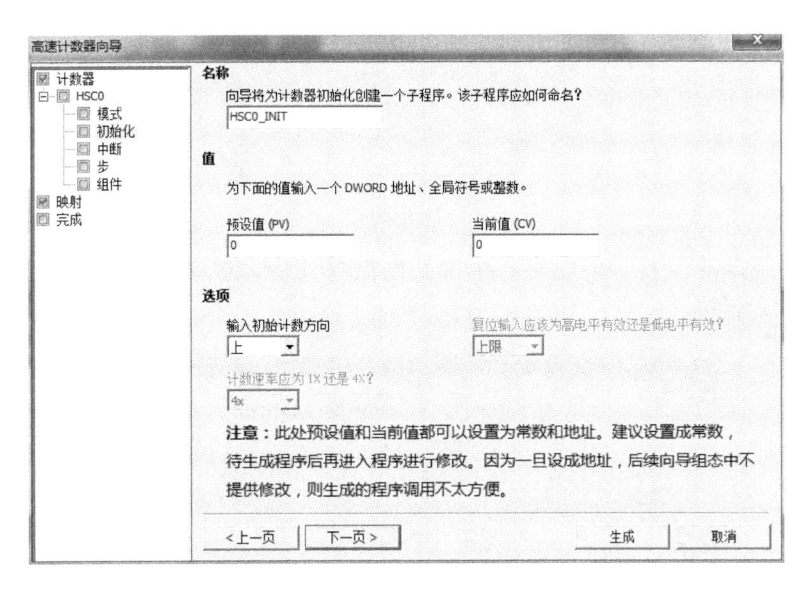

图 6-18

可以对初始化子程序名、预设值、当前值和计数方向进行修改，单击“下一页”按钮，弹出如图 6-19 所示的对话框。

勾选所需要的中断，并且对中断程序进行命名，单击“下一页”按钮，弹出如图 6-20 所示的对话框。

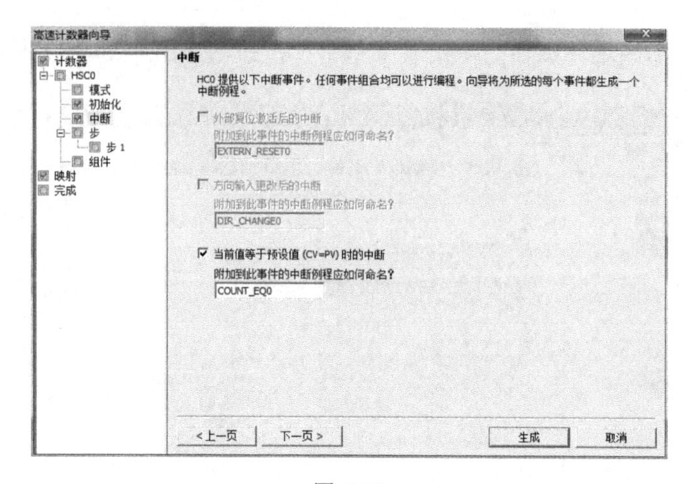

图 6-19

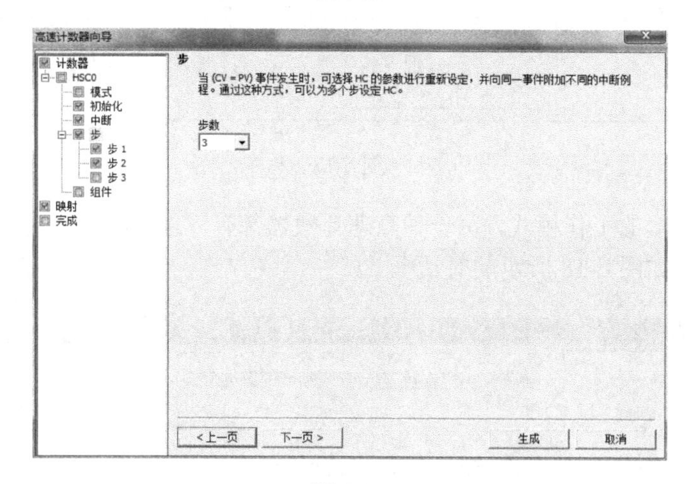

图 6-20

选择所要组态的步数，一般有几个中断就选择几步，单击“下一页”按钮，弹出如图 6-21 所示的对话框。

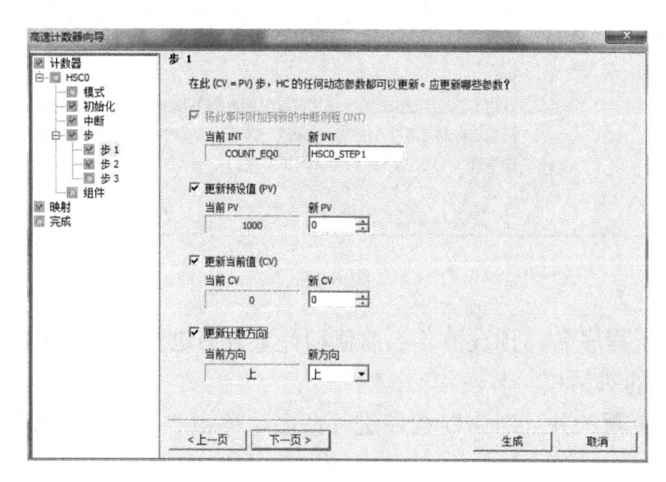

图 6-21

分别设置每一步的中断、是否更新预设值、是否更新当前值及是否更新计数方向，其余步设置方法相同，此处不再赘述，单击“下一页”按钮，弹出如图 6-22 所示的对话框。

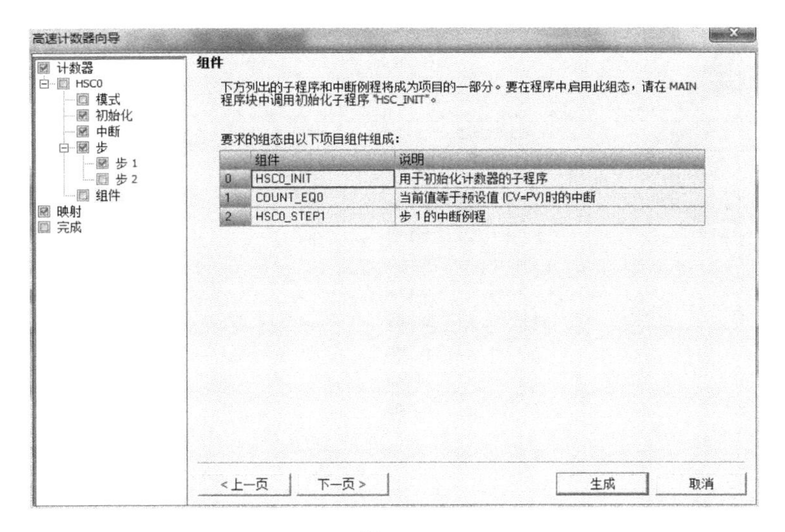

图 6-22

显示将要生成的子程序及中断程序，单击“下一页”按钮，弹出如图 6-23 所示的对话框。

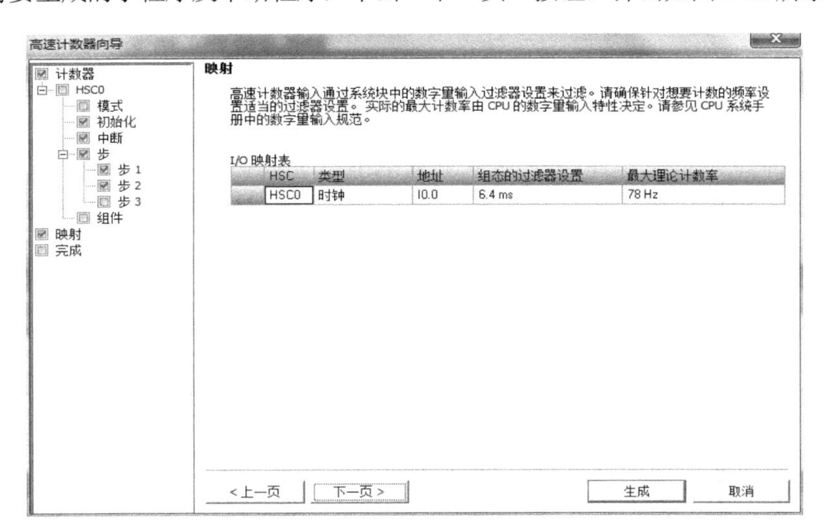

图 6-23

显示 I/O 映射表和过滤器设置，以及最大理论计数率，单击“生成”按钮完成向导组态。注意：应在系统块修改过滤器以满足最大计数率，一般设置为 1.6μs 以下。如图 6-24 所示。

向导组态完成后会自动生成初始化子程序和中断程序。通过项目树中的“程序块”可查看生成的程序，只需要调用生成的程序再加上其他程序进行编程，即可大大简化高速计数程序的编写。

注意：高速计数向导一旦生成，在再次进入向导修改后，其并不会修改之前生成的程序块，而是会重新生成一个自动重命名的程序块，调用时很容易和之前生成的程序块混淆，因此一般需要修改时直接打开之前生成的程序块进行手动修改。

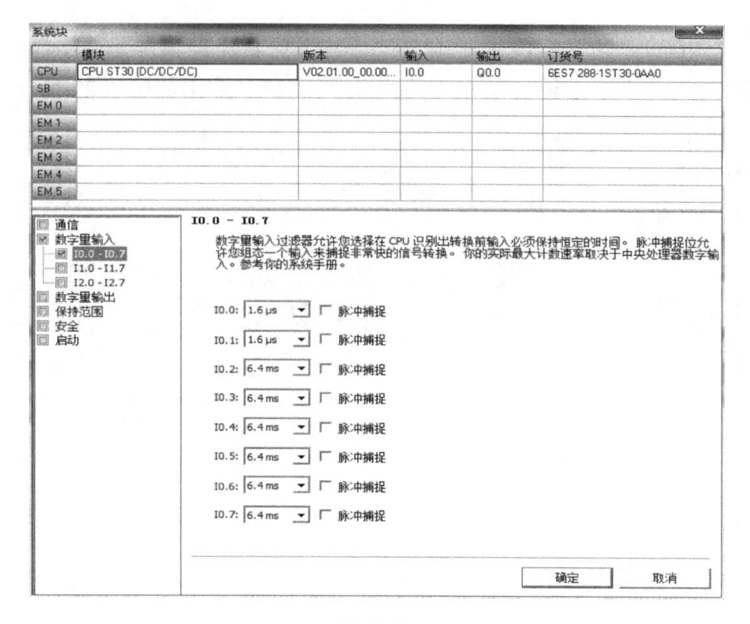

图 6-24

6.5 练习

1. 利用增量式编码器来检测工作台的当前位置。电动机每转一圈，工作台前进或后退 100mm，编码器的分辨率为 600 线，我们选择 A/B 相正交高速计数器来计数，完成接线图和程序的编写。如图 6-25 所示。

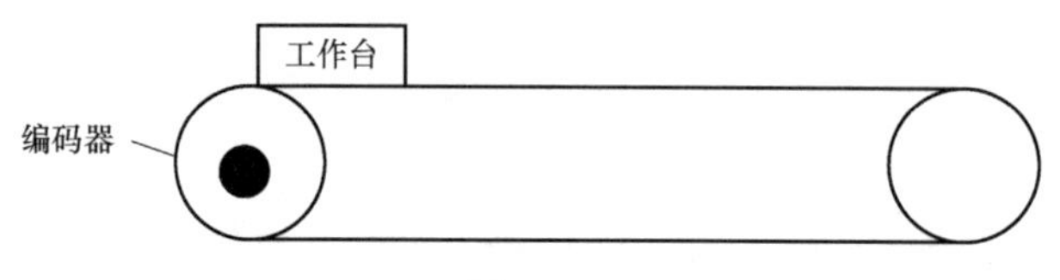

图 6-25

2. 将编码器连接在电动机轴上，用来检测电动机的转速。设编码器的分辨率为 600 线，请编写一段程序，求转盘的转速。如图 6-26 所示。

提示：利用高速计数器计脉冲数，再利用 SMB34 定时中断每 50ms 采集一次计数值，再进行运算得出转速（r/min）。

图 6-26

3. 如图6-27所示。工艺要求：机器在原点时按下启动按钮。

工件自动夹紧（输出Q0.0），电动机正转（Q0.1）至1m处打一个孔5s（Q0.3），2m的位置攻丝5s（Q0.4），完毕返回（Q0.2）。电动机每转一圈，工作台前进106mm，编码器的分辨率为600线，选择HSC0高速计数器，9号模式。

I0.0：编码器A相。　　I0.1：编码器B相。

I0.2：启动信号。　　I0.3：原点信号。

完成程序的编写。

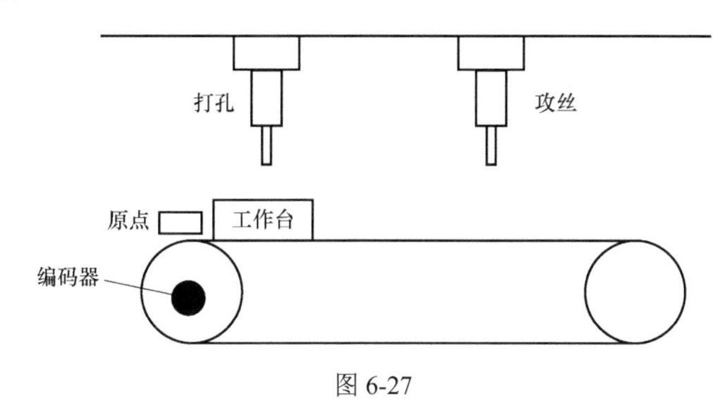

图6-27

第 7 章

高速脉冲输出运动控制

本章学习目的：通过对本章的学习，了解伺服和步进系统的工作原理及接线应用；掌握 S7-200 SMART 脉宽调制输出（PWM）的程序编写和向导组态及应用场合；掌握运动控制向导组态及生成各子程序的应用。

7.1 伺服与步进系统简介

7.1.1 伺服系统

1. 伺服控制系统的构成

1）伺服系统

伺服系统也称为随动系统，是一种能够跟踪输入的指令信号进行动作，从而获得精确的位置、速度及动力输出的自动控制系统，用来控制被控对象的转角或位移，使其自动、连续、精确地复现输入指令的变化。

2）伺服控制系统的组成

伺服控制系统一般包括控制器，驱动器，执行机构，被控对象，测量、反馈环节 5 部分。如图 7-1 所示。

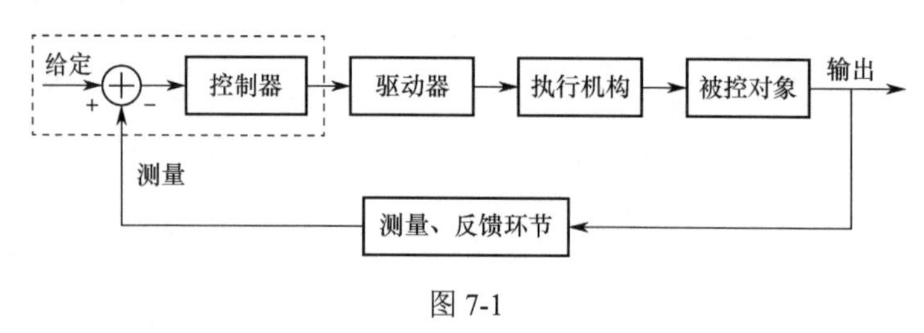

图 7-1

3）伺服控制系统的分类

（1）按执行机构分类。

① 步进伺服系统（使用步进电动机，也称为闭环步进）。

步进伺服系统盛行于 20 世纪 70 年代，结构最简单，控制最容易，但耗能大，速度不够快，主要用于速度与精度都要求不高的经济型数控机床及旧设备改造中。

② 直流伺服系统（使用直流电动机）

直流伺服系统的特点：a.小惯量直流伺服电动机的转动惯量小，动态特性好；b.永磁直流电动机（大惯量宽调速电动机）的调速范围宽，可省去减速器，从而简化了结构，提高了传动精度。

③ 交流伺服系统（使用交流电动机）

交流伺服系统的特点：a.交流异步伺服电动机常用于主轴驱动；②永磁同步伺服电动机常用于进给驱动。同时，与直流电动机相比，较容易获得能源，转动惯量小，动态响应好，输出功率高，最大容量可做得比较大。

（2）按控制形式分类。

① 开环伺服系统，即步进系统。

开环伺服系统构成框图如图 7-2 所示。

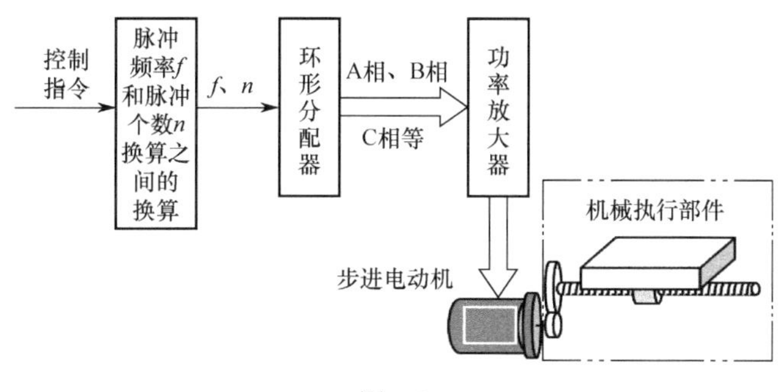

图 7-2

② 半闭环伺服系统。

半闭环伺服系统构成框图如图 7-3 所示。

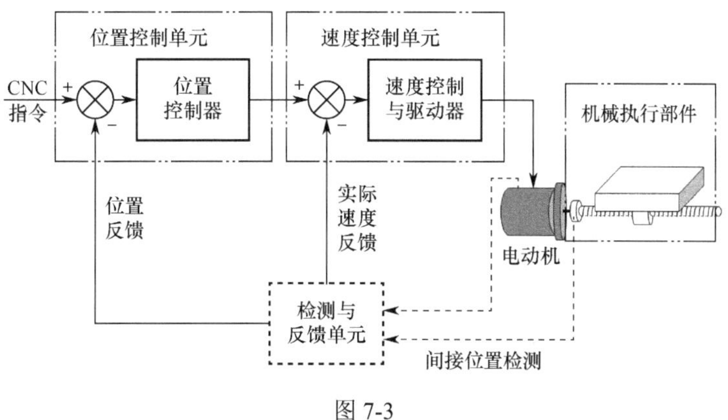

图 7-3

③ 闭环伺服系统。

闭环伺服系统构成框图如图 7-4 所示。

（3）按反馈比较方式分类。

① 脉冲、数字比较伺服系统。

② 相位比较伺服系统。

③ 幅值比较伺服系统。

④ 全数字伺服系统。

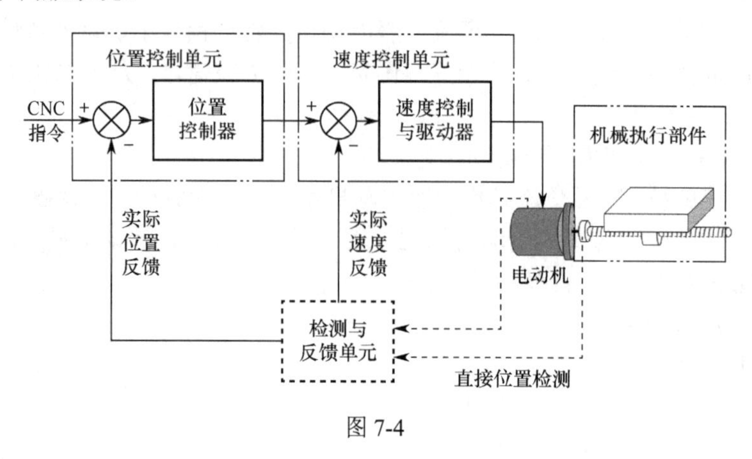

图 7-4

（4）按控制方式分类。

① 位置伺服系统。

② 速度伺服系统。

③ 力矩伺服系统。

2. 伺服控制系统的技术要求

1）稳定性

当系统处于给定输入或外界干扰的作用下，能经过短暂的调节过程后达到新的平衡状态或恢复到原来的稳定状态。

2）系统精度

伺服系统精度是指输出量复现输入量的程度，一般以误差的形式表现，包括动态误差和静态误差。

3）响应特性

响应特性指的是输出量跟随输入指令变化的反应速度，决定了系统的工作效率。响应速度与许多因素有关，如计算机的运行速度、运动系统的阻尼和质量等。

4）工作频率

工作频率通常是指系统允许输入信号的频率范围。当输入工作频率信号时，系统能够按技术要求正常工作；而输入其他频率信号时，系统不能正常工作。

3. 伺服应用领域

（1）军事行业。雷达天线、火炮、导弹发射架的自动瞄准跟踪控制，坦克炮塔的防摇稳定控制，防空导弹的制导控制等。

（2）冶金行业。电弧炼钢炉、粉末冶金炉等的电极位置控制，轧钢机轧辊上下运动的位置控制等。

（3）运输行业。电气机车的自动调速、高层建筑物中电梯的升降控制、船舶的自动操舵、飞机的自动驾驶等。

（4）计算机外围设备。磁盘、光盘驱动系统，绘图仪的画笔控制系统。

（5）机械制造行业。这是伺服系统应用最多、最广泛的行业，应用于各种高性能机床运动部件的速度控制、运动轨迹控制、工业机器人等。

7.1.2　步进系统

步进电动机（脉冲电动机）是将脉冲电信号变换为相应的角位移或直线位移的电动机，即给一个脉冲电信号，电动机就转动一个角度或前进一步，角位移与脉冲数成正比，转速与脉冲频率成正比，转向与各相绕组的通电方式有关。

步进系统的特点：在负载能力范围内不因电源电压、负载大小、环境条件的波动而变化；适用于开环系统中作执行元件，使控制系统大为简化；步进电动机可在很宽的范围内通过改变脉冲频率调速；能够快速启动、反转和制动；很适合微型机控制，是数字控制系统中的一种执行元件。

应用：数控机床、绘图机、 轧钢机、记录仪等方面。

基本要求：

（1）能迅速启动、正/反转、停转，在很宽的范围内调速。

（2）要求一个脉冲对应的位移量小，步距小，精度高，不得丢步或越步。

（3）输出转矩大，直接带负载。

分类：按励磁方式，步进电动机分为反应式、永磁式和感应子式。反应式步进电动机适用范围广，结构简单。

1. 步进电动机的工作原理和特点

1）结构

定子铁芯由硅钢片叠成，定子有 8 个磁极（大齿），磁极上有小齿。有 4 套定子控制绕组，绕在径向相对的磁极上的绕组为一相。转子由叠片铁芯构成，沿圆周有很多小齿。定子磁极和转子上小齿的齿距必须相等。如图 7-5 所示。

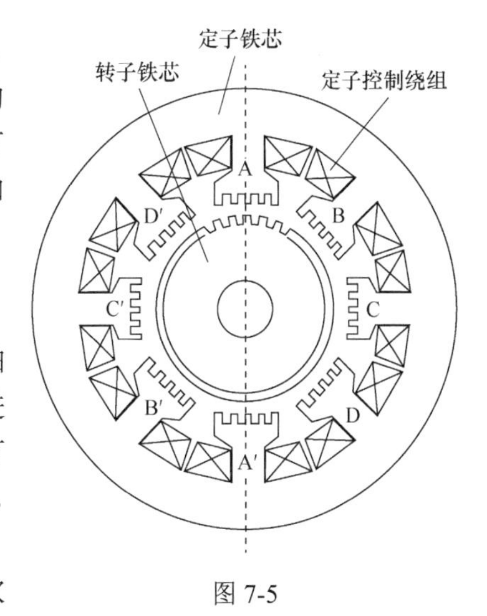

图 7-5

2）工作原理

反应式步进电动机是利用凸极转子横轴磁阻与直轴磁阻之差所引起的反应转矩而转动的。以三相反应式步进电动机为例：定子 6 极不带小齿，每两个相对的极上绕有一相控制绕组；转子有 4 个齿，齿宽等于定子的极靴宽。

（1）三相单三拍运行。

三相是指步进电动机具有三相定子绕组；单是指每次只有一相绕组通电；三拍是指三次换接为一个循环，即按 A—B—C—A……方式运行的称为三相单三拍运行。如图 7-6 所示。

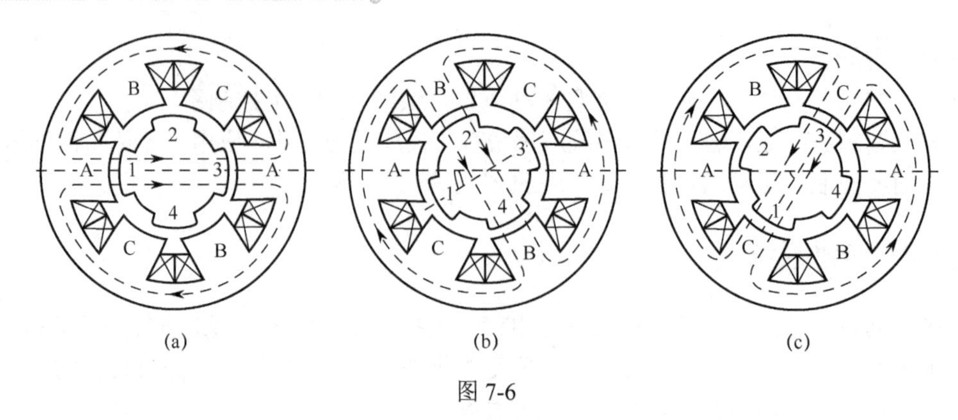

(a) (b) (c)

图 7-6

当 A 相通电，B、C 相不通电时，由于磁通具有走磁阻最小路径的特点，转子齿 1 和 3 的轴线与定子 A 极轴线对齐。同理断开 A 接通 B 时、断开 B 接通 C 时转子转过 30°。按 A—B—C—A……接通和断开控制绕组转子连续转动。转速取决于控制绕组通、断电的频率，转向取决于通电的顺序。

（2）三相六拍运行。

供电方式是 A—AB—B—BC—C—CA—A……共有 6 种通电状态，每一个循环换接 6 次，这 6 种通电状态中有时只有一相绕组通电（如 A 相），即单拍，有时有两相绕组同时通电（如 A 相和 B 相），即双拍，故称三相单、双六拍。图 7-3 所示为按这种方式对控制绕组供电时转子位置和磁通分布的图形。

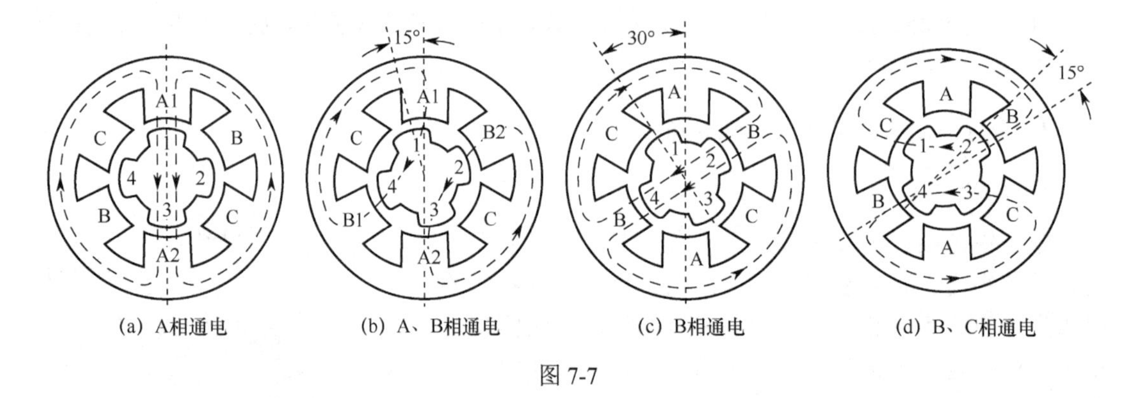

(a) A相通电 (b) A、B相通电 (c) B相通电 (d) B、C相通电

图 7-7

（3）三相双三拍运行。

通电方式为 AB—BC—CA—AB……转过 30 °。

（4）四相步进电动机。

四相八拍的通电方式为 A—AB—B—BC—C—CD—D—DA—A……与三相步进电动机的道理一样，当 A 相通电转到 A、 B 两相同时通电时，定、转子齿的相对位置变为转子按顺时针方向只转过 1/8 齿距角。

四相双四拍的通电方式为 AB—BC—CD—DA—AB……步距角与四相单四拍运行时一样，为 1/4 齿距角。

3）基本特点

（1）步进电动机工作时，每相绕组由专门驱动电源通过“环形分配器”按一定规律轮流通电，如三相双三拍运行的环形分配器输入是一路，输出有 A、B、C 三路。若开始是 A、B 两路有电压，输入一个控制脉冲后就变成 B、C 两路有电压，再输入一个脉冲后变成 C、A 两路有电压，再输入一个电脉冲后变成 A、B 两路有电压。环形分配器输出的各路脉冲电压信号，经过各自的放大器放大后送入步进电动机的各相绕组，使步进电动机一步步转动。如图 7-8 所示。

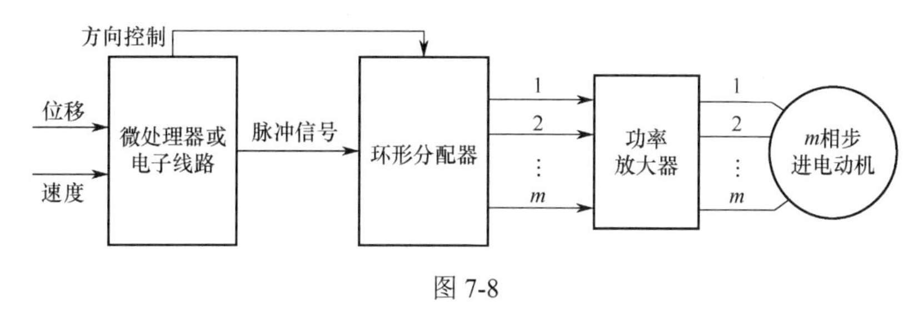

图 7-8

（2）步距角为每输入一个脉冲电信号转子转过的角度，用 θ_b 表示。当电动机按四相单四拍运行 A—B—C—D—A……顺序通电时，换接一次绕组，转子转过的角度为 1/4 齿距角；转子需要走 4 步，才转过一个齿距角。当按四相八拍运行 A—AB—B—BC—C—CD—D—DA……顺序通电时，换接一次绕组，转子转过的角度为 1/8 齿距角；转子需要走 8 步才转过一个齿距角。齿距角为转子相邻两齿间的夹角，用 θ_t 表示。

$$\theta_t = \frac{360^\circ}{Z_R} \qquad \theta_b = \frac{\theta_t}{N} = \frac{360^\circ}{Z_R N}$$

式中，Z_R 为转子齿数；N 为运行拍数。

要提高工作精度就要求步距角很小。要想减小步距角可以增加拍数 N，从而增加相数电源及电机的结构也越复杂。反应式步进电动机一般做到六相，个别也有八相的或更多；一台步进电动机有两个步距角，如 1.5°/0.75°、1.2°/0.6°、3°/1.5°等。增加转子齿数 Z_R，步距角也可减小，所以反应式步进电动机的转子齿数一般很多。通常反应式步进电动机的步距角为零点几度到几度。

（3）步进电动机可按指令进行角度控制和速度控制。

① 角度控制。每输入一个脉冲，定子绕组就换接一次，输出轴转过一个角度，输出轴转动的角位移量与输入脉冲数成正比。

② 速度控制。送入步进电动机的是连续脉冲，各相绕组不断地轮流通电，步进电动机连续运转，其转速与脉冲频率成正比。每输入一个脉冲，转子转过的角度是整个圆周角的 1/（$Z_R N$），因此每分钟转子所转过的圆周数即为转速，用 n 表示。

$$n = \frac{60f}{Z_R N} \quad (\mathrm{r/min})$$

式中，f 为控制脉冲的频率；转速取决于脉冲频率、转子齿数和拍数，与电压、负载、温度等因素无关。

（4）步进电动机具有自锁能力。当控制电脉冲停止输入，让最后一个脉冲控制的绕组继续通直流电时，电动机保持在最后一个脉冲控制的角位移的终点位置。步进电动机可以实现停车时转子定位。

综上所述，步进电动机工作时的步数或转速不受电压波动和负载变化的影响（允许负载范围内），也不受环境条件（温度、压力、冲击、振动等）变化的影响，只与控制脉冲同步，同时又能按照控制要求实现启动、停止、反转或改变转速。因此，步进电动机广泛应用于各种数字控制系统中。

2. 步进电动机的驱动

1）驱动电源

专门的驱动电源和步进电动机是一个有机整体，步进电动机的运行性能是电动机及其驱动电源二者配合的综合表现。驱动电源如图 7-9 所示。

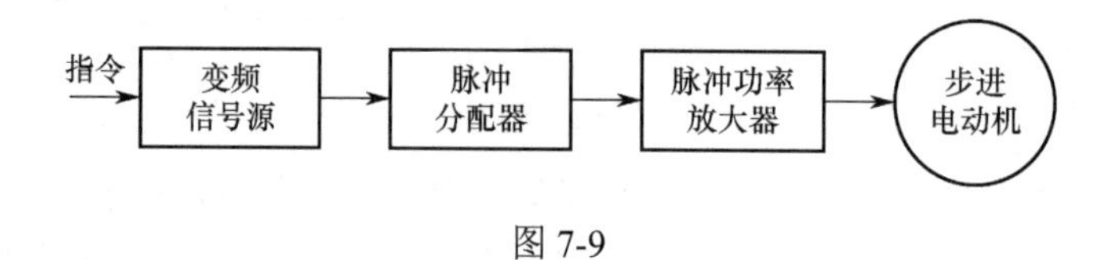

图 7-9

变频信号源是一个频率从数十赫兹到几万赫兹的连续可变的脉冲信号发生器。

脉冲分配器是由门电路和双稳态触发器组成的逻辑电路，它根据指令把脉冲信号按一定的逻辑关系加到放大器上，使步进电动机按一定的运行方式运转。

脉冲功率放大器用放大后的信号去驱动步进电动机。环形分配器输出的电流只有几毫安，一般步进电动机需要几到几十安培电流。功率放大器的种类很多，对电动机性能的影响也各不相同。通常驱动电源就以功率放大器的类型进行分类。

2）细分控制

为了提高步进的工作精度，驱动器还可以实现细分控制功能，将步距角再细分至几十甚至百倍，从而提高精度和运行的平稳性。

其方法是增加多相绕组同时导电的时间，同时控制各项绕组中电流的大小（一般为阶梯波）、不同空间位置的不同合成磁势，使步距角变小。可采用微处理器斩波恒流细分驱动电路。如图 7-10 所示。

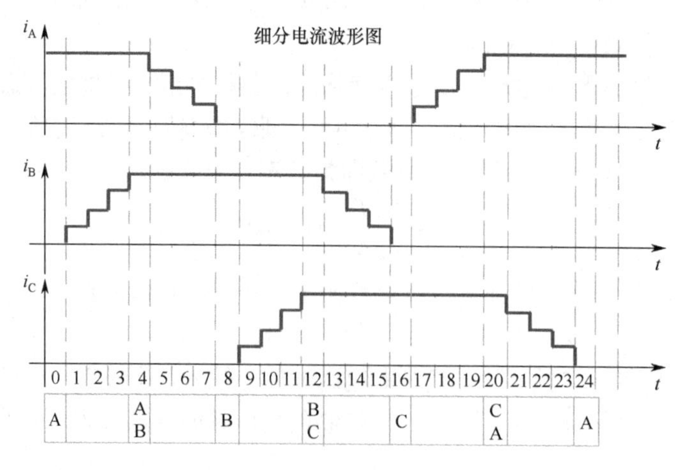

图 7-10

3. 步进电动机的应用

1）外形结构

步进电动机的外形种类很多，图 7-11 列举出常见的部分外形，具体以实际所购买的为准。

图 7-11

2）常用接线

平常用到的小型步进电动机多为两相，接线分为四线、六线和八线式，接线如图 7-12 所示（颜色以实际为准）。

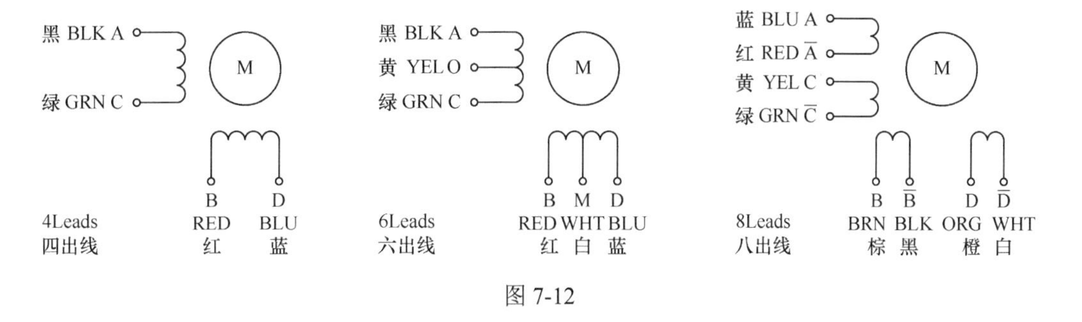

图 7-12

（1）四线式。

四线式接线最简单，利用万用表量出哪两根是同一相，再分别接到驱动器的 A+、A−、B+、B−上，如调换电动机转向只需任意一相两根线对调，如 A+、A−对调。

（2）六线式。

六线式与四线式的区别在于与驱动器连接的灵活性。两相四线的步进电动机只能用双极性的驱动器，两相六线的步进电动机既可以用双极性的驱动器也可以用单极性的驱动器。如果是 6 根线的电动机，就会有两根是线圈中间抽头的线。两根抽头的线互相不通，共两组线，中间抽头到头和尾的电阻基本相同。头和尾的电阻就是中间抽头到头的两倍，从而可以分别找出两组的头和尾，以及中间抽头。下面具体说明一下两相六线引出的接法区别。

图 7-13 中的中心抽头 2 和 5 空着不接，只接两端引出线。实际就是将每组的两个相线圈串联起来使用，电动机堵转扭矩大和效率高些，但是高速性能差。这是低速大扭矩应用场合优先考虑的接法。不过要注意实际工作时的最大电流是额定电流的 0.7 倍。例如，STP59D3005 的额定电流是 3 A，按图中的接法，实际工作电流应该设定在 2.1 A 左右。

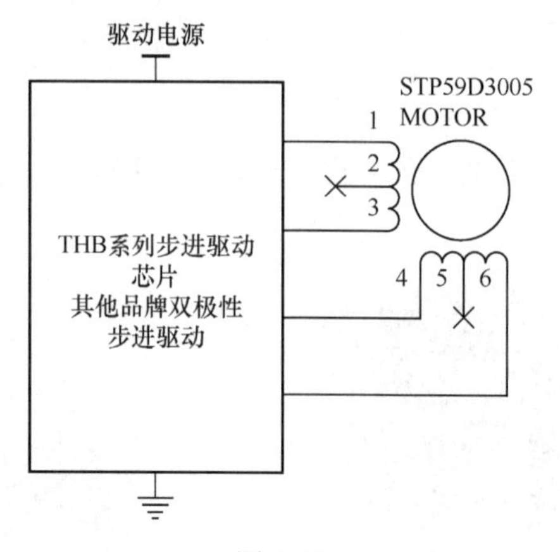

图 7-13

图 7-14 所示两种接法的效果是一样的，抽头与一端连接，另一端空着不接入。这种接法的电动机高速性能好些，但是每相有一组线圈空闲，堵转扭矩小，效率低；适合应用在工作速度相对高的场合。这两种接法的最大工作电流就是电动机的额定电流。

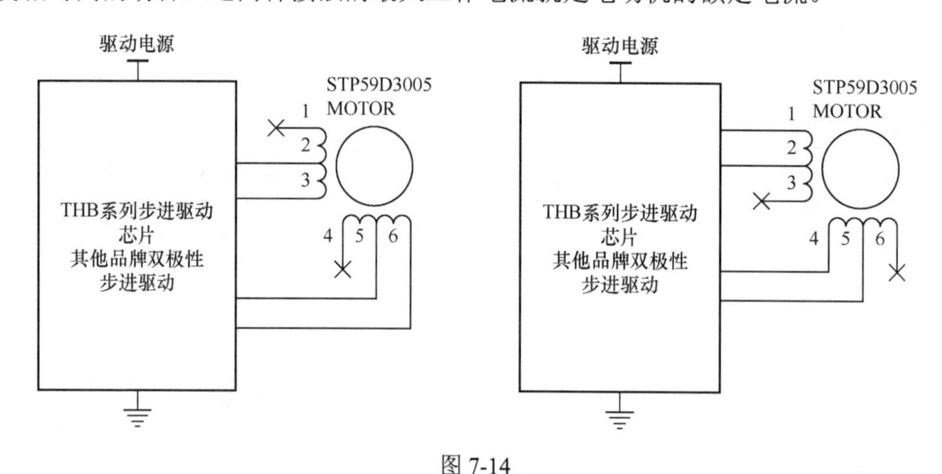

图 7-14

图 7-15 所示是与单极性驱动器的连接。两种单极性驱动方式的接法对电动机来说都是一样的，区别在于驱动内部的处理有差别。单极性驱动方式的电源利用率相比双极性驱动方式要低。电动机的最大工作电流与电动机标称的额定电流一样。目前行业内主要以双极性驱动方式为主。

从上面的接法和说明中可以看出，两相六线式引出的电动机无论是在驱动选择上，还是在高、低速应用场合上，相对两相四线式引出的步进电动机来说，都具有很大的灵活性。

PLC 的高速脉冲输出有两种形式：第一种为脉宽调制输出（PWM）；第二种为运动控制输出（PTO）。要实现高速脉冲输出功能必须选用晶体管输出型 CPU，ST20 有两路脉冲输出 Q0.0 和 Q0.1。ST30、ST40、ST60 有三路脉冲输出 Q0.0、Q0.1、Q0.3，方向分别为 Q0.2、Q0.7、Q1.0，支持的最大频率为 100kHz。

① 脉宽调制输出常用于电动机调速、调节输出电压、控制比例阀开启度等。

② 运动控制输出常应用于驱动步进和伺服系统进行定位控制。

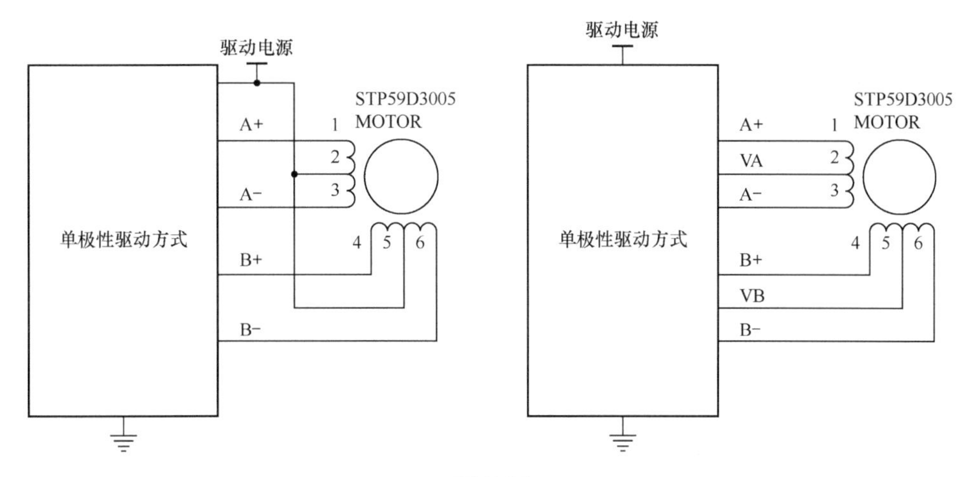

图 7-15

下面来了解一下步进与 S7-200 SMART 的连接问题。

西门子 S7-200 SMART 的高速脉冲输出本身就有通断的高、低电平，属于有源输出，所以西门子 PLC 在选择步进驱动器时，一定要选择正、负脉冲接收端子都要有独立电源输入的步进驱动器。与 PLC 的连接如图 7-16 所示。

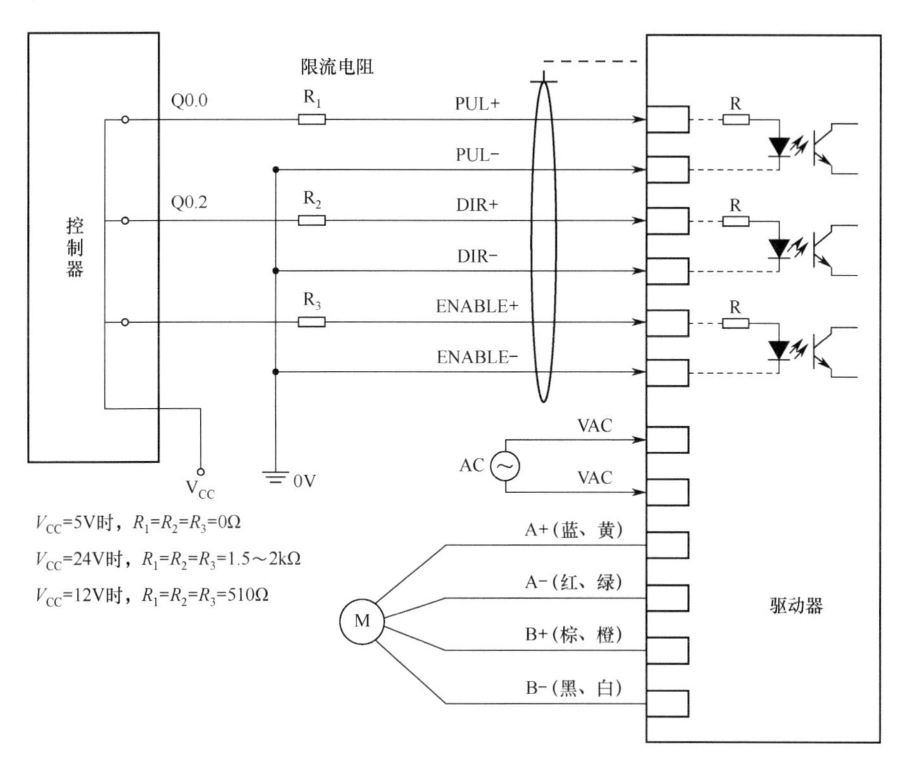

图 7-16

注意：一般步进驱动器默认的信号电压为 5V，而我们的 PLC 的使用电压一般为 24V，如果直接接入步进驱动器会烧坏驱动器，所以需要外接一个电阻来分压，一般为 2kΩ，具体参照说明书。

7.2 脉宽调制输出（PWM）

PWM 发生器与输出映像寄存器共同使用 Q0.0、Q0.1 和 Q0.3。当它们被设置成 PWM 功能时，PWM 发生器控制输出，在该输出点禁止数字输出功能，此时输出波形不受映像寄存器状态、输出强制或立即输出指令的影响。不使用 PWM 发生器时，它们作为普通数字输出使用。

PWM 产生一个占空比变化周期固定的脉冲输出，可以以μs 或 ms 为单位指定其脉冲周期和脉冲宽度。

脉冲周期：10～65535μs 或 2～65535ms。

脉冲宽度：0～65535μs 或 0～65535ms。

占空比：脉冲宽度与脉冲周期之比，如图 7-17 所示。

当脉冲宽度等于周期值时，占空比为 100%，输出连续；当脉冲宽度为 0 时，占空比为 0%，输出断开。

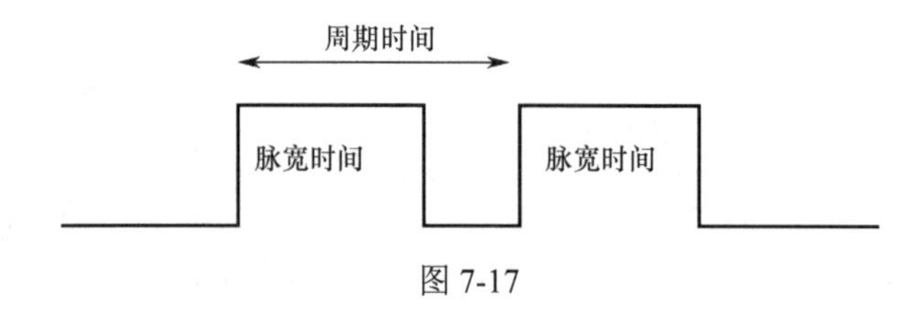

图 7-17

S7-200 SMART 中 PWM 可以通过 PLS 编写程序控制，也可以通过 PWM 向导生成。

脉宽调制编写步骤如下。

（1）选定脉冲输出点，分别为 Q0.0、Q0.1 或 Q0.3。

（2）写出对应输出点的控制字节（MOV_B）。

（3）设定相对应的周期值和脉冲宽度（MOV_W）。

（4）利用脉冲输出指令（PLS）执行脉冲输出 0、1、2。

表 7-1 为 Q0.0 的控制字节及脉宽和周期地址。

表 7-1

S7-200 SMART 的符号名	SM 地址	功能（高速输出 0 组态和控制）
PLS0_Ctrl	SMB67	控制 Q0.0 的脉冲宽度调制
PLS0_Cycle_Update	SM67.0	PWM0 更新周期时间值：1=写入新周期
PWM0_PW_Update	SM67.1	PWM0 更新脉冲宽度值：1=写入新脉冲宽度
	SM67.2	保留
PLS0_TimeBase	SM67.3	PWM0 时基：0 =1μs/刻度；1=1ms/刻度
	SM67.4～SM67.6	保留
PLS0_Enable	SM67.7	PWM0 使能位：1 = 使能
PLS0_Cycle	SMW68	PWM0 周期时间值（2～65535 个时基单位）
PWM0_PW	SMW70	PWM0 脉冲宽度值（0～65535 个单位时基）

其余两点的控制字节、周期值和脉冲宽度与 PWM0 类似，如表 7-2 所示。

表 7-2

	控 制 字 节	周　期　值	脉 冲 宽 度
Q0.0	SMB67	SMW68	SMW70
Q0.1	SMB77	SMW78	SMW80
Q0.3	SMB567	SMW568	SMW570

例题 1：试利用 PWM 功能实现：按下 I0.0 时，Q0.0 亮 0.1s，灭 0.9s。I0.1 接通后，Q0.0 亮 0.5s，灭 0.5s，I0.2 停止。如图 7-18 所示。

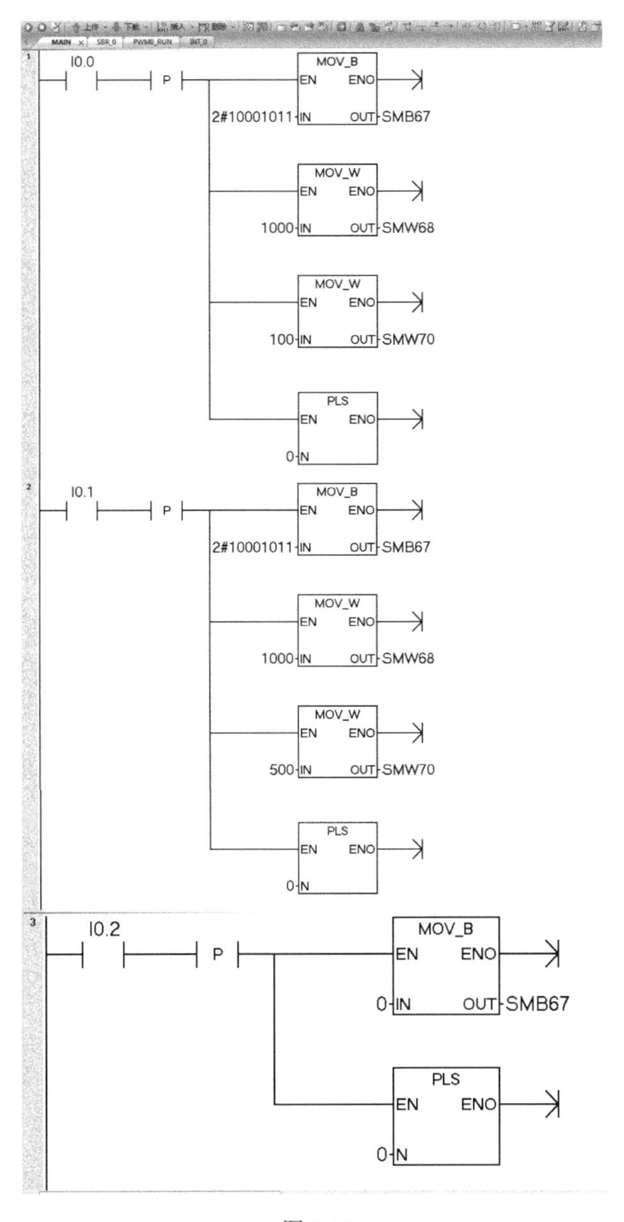

图 7-18

通过 PLS 来对 PWM 进行编程比较麻烦，我们可以用 PWM 向导来设置 PWM 发生器的参数，按图 7-19～图 7-23 所示顺序完成 PWM 向导组态。

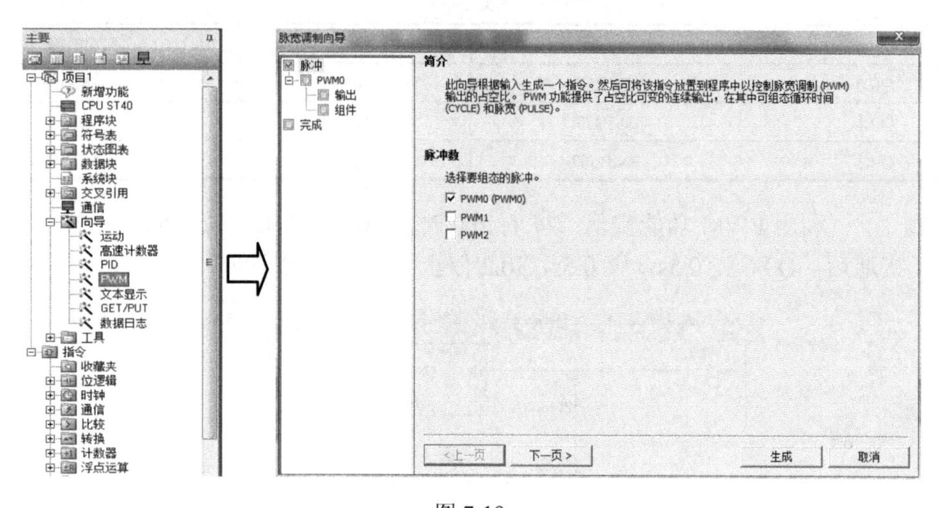

图 7-19

图 7-20

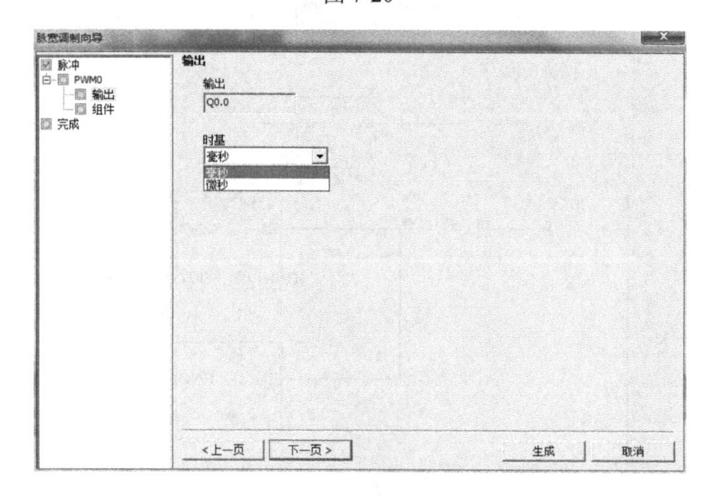

图 7-21

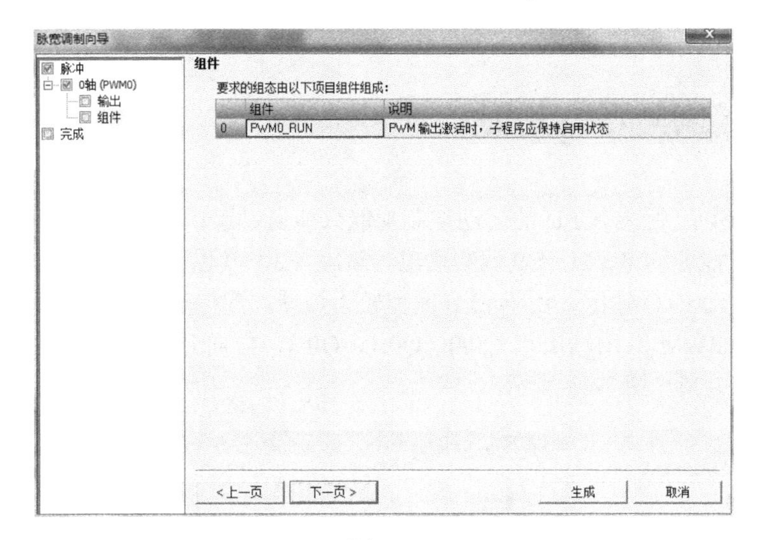

图 7-22

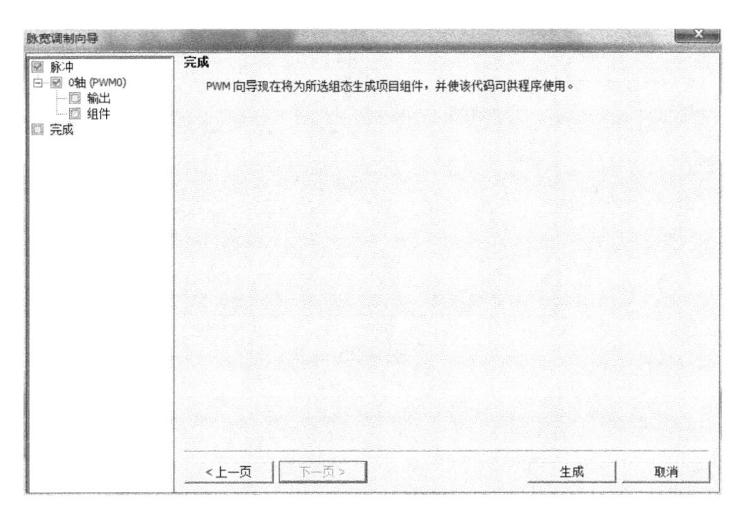

图 7-23

完成向导组态后，系统会自动生成一个 PWM 子程序，在“项目树”的“调用子例程”中调用所生成的子程序进行编程。如图 7-24 所示。

```
1
Always_~:SM0.0                         PWM0_RUN
--| |------------------------------- EN

CPU_输入0:I0.0
--| |------------------------------- RUN

                          周期:100- Cycle      Error -VB2
                          脉宽:VW0- Pulse
```

图 7-24

当 I0.0 为 ON 时，按照设定的周期和脉宽输出高速脉冲，I0.0 为 OFF 时停止输出。

利用 PWM 向导大大简化了编程，效果和手动编程一样，可以任选一种方法。

7.3 运动控制向导的组态

对于 V2.0 及以下版本，CPU 的运动控制功能只能通过运动控制向导实现运动轴的组态。通过 PLS 指令只能驱动 PWM 脉宽调制输出。新版 V2.1 及以上 CPU 可以通过运动控制向导和 PLS 指令驱动 PTO 输出。由于 PLS 编程较为烦琐，我们还是习惯应用运动向导编程。

运动控制和 PWM 共用输出点 Q0.0、Q0.1、Q0.3，方向分别为 Q0.2、Q0.7、Q1.0。向导组态步骤如图 7-25～图 7-45 所示。

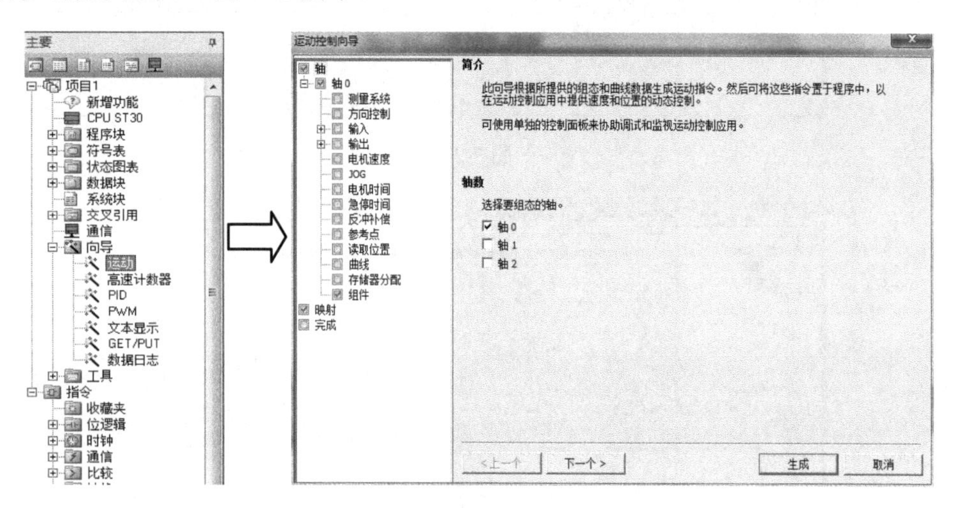

图 7-25

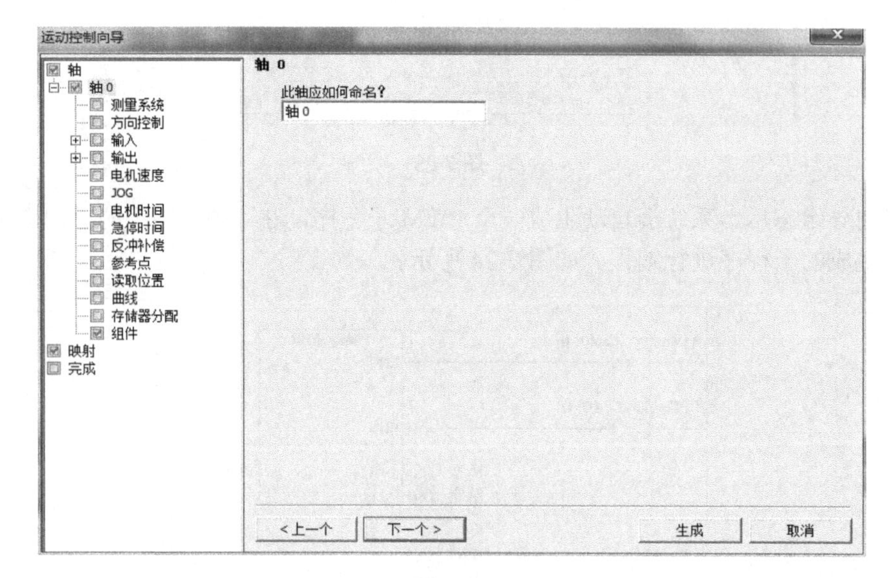

图 7-26

如图 7-27 所示，选择测量系统为相对脉冲。

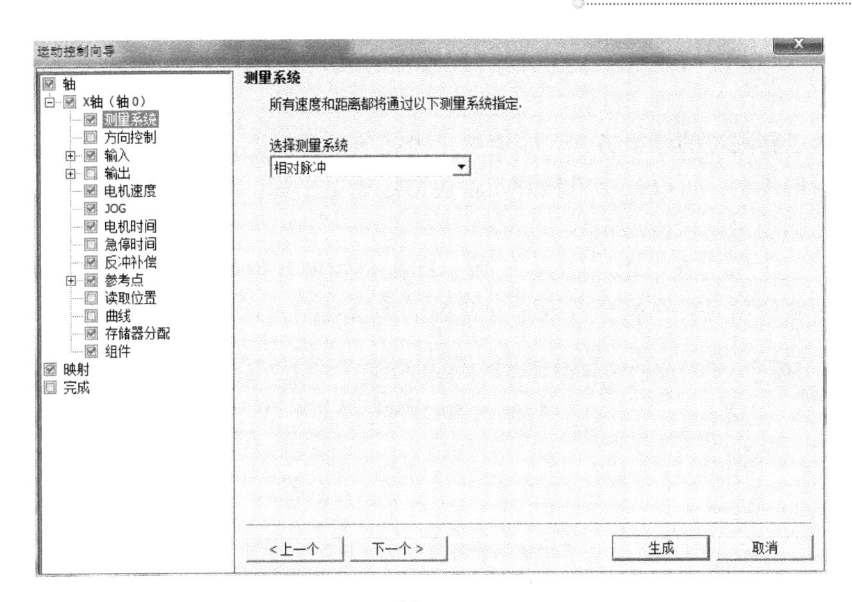

图 7-27

图 7-28 所示相位表示运动控制输出模式。

单相（2 输出）：脉冲 P0+方向模式 P1，脉冲控制步进伺服旋转，方向控制电动机的转向，是运动控制中最简单、最常用的模式。

双相（2 输出）：正脉冲 P0+负脉冲 P1 模式，发正脉冲正转，发负脉冲反转，正、负脉冲不得同时产生。

正交相位（2 个输出）：P0 和 P1 相脉冲互成 90°相位输出，P0 在前为正转，P1 在前为反转。

单相（1 个输出）：只有 P0 脉冲，没有方向，用于单相旋转的场合。

极性：切换控制为正逻辑或负逻辑，可能切换控制方向，通常用正极性。

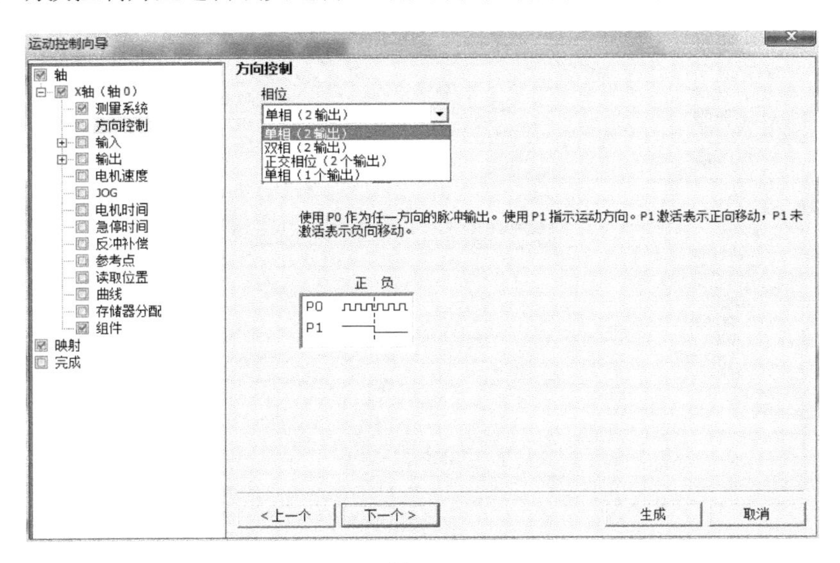

图 7-28

图 7-29 所示 LMT+和 LMT−：正/负方向行程的最大限位，用于防止机械超出运动范围，LMT−类似。

响应：感应到限位的停机方式。减速停止为按照向导组态的减速时间缓慢停止，用于有一定缓冲空间的场合，可以减小机械冲击，使得停止更平稳；立即停止为急停，用于安全性要求比较严格的场合，机械冲击较大。

有效电平：上限为高电平（ON）有效，即限位用常开信号。下限为低电平（OFF）有效，即限位用常闭信号。在安全性要求非常高的场合尽量使用下限有效。

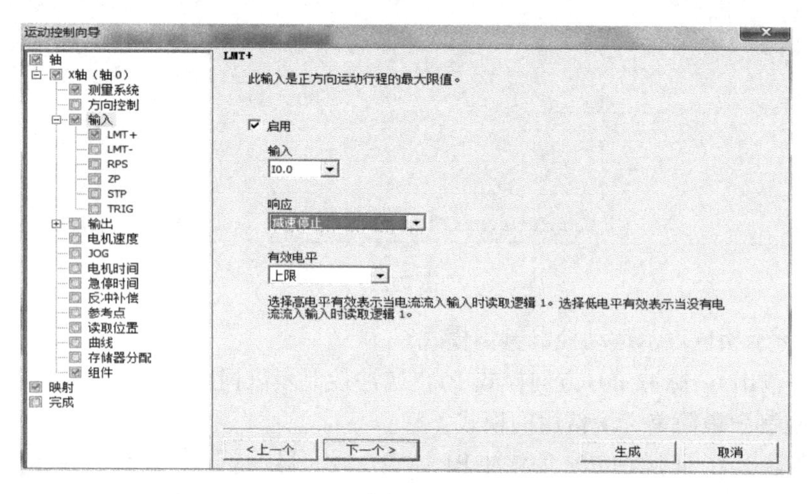

图 7-29

图 7-30 中，RPS 为绝对定位时的实际机械参考点，要进行绝对定位必须先建立参考点，参考点可以是 RPS 组态的实际点，也可通过向导生成 LDPOS 子程序，从而生成虚拟的参考点。

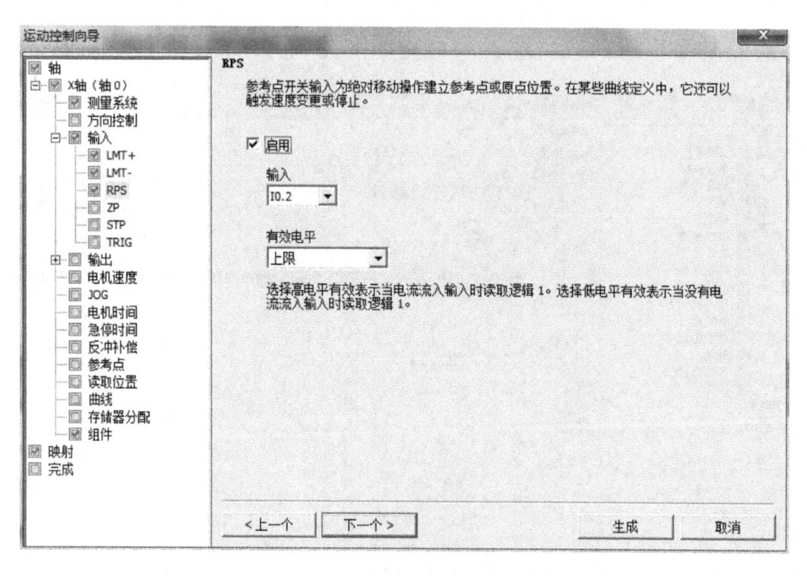

图 7-30

图 7-31 所示 ZP 为辅助建立参考点，并且必须占用高速计数输入点，在分配 ZP 输入点时如果没有合适选项，则表示高速计数输入点被其他功能占用了。只有在精度要求很高的场

合才需要使用 ZP，通常用伺服编码器上的 Z 相作为 ZP 信号。

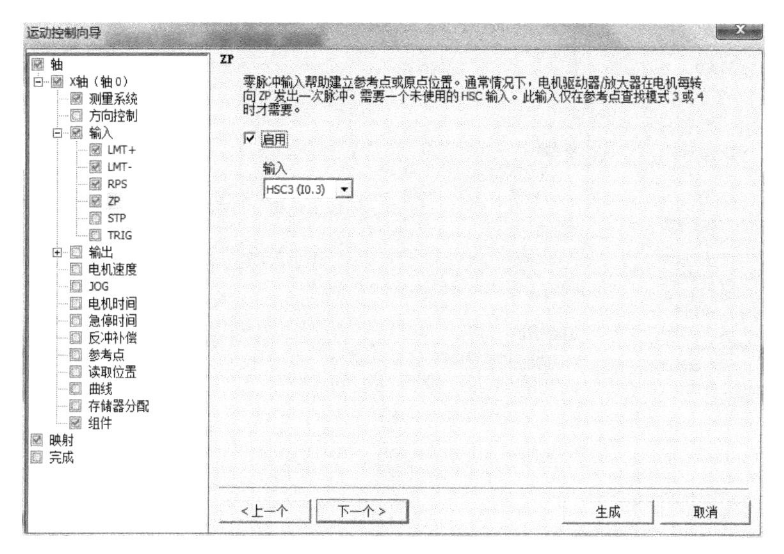

图 7-31

图 7-32 中的 STP 可以触发运动轴停止，运动子程序中有相同功能，可以不用组态。

触发：Level 为电平触发，可以选择上限或下限；Edge 为边沿触发，可以选择上升沿（Rising）或下降沿（Falling）。

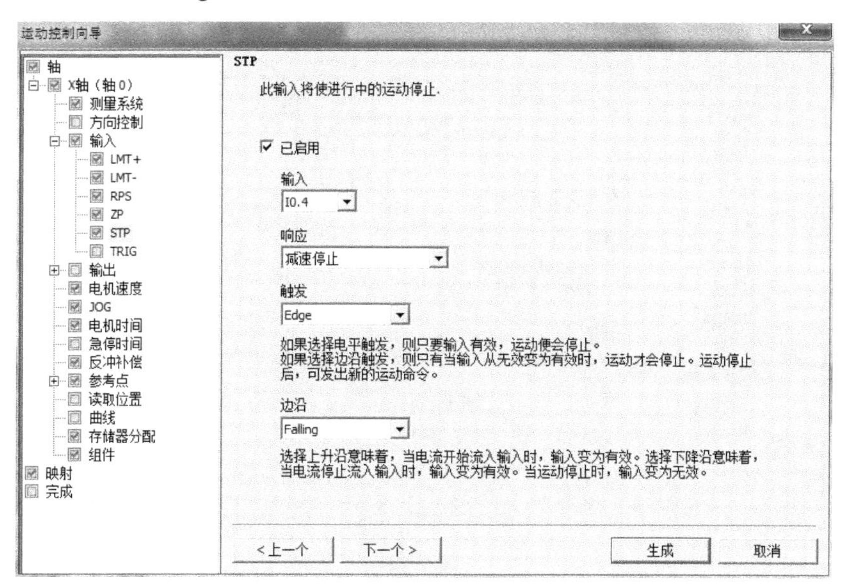

图 7-32

图 7-33 中的最大值（MAX_SPEED）：电动机运行的最高速度。最大脉冲频率为 100kHz，可以根据实际机械减小最高速度值，最低速度值（MIN_SPEED）不可调节，启动/停止速度（SS_SPEED）值为电动机启动和停止的速度。

注意：从 0 开始到启动/停止的速度没有加、减速时间，设置过大会造成电动机启停冲击大。

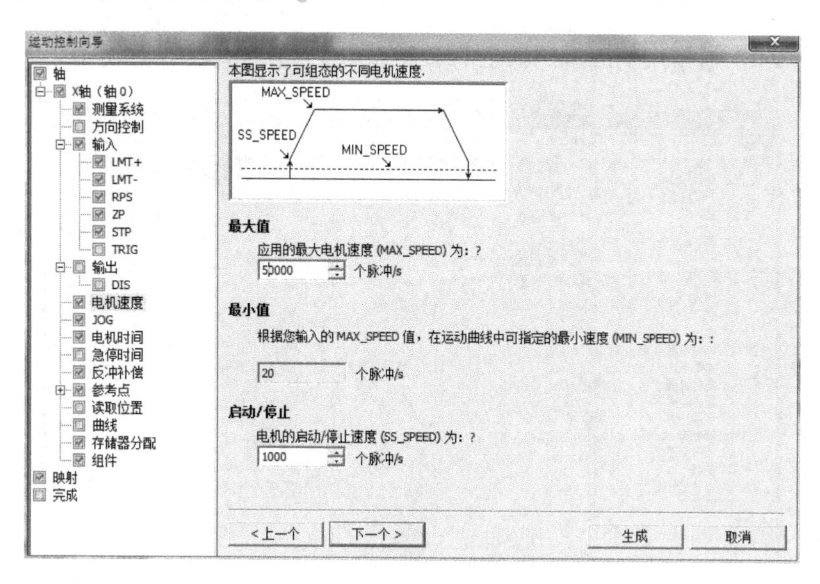

图 7-33

图 7-34 中的“速度”为手动子程序 JOG_P 和 JOG_N 的速度，用来手动移动刀具到所需位置，“增量”为接收到小于 0.5s 信号时刀具移动的距离，当刀具需要进行微调时，通过快速单击使刀具移动一个增量，所以设置的大小直接影响对刀精度。

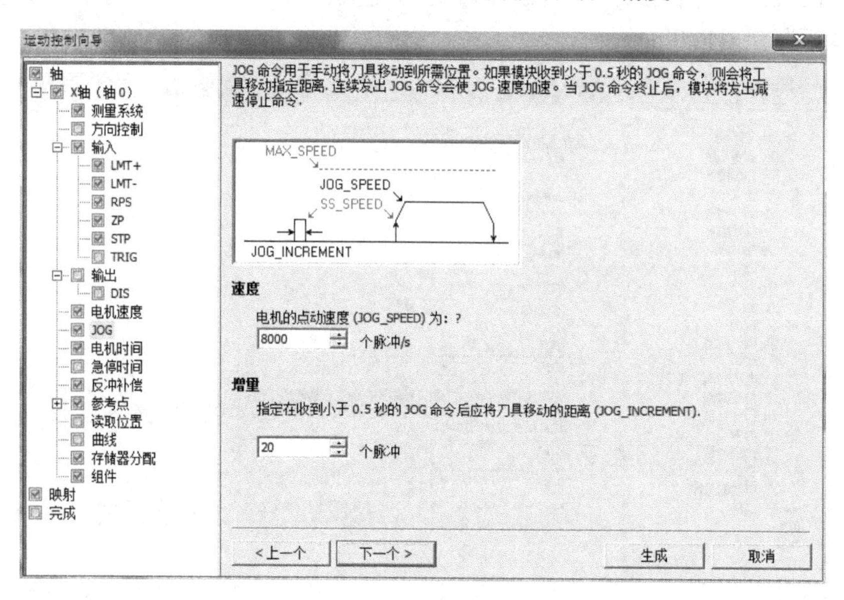

图 7-34

图 7-35 中的加速和减速时间：表示启/停速度加速到最高速度的时间和最高速度减速到启停速度的时间。

注意：无论是步进还是伺服电动机，都必须设置一定的加、减速时间，否则在进行加、减速时电动机冲击大，容易发生失步或越步，从而影响精度，甚至造成故障。具体设置为多大应根据电动机的大小及外部负载的大小来确定。

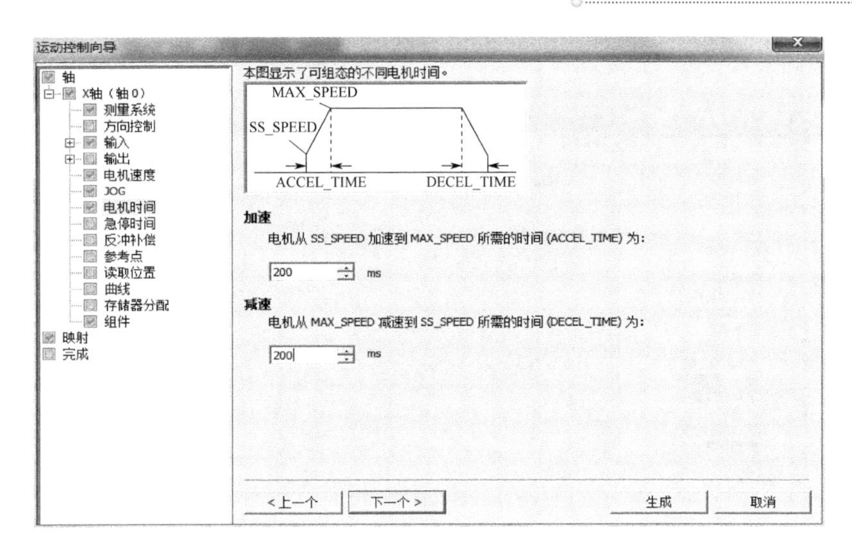

图 7-35

图 7-36 所示的反冲补偿：用于消除换向时由于机械松弛造成的误差，如同步带、丝杆等换向时机械间隙会造成细微误差，一般用于精度要求比较高的场合。

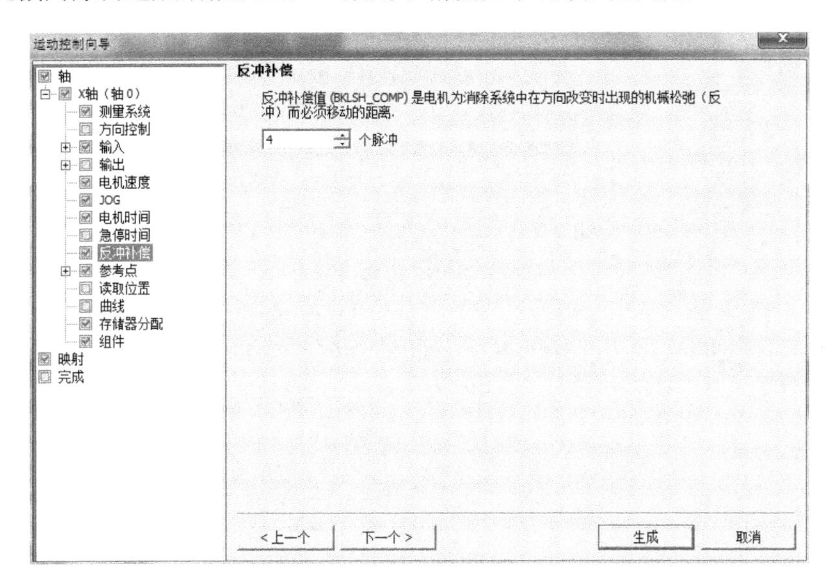

图 7-36

图 7-37 所示的参考点为绝对位置运动建立零点。只有前面启用了 RPS，才能组态参考点。在进行绝对位置运动前先要执行搜寻参考点子程序，电动机会按照图 7-38 中组态的速度和方向搜寻参考点。如果只做相对运动，则可以不启用参考点功能。

图 7-38 所示的快速参考点寻找速度：开始执行搜寻参考点时，以比较快的速度逼近参考点，直到感应到参考点信号，再减速至“慢速参考点寻找速度”。

慢速参考点寻找速度：慢慢运行至离开参考点信号停止，并且将该位置清零作为参考点。慢速参考点寻找速度在很大程度上决定了参考点的精度，不宜设置得过大。

方向：开始搜寻参考点的运动方向和感应到信号后离开的方向，一般采用默认的先负向逼近，再正向离开。

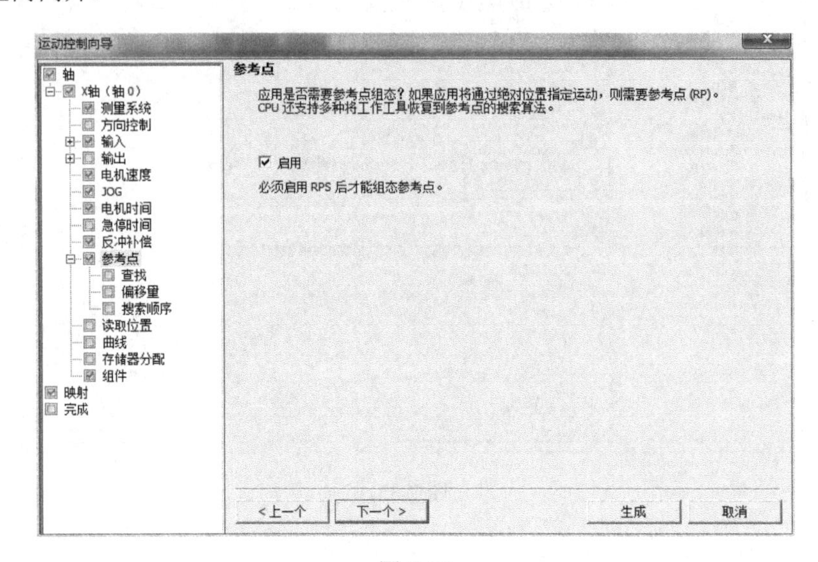

图 7-37

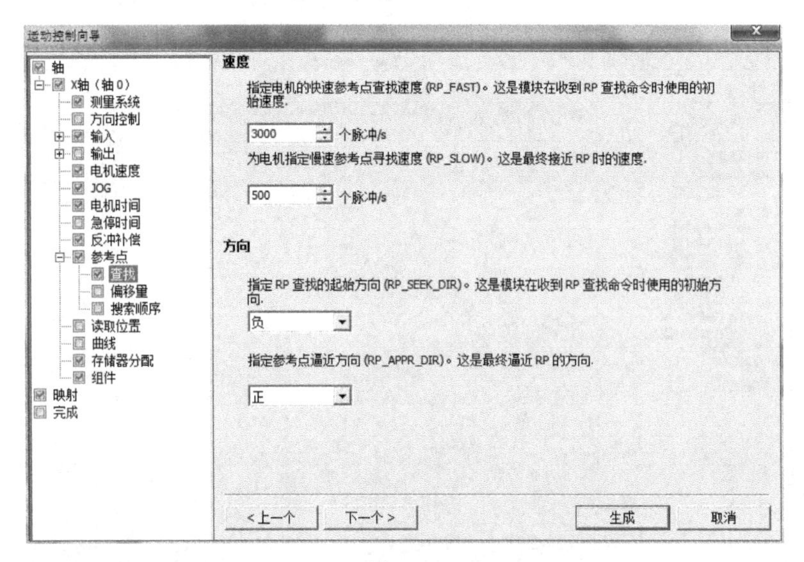

图 7-38

图 7-39 所示的搜索顺序：一般采用 1 号搜寻模式即可，但在控制伺服精度要求比较高的场合，可以利用伺服驱动器反馈的 Z 相信号作 ZP 信号辅助建立参考点，采用 3、4 号搜寻模式。

图 7-40 所示曲线：由多段速度不同、距离或位置定量的直线组成的运动控制，可以组态为相对，也可以组态为绝对。

注意：无论是相对还是绝对，曲线中各段的方向必须一致，否则无法组态。绝对运动时，走完第一段之后停止了，再次触发会报错，所以曲线一般用于相对运动。

图 7-41 所示相对位置：“目标速度”为每一段的速度；“终止位置”为相对距离，图中 4 段各前进 3200 个脉冲，最终位置为 12800 个脉冲。

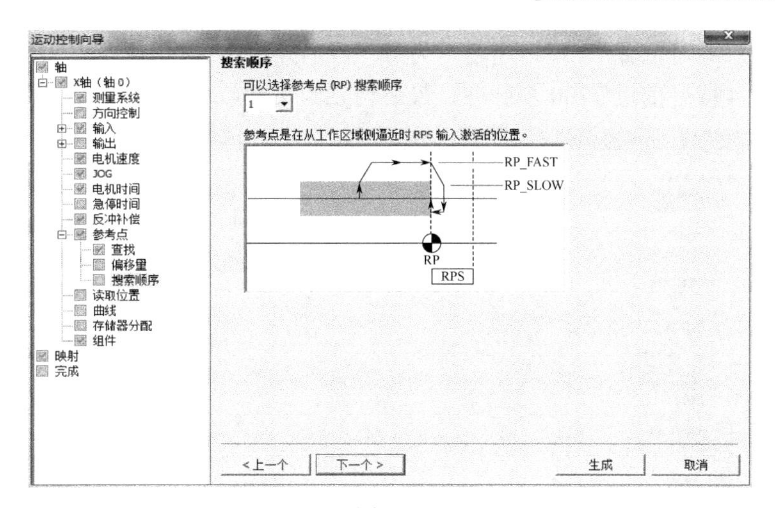

图 7-39

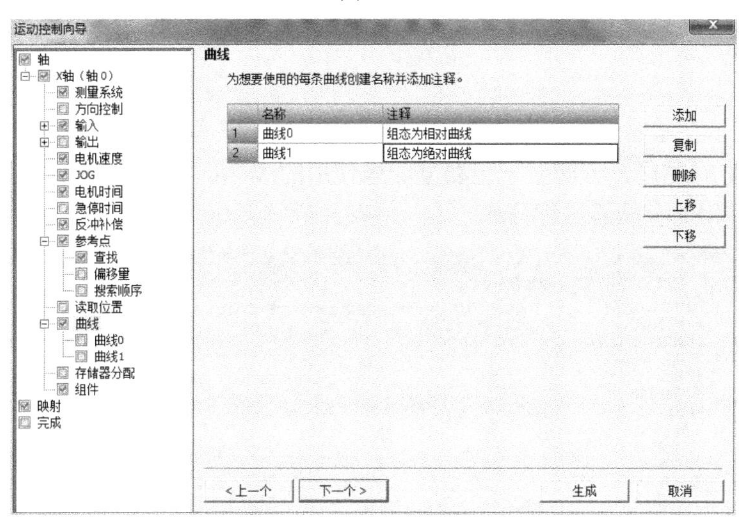

图 7-40

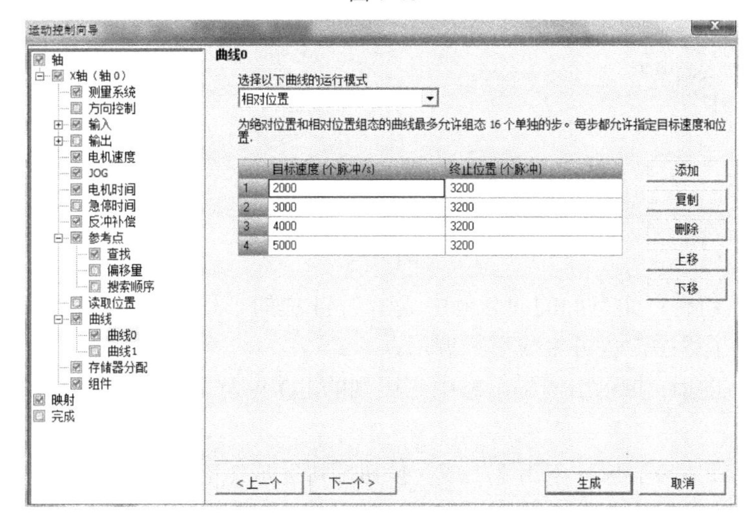

图 7-41

图 7-42 所示绝对位置：“目标速度”为每一段的速度；“终止位置”为每一段运行完成后的绝对位置，4 段各前进 3200 个脉冲，最终位置为 12800 个脉冲。

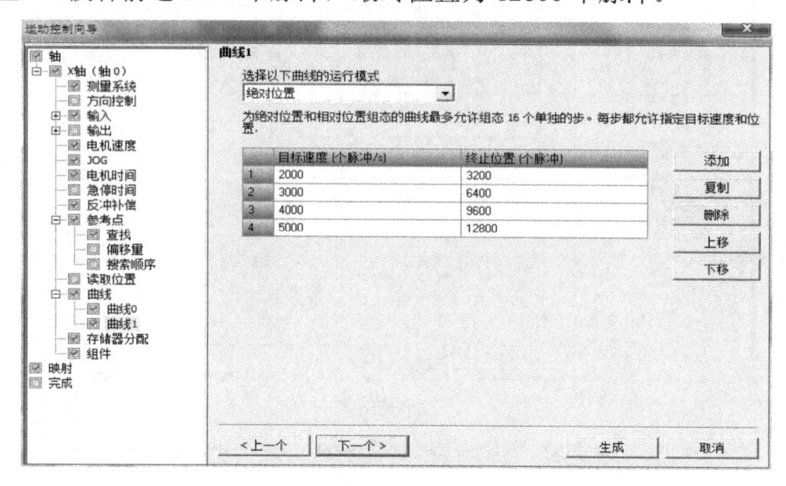

图 7-42

图 7-43 所示存储器分配：向导组态会自动生成很多子程序，子程序中用到符号标记的变量需要分配 V 存储区。分配时一定要分配未使用的 V 存储区，一般单击“建议”按钮系统自动识别未使用的存储器进行分配。

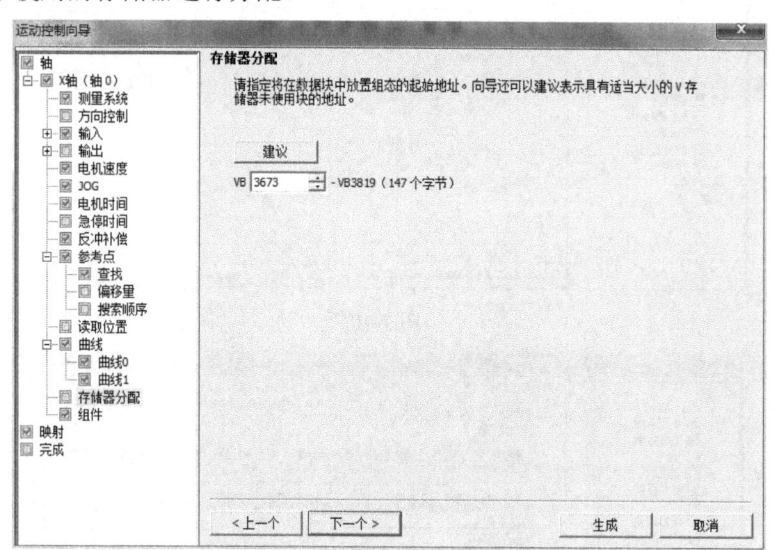

图 7-43

图 7-44 所示组件：组态好的向导会生成图 7-44 中的子程序以供编程时调用，可以选择去掉不用生成的子程序，也可生成后不调用。

图 7-45 所示映射：指示出向导组态中应用到的 I/O 点及功能，可以检测组态的错误或与其他资源的冲突。

到此向导已经组态完成，单击“生成”按钮即可完成组态，并且生成子程序。上述中部分未提到的功能为不常用功能，基本采取系统默认选项。

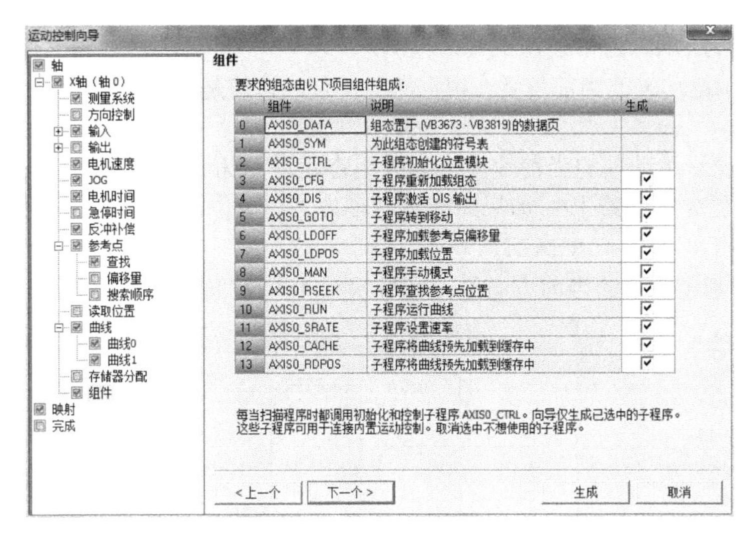

图 7-44

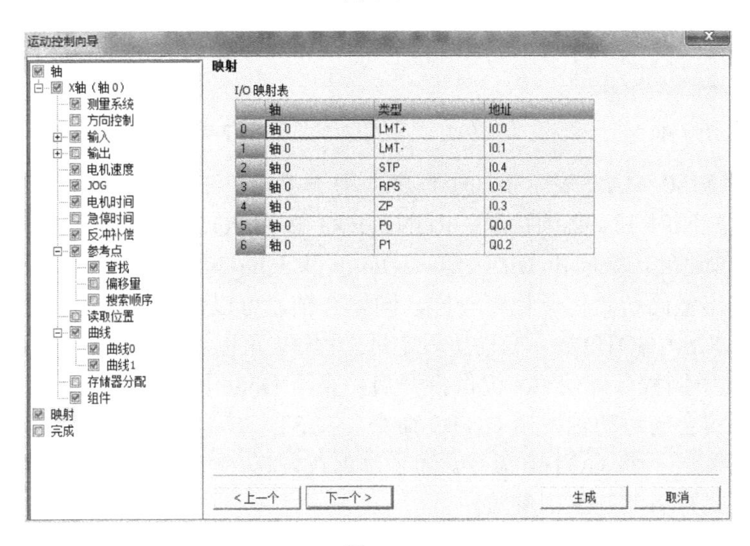

图 7-45

7.4 常用运动控制子程序的应用

完成向导组态后我们只需从左侧项目树中的“调用子例程”中找到对应的子程序调用进行编程即可，如图 7-46 所示。

图 7-47 中 AXIS0_CTRL：初始化子程序。项目中只对每条运动轴使用此子例程一次，并且确保程序会在每次扫描时调用此子例程。

EN：使能。必须用 SM0.0 一直接通，确保每次扫描时调用。

MOD_EN：必须开启才能启用其他运动控制子例程向运动轴发送命令。如果 MOD_EN 参数关闭，则运动轴会中止所有正在进行的命令，用 SM0.0 开启。

Done：完成标志位，当运动轴完成任何一个子例程时，Done 参数会开启，即发脉冲时为 OFF，停止时为 ON，通常使用上升沿检测。

C_Pos：表示运动轴的当前位置。根据测量单位，该值是脉冲数（DINT）或工程单位数（REAL）。

C_Speed：表示运动轴的当前速度。如果组态运动轴为相对脉冲，则 C_Speed 是一个 DINT 数值，单位为脉冲数/秒。如果组态运动轴为工程单位，则 C_Speed 是一个 REAL 数值，基本单位为工程数/秒（REAL）。

C_Dir ：表示电动机的当前方向位。信号状态 0＝ 正向；信号状态 1＝ 反向。

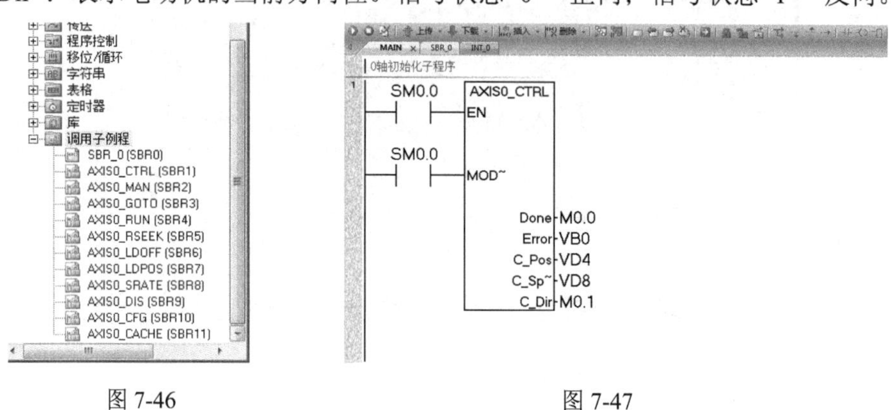

图 7-46　　图 7-47

图 7-48 中 AXIS0_MAN 表示手动子程序，用于手动控制刀具的移动。

注意：手动控制时 EN 必须接通。RUN、JOG_P 和 JOG_N 只能同时接通一个。Speed 为 RUN 运行时的速度，方向由 Dir 决定。JOG_P 和 JOG_N 的速度由组态时的点动速度决定。其余 4 个输出量同初始化子程序一样，同属 0 轴，可以使用同样的地址。

图 7-49 中 AXIS0_GOTO 表示自动单段定量子程序。可以设置为相对，也可以设置为绝对。

EN：启用此子例程，确保 EN 位保持开启，直至 Done 位指示子例程执行已经完成。

START：开启会向运动轴发出 GOTO 命令。在 START 参数开启且运动轴不繁忙时，每次扫描向运动轴发送一个 GOTO 命令。为了确保仅发送了一个 GOTO 命令，请使用边沿检测元素用脉冲方式开启 START 参数。

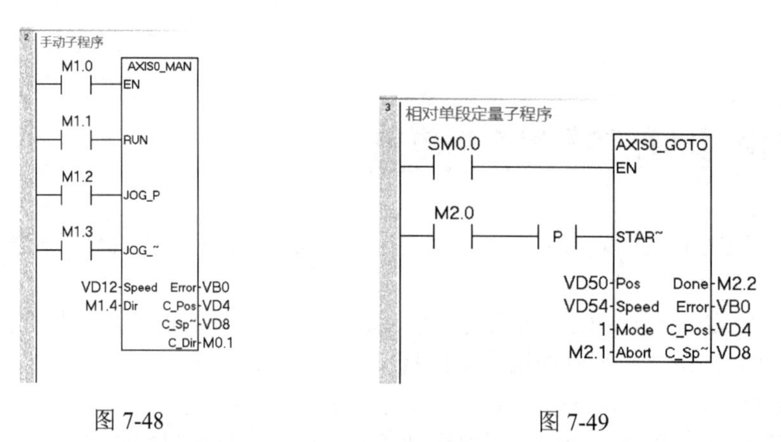

图 7-48　　图 7-49

Pos：指示要移动的位置（绝对移动）或要移动的距离（相对移动）。如果所选的测量系统为相对脉冲，则该值为脉冲数（DINT）；如果所选的测量系统为工程单位，则该值为基本单位数（REAL）。相对时设定为正数正转、负数反转，绝对时会自动识别当前位置在目标位置是正方向还是负方向，从而控制电动机的正/反转。

Speed：指定移动的最高速度。根据所选的测量单位，该值是脉冲数/秒（DINT）或工程数/秒（REAL）。

Mode：移动的类型。0 表示绝对位置，1 表示相对位置，2 表示单速连续正向旋转，3 表示单速连续反向旋转。

Abort：停止位，触发运动轴停止执行此命令并减速，直至电动机停止为止。

图 7-50 所示 AXIS0_RUN：命令运动轴按照存储在组态/曲线表的特定曲线执行运动操作。

Profile：向导组态中的曲线编号为 0～31。

C_Profile ：当前曲线字节，包含运动轴当前执行的曲线。

C_Step ：当前步字节，包含目前正在执行的曲线步。

其余功能和前面相同，不赘述。

图 7-51 所示 AXIS0_RSEEK：使用组态/曲线表中的搜索方法启动参考点搜索操作。运动轴找到参考点且运动停止后，运动轴将偏移量（RP_OFFSET）参数值载入当前位置。

EN：开启会启用此子例程。确保 EN 位保持开启，直至 Done 位指示子例程已经执行完成为止。开启 START 参数将向运动轴发出 RSEEK 命令。对于在 START 参数开启且运动轴当前不繁忙时执行的每次扫描，该子例程向运动轴发送一个 RSEEK 命令。为了确保仅发送一个命令，请使用边沿检测元素用脉冲方式开启 START 参数。

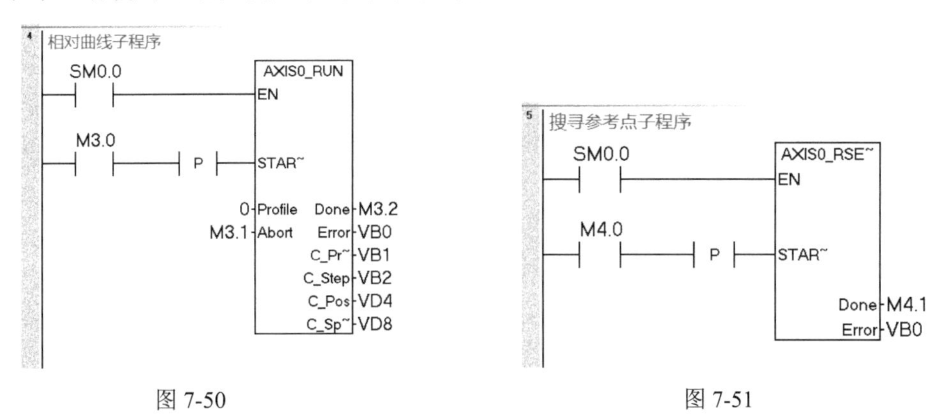

图 7-50　　　　图 7-51

注意：进行绝对运动前必须建立参考点，否则会报 22 号零位置未知错误。

除了可以通过系统组态 RPS 信号，利用 AXIS0_RSEEK 搜寻实际参考点之外，在一些特殊场合参考点经常需要变动，或者精度要求很高不方便组态实际参考点时，还可以利用 LDPOS 设定一个虚拟参考点。

图 7-52 所示 AXIS0_LDPOS：将运动轴中的当前位置值更改为新值，还可以使用本子例程为任何绝对移动命令建立一个新的零位置（虚拟参考点）。设定好参考点就可以进行绝对运动了。

New_Pos：需要更改的新位置，当用于建立虚拟参考点时，常设置为 0 或 0.0。

图 7-53 所示为绝对定量运动。相对和绝对的区别：GOTO 进行相对运动时，Pos 设定为每次运行的距离，设定值为正数时，电动机正转，设定值为负数时，电动机反转。但不管是否完成，中途停止再次启动时会再运行 Pos 距离。设定为绝对运动时，Pos 为以参考点为起始点的目标位

置，运动开始会根据当前位置与目标位置的前、后自动识别正、反转和所需要运行的距离，直至当前位置等于目标位置时停止运行为止，所以绝对运动用于定位非常方便。

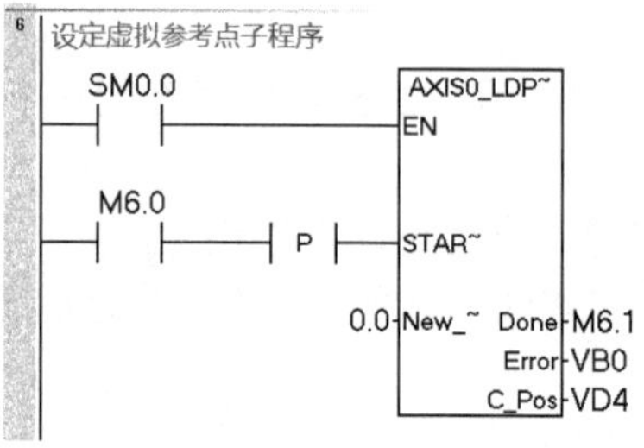

图 7-52

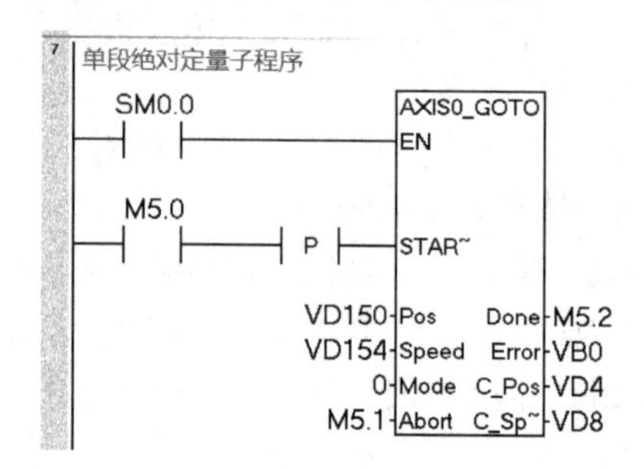

图 7-53

当断电后再次上电时运动轴会丢失当前位置，需要重新设置参考点。为了实现机械不动的情况下，断电记忆当前位置而不需要重新设定参考点，我们需要编写相应的程序，如图 7-54 所示。

对于 S7-200 SMART 而言，无论是否设置了运动轴当前位置 VD4 的断电保持，断电后都会清零当前位置。我们需要实时地将当前位置读取到 VD200 中，在每次上电前通过 AXIS0_LDPOS 将 VD200 中读取到的值设置为当前位置，从而实现断电保持当前位置功能。

注意：VD200 一定要设置为断电保持。“上电恢复当前位置”必须写在读取“实时读取当前位置”之前，否则无法实现断电保持。

向导组态完成会根据组态设定值生成向导数据块，可以通过数据块查看对应的地址，修改组态的初始值，例如，加、减速时间，曲线特性等都可以通过数据块进行修改。如图 7-55 所示。

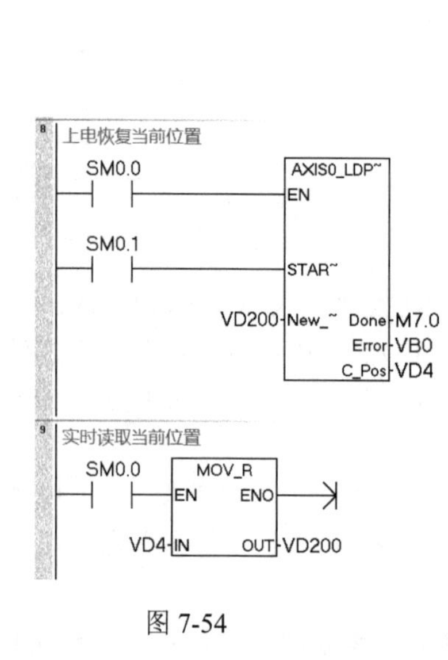

图 7-54

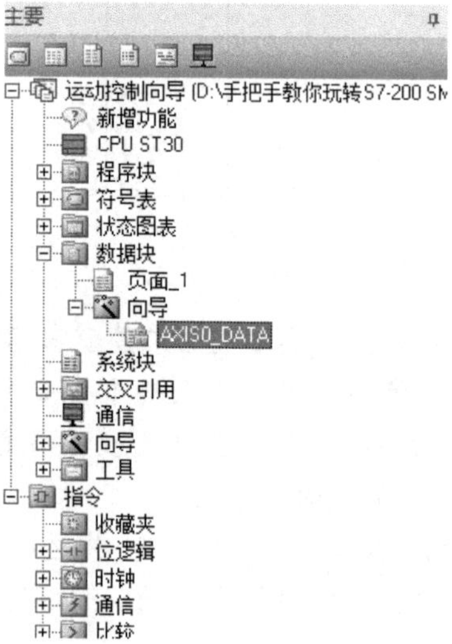

图 7-55

注意：如果重新分配存储器地址，则数据块中各参数的地址也会随之改变，所以一旦分配好存储器地址，就不要随意改动，以免造成地址错误。

如果需要修改加、减速时间，电动机点动速度，曲线参数等，只要找到数据块中对应的参数地址，将地址中的值进行修改即可。

注意：修改参数后要运行重新加载组态子例程 CFG，刷新组态数据，否则可能不生效。

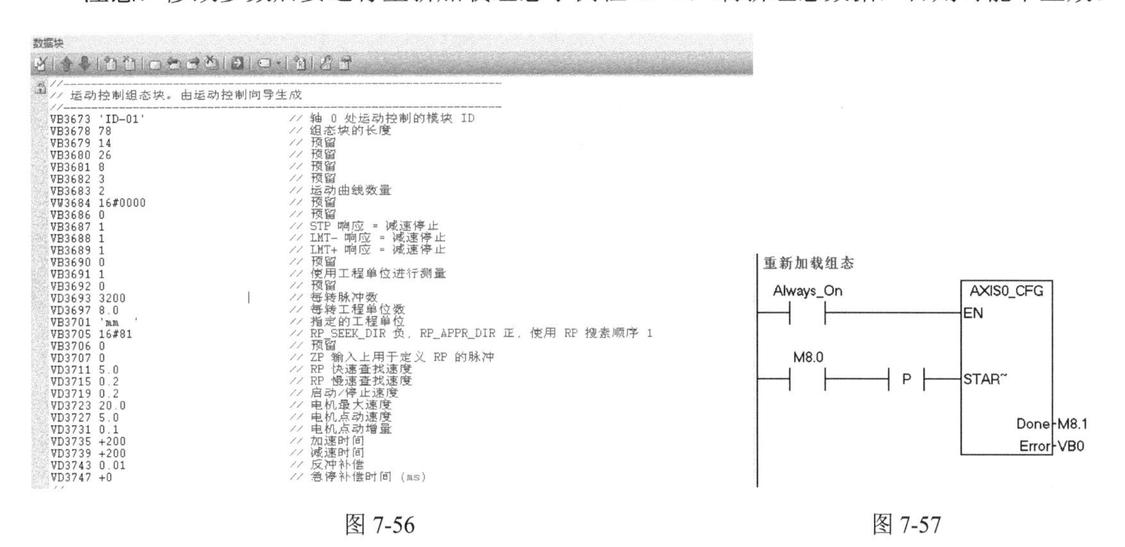

图 7-56　　　　图 7-57

以上介绍了运动控制常用子程序的使用，基本可以满足一般场合的运动控制需求，复杂的运动控制也是由一个个简单的子程序组合而成的，只是逻辑比较复杂，涉及的数据运算量比较大，需要在以后的编程实践中总结经验，学会如何组合及处理运算。

7.5 练习

1. 利用步进电动机拖动工作台前进。如图 7-58 所示。

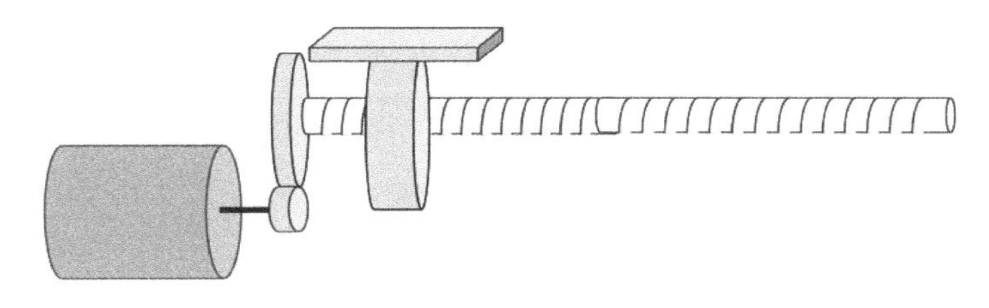

图 7-58

步进电动机的步距角为 1.8°，驱动器细分为 16 等份，电动机每转一圈，工作台前进 8mm，要求按下启动工作台前到 20mm 的位置停止 5s，然后返回至起始位置停止。要求实时显示工作台的当前位置。

完成接线图和程序编写。

2. 如图 7-59 所示，I0.0：启动；I0.1：原点信号；Q0.0 脉冲输出；Q0.2 方向端子；Q0.1

装料；Q0.3 卸料。

工艺要求：当料斗在原点位置时按下启动按钮，打开装料阀 Q0.1 对料斗装料 15s，步进电动机通过同步带传动带动料斗运动至 1 号容器处停止，打开卸料阀 Q0.3 卸料 5s，继续前进，如此将物料分别装到 1、2、3 号容器里，完成后返回至原点位置停止。步进电动机的步距角为 1.8°，细分为 16，电动机每转一圈前进 8mm，根据要求完成项目设计，编写程序。

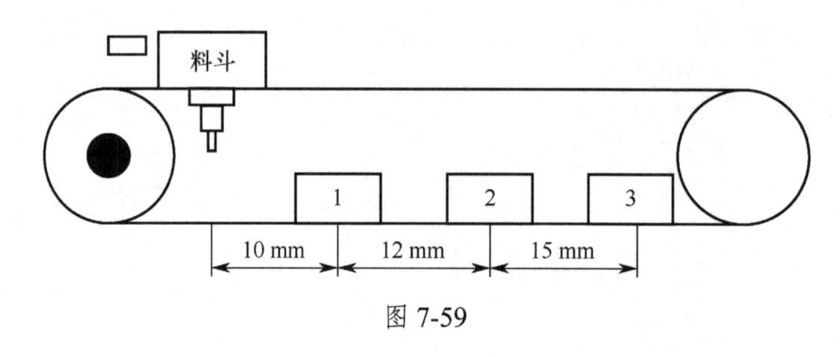

图 7-59

3. 利用步进电动机两轴配合运动画出图 7-60 所示的三角形。尺寸如图所示，以坐标原点 *A* 为起始点，顺序为 *A*→*B*→*C*。*X* 轴和 *Y* 轴丝杆导程为 5mm，步进细分为 3200。

要求：速度可以修改，中途按下急停或断电停止，再按启动接着之前的位置继续运行。自行分配点位，完成程序的编写。

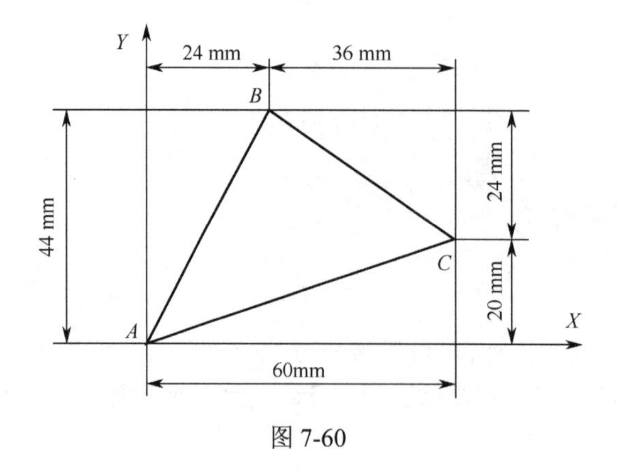

图 7-60

第 8 章

模拟量及 PID 应用

本章学习目的：了解模拟量与数字量的概念及区别。了解 SMART 提供了哪些与模拟量相关的模块，以及模块的外部接线及软件系统块中的详细设置。熟悉 PLC 中常用模拟量 0～10V 和 4～20mA 与数字量之间的转换关系。了解 PID 调节的基本工作原理。掌握 SMART 中 PID 向导的组态及如何调用向导生成的子程序进行编程。学会使用系统提供的 PID 调节面板调试 PID 参数。

8.1 S7-200 SMART 模拟量转换关系

1. 模拟量的概念

前面提到的无论是位状态的开关量还是运算处理得到的复杂数据都属于数字量，本章开始讲解模拟量。

数字量：在时间和数量上都是离散的物理量称为数字量，用 D 表示。把表示数字量的信号叫数字信号。把工作在数字信号下的电子电路叫数字电路。

例如：输入 I 有输入时加给电子电路的信号为 1，而平时没有输入时加给电子电路的信号为 0。

模拟量：在时间或数值上都是连续的物理量称为模拟量，用 A 表示。把表示模拟量的信号叫模拟信号。把工作在模拟信号下的电子电路叫模拟电路。

例如：热电偶在工作时输出的电压信号属于模拟信号，因为在任何情况下被测温度都不可能发生突跳，所以测得的电压信号无论在时间上还是在数量上都是连续的，并且这个电压信号在连续变化过程中的任何一次取值都是具体的物理意义，即表示一个相应的温度。

CPU 无法直接处理模拟信号，必须借助模拟量输入模块将输入的模拟量转换成数字量再进行运算处理。运算结果又要通过模拟量输出模块将运算的数字量转换成模拟量去控制外部设备。下面介绍一下 SMART 提供了哪些可供选择的模块，以及如何使用这些模块。

2. S7-200 SMART 的模拟量模块

表 8-1 所示带 New 字样的为 V2.1 版本以后新出的型号。

表 8-1

型　号	输入/输出类型	订 货 号
EMAE04	模拟量输入模块，4 输入	6ES7 288-3AE04-0AA0

续表

型　　号	输入/输出类型	订　货　号
EMAE08 New	模拟量输入模块，8 输入	6ES7 288-3AE08-0AA0
EMAQ02	模拟量输出模块，2 输出	6ES7 288-3AQ02-0AA0
EMAQ04 New	模拟量输出模块，4 输出	6ES7 288-3AQ04-0AA0
EMAM06	模拟量输入/输出模块，4 输入/2 输出	6ES7 288-3AM06-0AA0
EMAM03 New	模拟量输入/输出模块，2 输入/1 输出	6ES7 288-3AM03-0AA0
EMAR02	热电阻输入模块，2 通道	6ES7 288-3AR02-0AA0
EMAR04 New	热电阻输入模块，4 输入	6ES7 288-3AR04-0AA0
EMAT04	热电偶输入模块，4 输入	6ES7 288-3AT04-0AA0
SBAQ01	模拟量扩展信号板，1×12 位模拟量输出	6ES7 288-5AQ01-0AA0
SBAE01 New	模拟量扩展信号板，1×12 位模拟量输入	6ES7 288-5AE01-0AA0

模拟量输入传感器应用较多的是 0～10V 电压型和 4～20mA 电流型，两组类型的传感器与模块连接如图 8-1 所示。

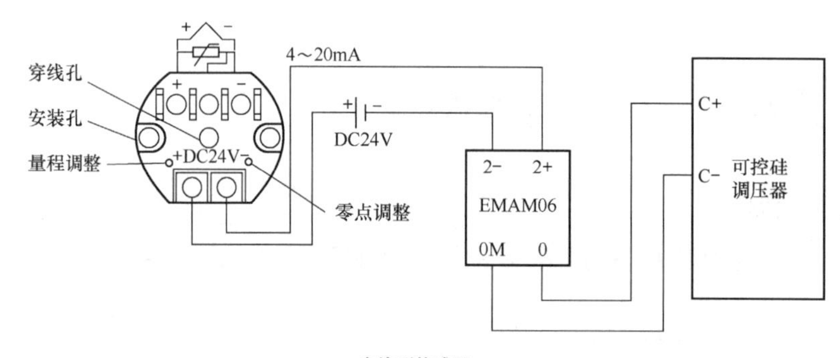

电流型传感器

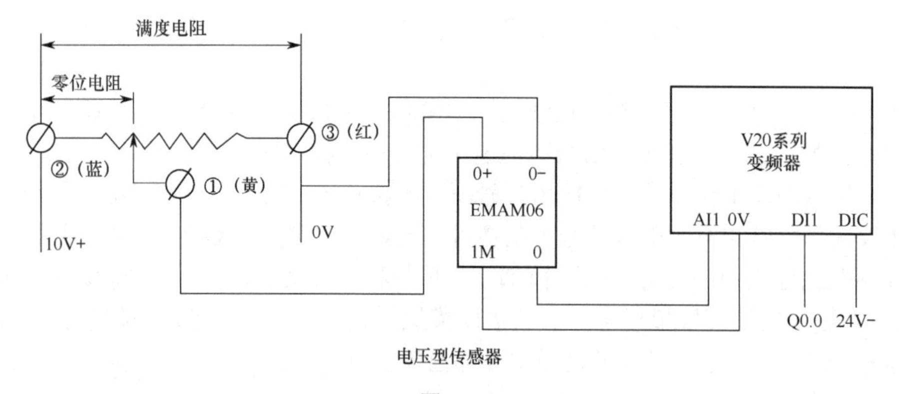

电压型传感器

图 8-1

模块安装好之后必须要正确地进行组态，必须保证模块的组态顺序与实际安装顺序一致，否则分配的地址会出现错误；模块的输入/输出类型也要进行正确设置，如图 8-2 所示。

3. S7-200 SMART 模拟量与数字量之间的转换关系

模拟量扩展模块的功能是实现模拟量与数字量之间的转换，下面以 EMAM06 为例来了解一下模拟量模块的转换关系，传感器为 0～10V 的转换关系如图 8-3 所示。

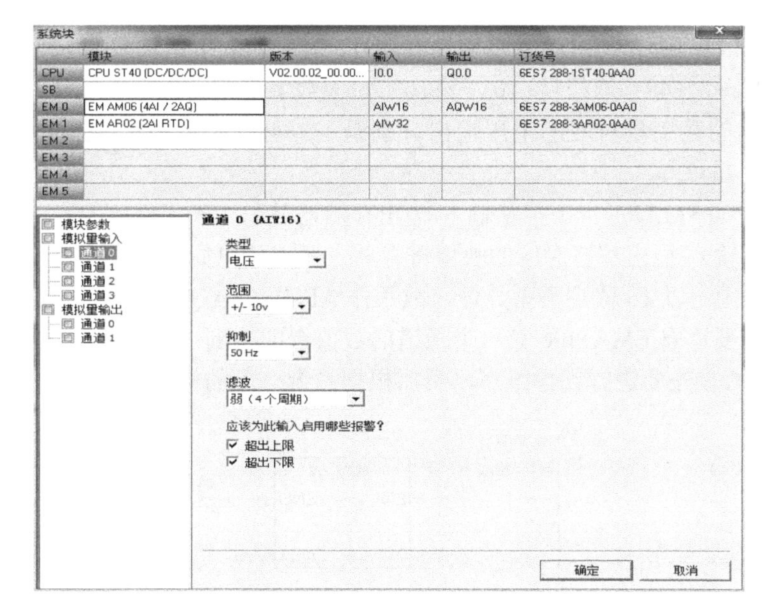

图 8-2

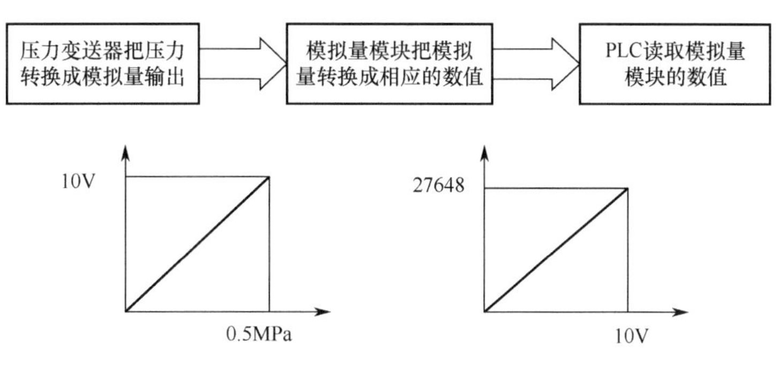

图 8-3

由上面的转换关系可知，PLC 通过读取模拟量的数值可以得到当前管道内的压力值，如读取到的数值为 15000，运算得出当前压力 P=15000/27648×0.5≈0.27MPa。

如读取的数值为 15000，通过（15000−5530）/P=（27648−5530）/0.5，得出当前压力 P=0.5×9470/22118≈0.214。

电压型输入支持双极性转换关系，如图 8-5 所示。

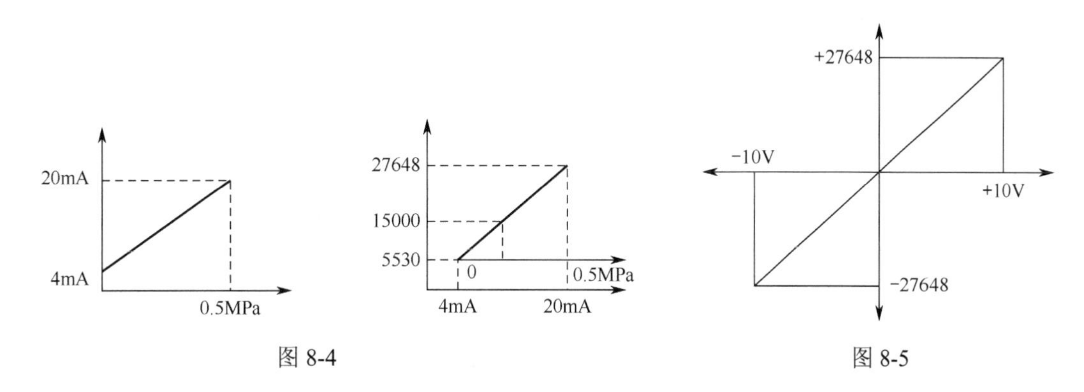

图 8-4　　　　图 8-5

由图 8-5 可以看到，模拟量输入单极性 0～10V 对应的数字量输出为 0～27648，或者 4～20mA 对应 5530～27648；双极性−10V～+10V 对应数字量输出为−27648～+27648。

模拟量输出的数字量对应的电压输出分别是−27648～+27648 对应−10V～+10V。0～20mA 对应 0～27648。

那么在 S7-200 SMART 中模拟量输入/输出存储器是怎么表示的呢？

我们知道，输入/输出都有对应的映像寄存器，模拟量也如此，输入表示为“AI”，输出表示为“AQ”，固定以 16 位字类型寻址，故写作 AIW16、AQW16 等。

例如，我们要读取 EMAM06 第一个通道的数值，即接到“0+，0−”这一组上的数值，存储到 VW0 里。首先要进行硬件组态，然后根据系统分配的地址编写程序并读取。

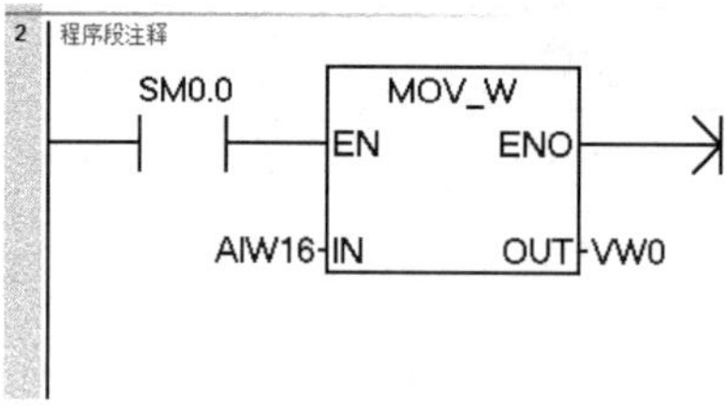

图 8-6

同样，如果我们要将 CPU 的运算结果转换成模拟量输出控制变频器频率，则需要用到模拟量输出模块，那么模块如何将数字量转换成模拟量呢？我们也只需要根据组态分配的输出地址，将运算得到的数值赋到对应的模拟量输出地址即可，如图 8-7 所示。

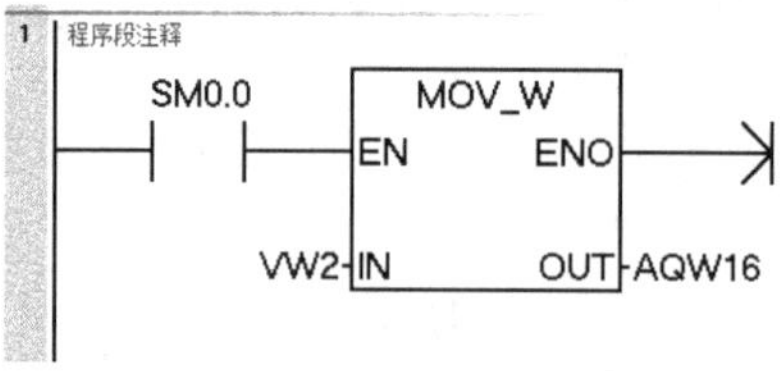

图 8-7

由此可见，我们要读取哪路模拟量输入的数值及控制哪路模拟量输出，只需要访问对应的映像寄存器，因此根据模块的排列顺序正确进行组态分配映像寄存器至关重要。

8.2 PID 控制简介

1. 何为 PID

在过程控制中，按偏差的比例（P）、积分（I）和微分（D）进行控制的 PID 控制器（也称为 PID 调节器）是应用最广泛的一种自动控制器。它具有原理简单，易于实现，适用面广，控制参数相互独立，参数的选定比较简单等优点；在理论上已经可以证明，对于过程控制的典型对象——“一阶滞后＋纯滞后”与“二阶滞后＋纯滞后”的控制对象，PID 控制器是一种最优控制。PID 调节规律是连续系统动态品质校正的一种有效方法，它的参数整定方式简便，结构改变灵活（PI，PD，…）。

PID 是比例、积分、微分的缩写，将偏差的比例、积分和微分通过线性组合构成控制量，用这一控制量对被控对象进行控制，这样的控制器称为 PID 控制器。PID 算法控制原理如图 8-8 所示。

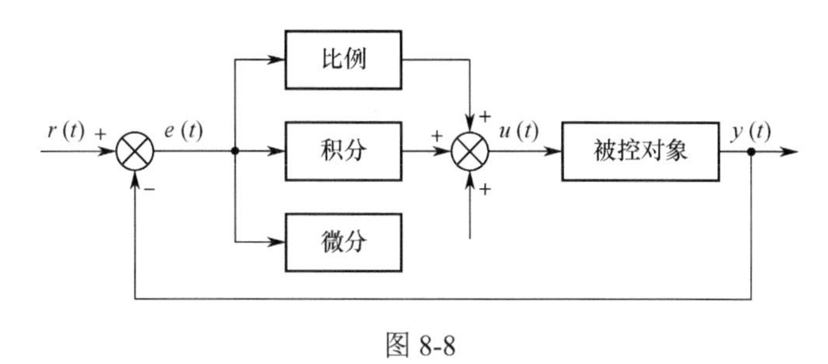

图 8-8

PID 调节器之所以经久不衰，主要有以下优点。

（1）技术成熟。

（2）易被人们熟悉和掌握。

（3）不需要建立数学模型。

（4）控制效果好。

2. PID 控制过程

（1）比例调节器的微分方程为 $y=K_{\mathrm{P}}e(t)$。

式中，y 为调节器输出；K_{P} 为比例系数；$e(t)$ 为调节器输入偏差。

由上式可以看出，调节器的输出与输入偏差成正比。因此，只要偏差出现，就能及时产生与之成比例的调节作用，具有调节及时的特点。比例调节器的特性曲线如图 8-9 所示。

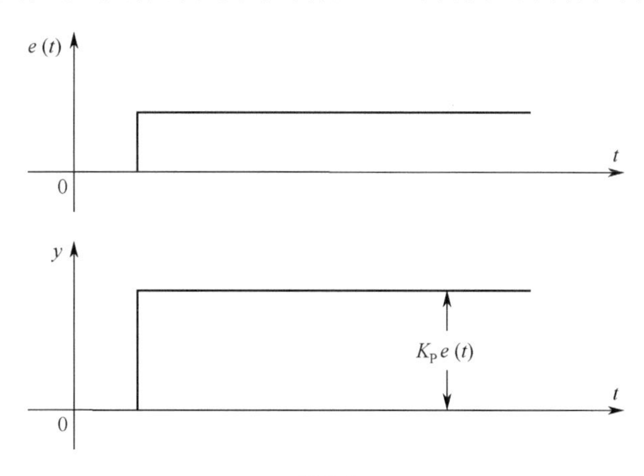

图 8-9

（2）积分作用：指调节器的输出与输入偏差的积分成比例的作用。积分方程为：

$$y=\frac{1}{T_{\mathrm{I}}}\int e(t)\mathrm{d}t$$

式中，T_{I} 是积分时间常数，表示积分速度的大小，T_{I} 越大，积分速度越慢，积分作用越弱。

积分作用的响应特性曲线如图 8-10 所示。

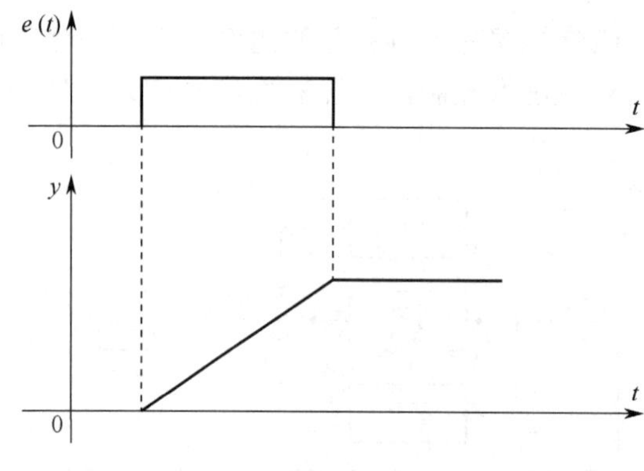

图 8-10

若将比例和积分两种作用结合起来，就构成 PI 调节器，调节规律为：

$$y = K_{\mathrm{P}}\left[e(t)+\frac{1}{T_{\mathrm{I}}}\int e(t)\mathrm{d}t\right]$$

PI 调节器的输出特性曲线如图 8-11 所示。

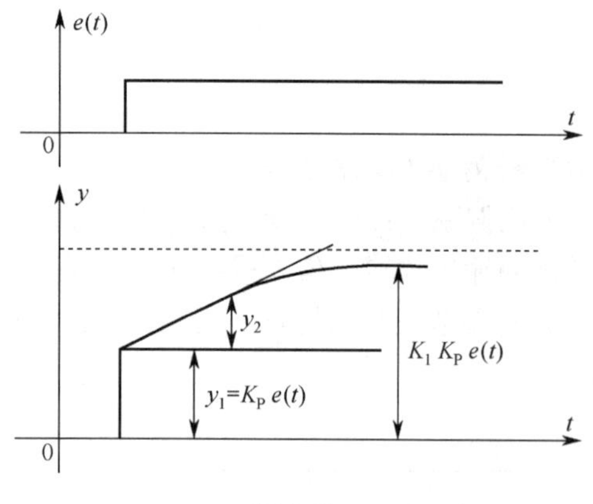

图 8-11

微分调节器的微分方程为：

$$y = T_{\mathrm{D}}\frac{\mathrm{d}e(t)}{\mathrm{d}t}$$

微分作用的响应特性曲线如图 8-12 所示。

PD 调节器的阶跃响应曲线如图 8-13 所示。

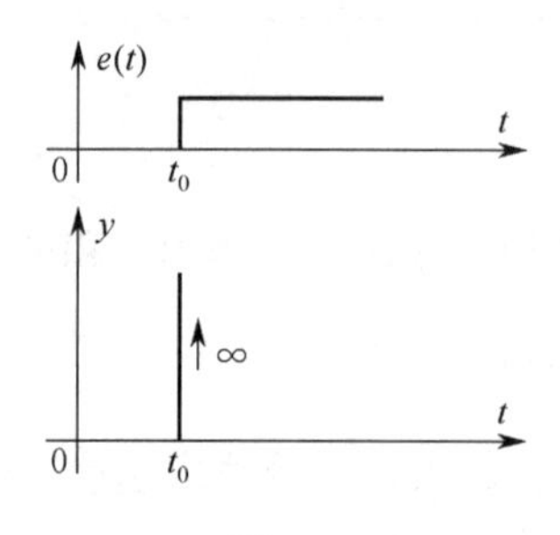

图 8-12

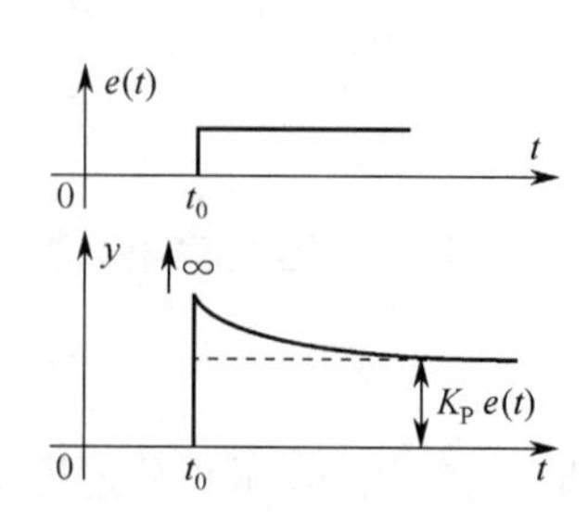

图 8-13

为了进一步改善调节品质，往往把比例、积分、微分三种作用组合起来，形成 PID 调节器。理想的 PID 微分方程为：

$$u(t)=K_{\mathrm{P}}\left[e(t)+\frac{1}{T_{\mathrm{I}}}\int_{0}^{t}e(t)\mathrm{d}t+T_{\mathrm{D}}\frac{\mathrm{d}e(t)}{\mathrm{d}t}\right]+u_{\mathrm{o}}$$

式中　$u(t)$——调节器的输出信号。

$e(t)$——调节器的偏差信号，等于给定值与测量值之差。

K_{P}——比例系数。

T_{I}——积分时间。

T_{D}——微分时间。

u_{o}——控制常量。

PID 调节器的输出特性曲线如图 8-14 所示。

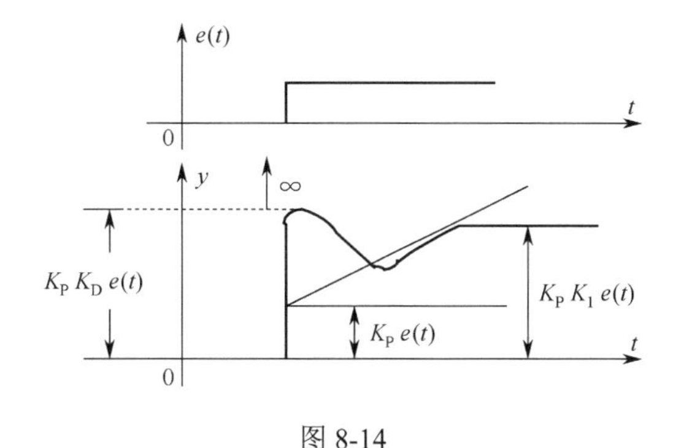

图 8-14

比例环节的作用是对偏差瞬间做出快速反应。偏差一旦产生，控制器立即产生控制作用，使控制量向减小偏差的方向变化。控制作用的强弱取决于比例系数 K_{P}，K_{P} 越大，控制作用越强，但过大的 K_{P} 会导致系统振荡，破坏系统的稳定性。

积分环节的作用是把偏差的积累作为输出。在控制过程中，只要有偏差存在，积分环节的输出就会不断增大，直到偏差 $e(t)=0$，输出的 $u(t)$ 才可能维持某一常量，使系统在给定值 $r(t)$ 不变的条件下趋于稳态。积分环节的调节作用虽然会消除静态误差，但也会降低系统的响应速度，增加系统的超调量。积分常数 T_{I} 越大，积分的积累作用越弱。增大积分常数 T_{I} 会减慢静态误差的消除过程，但可以减小超调量，提高系统的稳定性，所以必须根据实际控制的具体要求来确定 T_{I}。

微分环节的作用是阻止偏差变化。它根据偏差的变化趋势（变化速度）进行控制，偏差变化得越快，微分控制器的输出越大，并且能在偏差值变大之前进行修正。微分作用的引入将有助于减小超调量，克服振荡，使系统趋于稳定，但微分的作用对输入信号的噪声很敏感，对那些噪声大的系统一般不用微分，或者在微分起作用之前先对输入信号进行滤波。适当地选择微分常数 T_{D}，可以使微分作用达到最优。

P、*I*、*D* 三个参数要综合考虑，一般先将 *I*、*D* 设为 0，调好 *P*，达到基本的响应速度和误差后，再加上 *I*，使误差为 0，这时再加入 *D*，三个参数要反复调试，最终达到较好的效果。不同的控制对象，调试的难度相差很大！

在对 PID 参数进行整定时，如果能够用理论的方法确定当然是最理想的，但是在实际应用中，更多的是通过凑试法来确定。

增大比例系数 P，一般会加快系统的响应，在有静差的情况下有利于减小静差，但是过大的比例系数会使系统有比较大的超调，并且产生振荡，使稳定性变差。

增大积分时间 I，有利于减小超调，减弱振荡，使系统的稳定性增加，但是系统静差消除时间变长。

微分即误差的变化率，具有预见性，能预见偏差变化的趋势，因此能产生超前的控制作用，在偏差还没有形成之前，已被微分调节作用消除。因此，可以改善系统的动态性能。在微分时间选择合适的情况下，可以减小超调，减少调节时间。

增大微分时间 D，有利于加快系统的响应速度，使系统超调量减小，稳定性增加，微分作用对噪声干扰有放大作用，因此过强的微分调节，对系统抗干扰不利。

在长期的调试过程中总结出以下 PID 调试口诀：

参数整定找最佳，从小到大顺序查。先是比例后积分，最后再把微分加。

曲线振荡很频繁，比例度盘要放大。曲线漂浮绕大弯，比例度盘往小扳。

曲线偏离回复慢，积分时间往下降。曲线波动周期长，积分时间再加长。

曲线振荡频率快，先把微分降下来。动差大来波动慢，微分时间应加长。

理想曲线两个波，前高后低 4 比 1。一看二调多分析，调节质量不会低。

曲线振荡很频繁，比例度盘要放大：说明当前输出的调节量小，系统输出存在稳态误差，需要加大比例系数，从而成比例地响应输入的变化量。

曲线漂浮绕大弯，比例度盘往小扳：说明调节过冲，比例的作用是过程迅速响应输入的变化，如果 P 过大，很容易产生比较大的超调，必须适当减小比例系数。

曲线偏离回复慢，积分时间往下降：积分是为了消除稳态误差，随着积分时间的增加，积分项会增大，即使积分项很小，也会随着积分时间的增加而加大，它推动控制器的输出增大，使稳态误差进一步减小。如果控制输出回复慢，则说明稳态误差比较小，需要适当减少积分时间。

曲线波动周期长，积分时间再加长：积分控制是对输入量对时间的积累，如果曲线波动周期长，则说明系统存在较大的稳态误差，需要适当增加积分时间，进一步减小稳态误差。

曲线振荡频率快，先把微分降下来：由于微分控制的输出与输入信号的变化率成比例，所以虽然它可以作为超前控制，但如果微分时间太长，则容易产生控制量的严重超调，即加速曲线振荡。

动差大来波动慢，微分时间应加长：积分控制可以减小稳态误差，而微分控制可以减小动态误差，所以如果动态误差大，则必须提供微分时间，加快系统的过渡过程。

理想曲线两个波，前高后低 4 比 1：具体说明如何设定 P、I、D 之间的时间值。

下面以 PID 调节器为例，具体说明经验法的整定步骤：

（1）让调节器参数积分系数 I=0，实际微分系数 D=0，控制系统投入闭环运行，由小到大改变比例系数 P，让扰动信号阶跃变化，观察控制过程，直到获得满意的控制过程为止。

（2）取比例系数 P 为当前值乘以 0.83，由小到大增加积分系数 I，同样让扰动信号阶跃变化，直至求得满意的控制过程为止。

（3）积分系数 I 保持不变，改变比例系数 P，观察控制过程有无改善，如有改善则继续调整，直到满意为止。否则，将原比例系数 P 增大一些，再调整积分系数 I，力求改善控制过程。如此反复试凑，直到找到满意的比例系数 P 和积分系数 I 为止。

（4）引入适当的实际微分系数 D，此时可适当增大比例系数 P 和积分系数 I。和前述步骤相同，微分时间的整定也需要反复调整，直到控制过程令人满意为止。

PID 参数是根据控制对象的惯量来确定的。大惯量如大烘房的温度控制，一般 P 可在 10 以上，I=3−10，D=1。小惯量如一个小电动机带一水泵进行压力闭环控制，一般只用 PI 控制，P=1−10，I=0.1−1，D=0。这些要在现场调试时根据实际情况进行修正。

8.3　PID 向导组态

S7-200 SMART 提供了 PID 向导功能，将复杂的 PID 运算变得简单化，我们只需对向导进行组态，系统会自动生成 PID 子程序供编程调用，如图 8-15～图 8-21 所示。

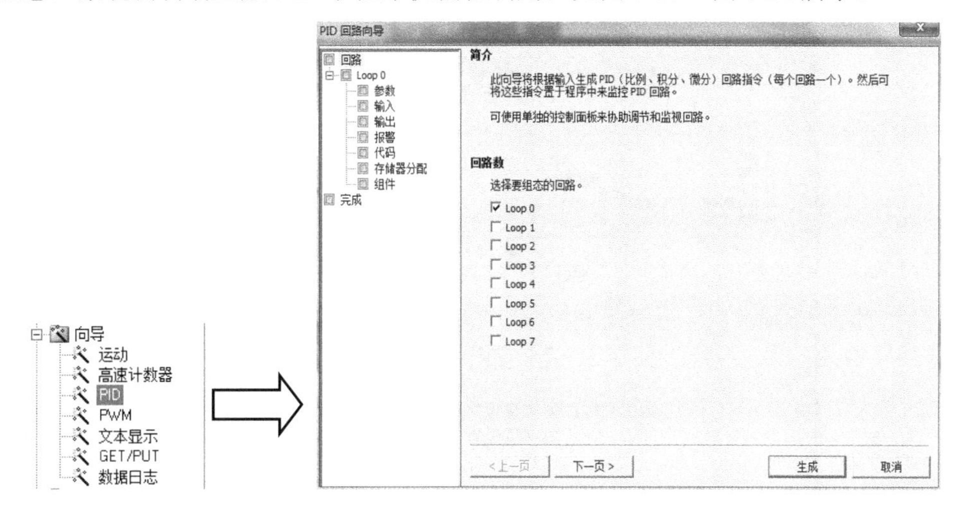

图 8-15

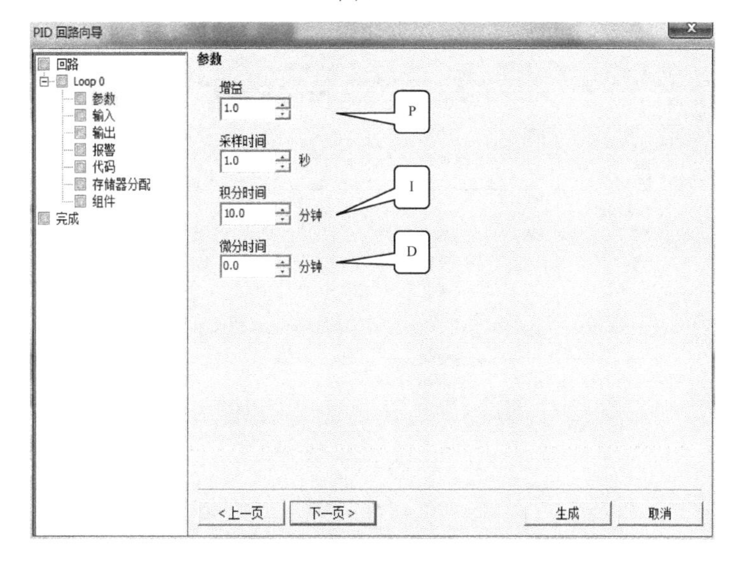

图 8-16

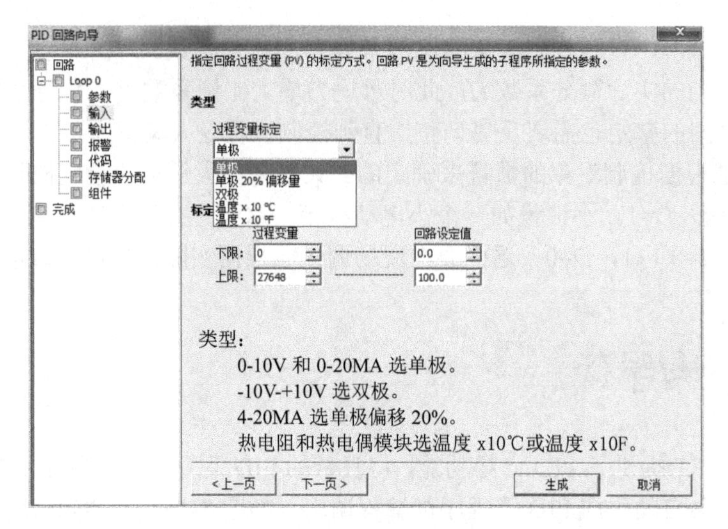

图 8-17

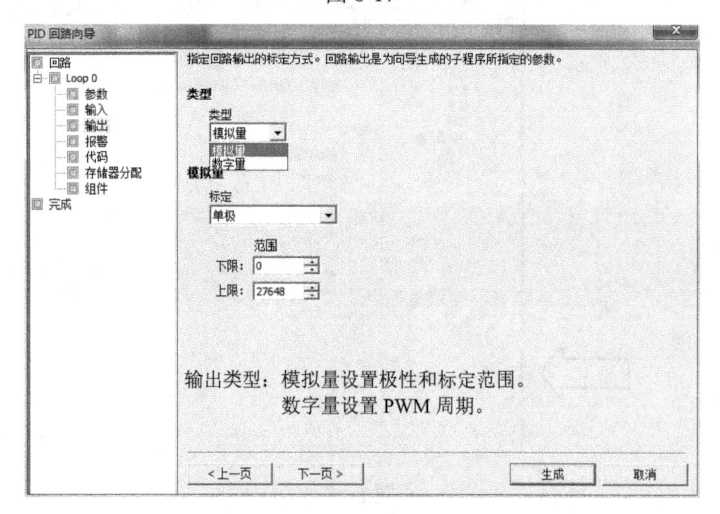

图 8-18

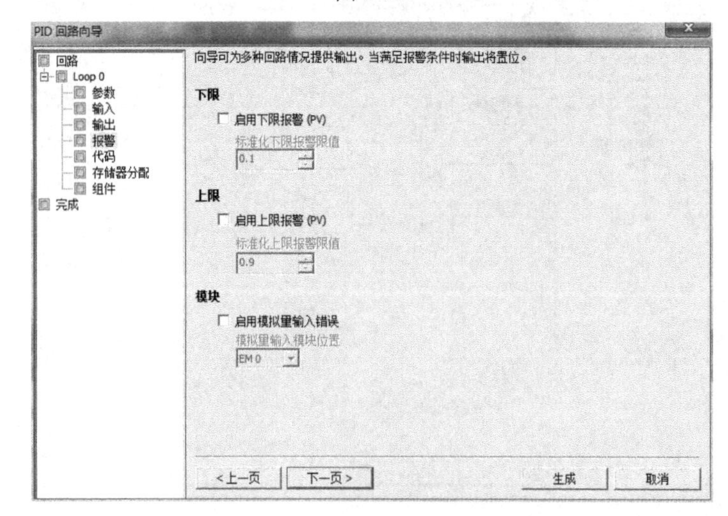

图 8-19

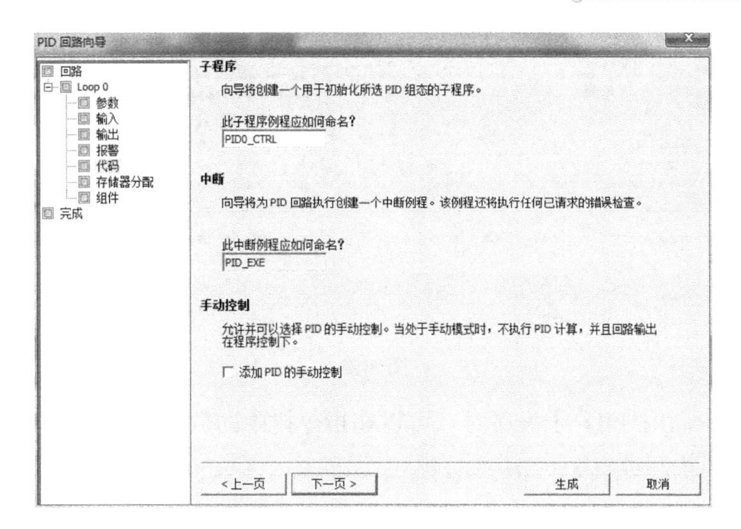

图 8-20

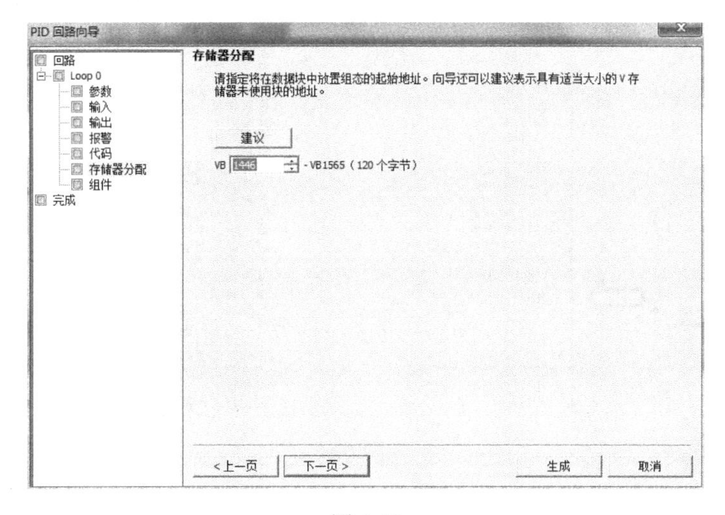

图 8-21

单击“生成”按钮，完成向导组态，然后会产生一个子程序，我们只需要调用这个子程序并填写相应的参数即可，如图 8-22 所示。

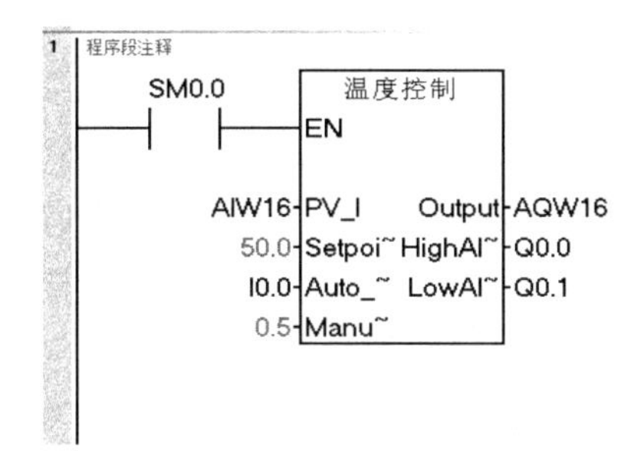

图 8-22

在局部变量表中可以看到有关参数的解释和取值范围，如图 8-23 所示。

变量表

	地址	符号	变量类型	数据类型	注释
1		EN	IN	BOOL	
2	LW0	PV_I	IN	INT	过程变量输入：范围 0 到 27648
3	LD2	Setpoint_R	IN	REAL	设定值输入：范围 0.0 到 100.0
4	L6.0	Auto_Manual	IN	BOOL	自动或手动模式（0＝手动模式，1＝自动模式）
5	LD7	ManualOutput	IN	REAL	手动模式下所需的回路输出：范围 0.0 到 1.0
6			IN		
7			IN_OUT		
8	LW11	Output	OUT	INT	PID 输出：范围 0 到 27648
9			OUT		
10	LD13	Tmp_DI	TEMP	DWORD	
11	LD17	Tmp_R	TEMP	REAL	
12			TEMP		

图 8-23

在用户程序中调用 PID 子程序时，可以在指令树中的数据块里用鼠标双击向导生成的 PID 数据块，如图 8-24 所示。

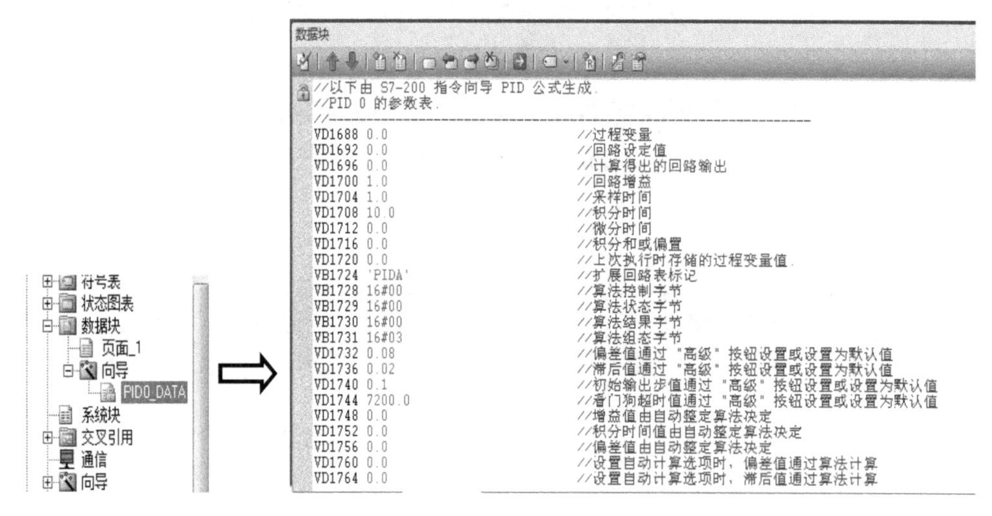

图 8-24

8.4 PID 面板的使用与自整定

S7-200 SMART 不仅提供了方便编写 PID 程序的 PID 向导，还提供了方便调试的 PID 控制面板。编写好程序之后，下载到 CPU，单击菜单中的“工具”→“PID 控制面板”，即可打开面板（面板只能在线调试，必须保证编程软件与 CPU 通信正常才能打开面板）。

PID 控制面板不仅可以根据实时监测到的当前值和输出值进行手动 PID 参数调节，还提供了参数自整定功能，但是自整定并非任何状态下都能保证整定成功，为了更好地应用自整定功能，我们来了解一下 PID 自整定的原理和条件。

定义：仪表在初次使用前，通过自整定确定系统的最佳 *P*、*I*、*D* 参数，实现理想的调节控制；S7-200 SMART 支持 PID 自整定功能，也添加了 PID 调节控制面板。

条件：① PID 处于自动模式。② 过程变量已经达到设定值的控制范围中心附近，并且输出不会发生不规律的变化。

原理：启用自整定之后，将适当调节输出阶跃值，经过 12 次零相交事件（过程变量超出滞后）后结束自整定状态。根据自整定过程期间采集到的过程频率和增益的相关信息，能够计算出最终增益和频率值。

控制面板如图 8-25 所示。

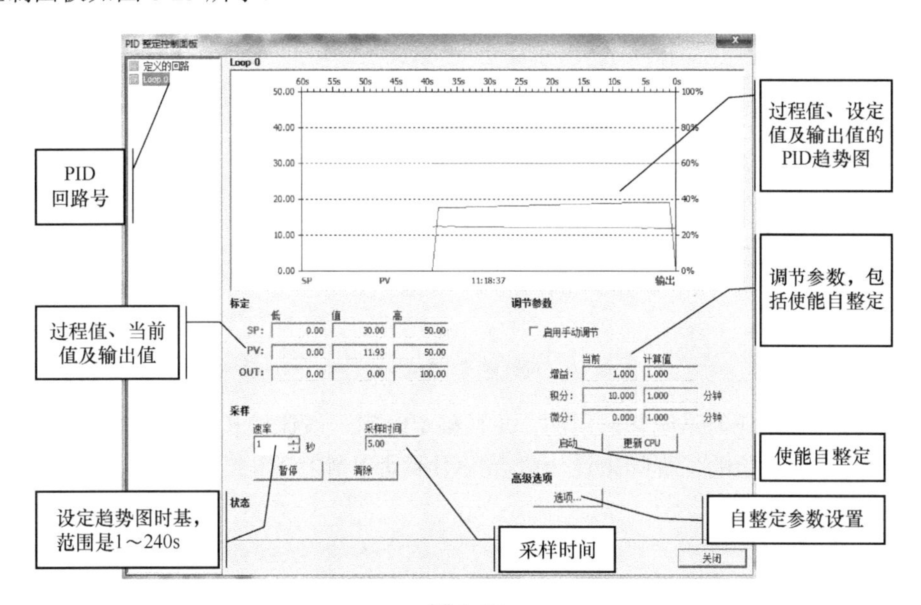

图 8-25

单击“选项”按钮可以打开自整定参数设置界面，如图 8-26 所示。

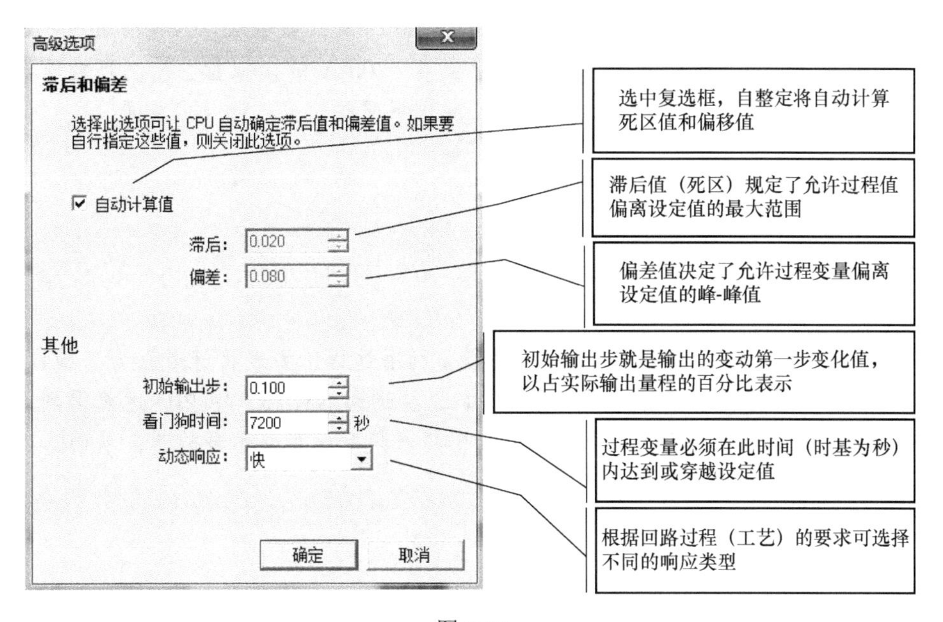

图 8-26

自整定过程如图 8-27 所示。

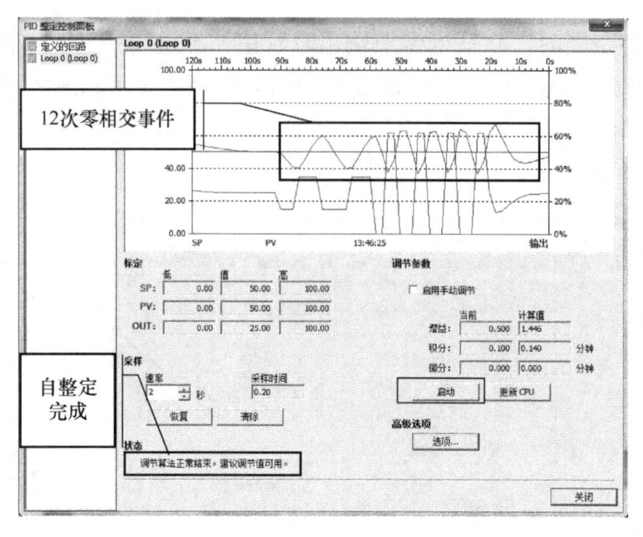

图 8-27

自整定功能不是任何系统都适用的，并且整定时间一般比较长，自整定只能作为辅助调试的工具，对于有经验的工程师来说一般会采用手动调节。

8.5 练习

1. 利用 PID 设计一个水加热恒温控制系统。利用热电阻 PT100+变送器将温度变送成 4～20mA 的模拟量信号输送给模拟量模块 EMAM06 的模拟量输入口，再通过 SMART 进行 PID 运算，所得到的结果通过模拟量输出口输出 4～20mA 的模拟量去控制可控硅进行调压控制加热管，试用组态向导进行编程并调试，要求温度稳定在 35±1℃之间。

2. 利用 PID 设计一个自来水恒压供水系统。利用远程压力表将管道压力变换成 0～10V 的模拟量信号输送给 EMAM06 的模拟量输入口，再通过 SMART 中 PID 运算得到输出量，通过模拟量输出口输出 0～10V 的模拟量控制变频器频率，改变水泵转速，从而达到恒压的目的。试组态向导编写程序完成调试。

第 9 章

S7-200 SMART 的通信功能

本章学习目的：通过本章的学习了解常用的几种通信接口及发送数据的形式。了解 SMART 提供了哪些通信口及支持的通信协议，重点了解 Modbus 通信协议的数据格式及注意事项。掌握 Modbus 通信程序的编写，能实现 SMART 之间的 Modbus 通信及与其他支持 Modbus 协议的 PLC 或仪表进行通信。掌握以太网通信 GET/PUT 向导的应用和 USS 协议通信的程序编写。

9.1 通信功能概述

9.1.1 串行通信

1. 并行通信与串行通信

并行通信以字节或字为单位传输数据，已很少使用。串行通信每次只传送二进制数的一位。最少需要两根线就可以组成通信网络。

2. 异步通信与同步通信

接收方和发送方的传输速率的微小差异产生的累积误差，可能使发送和接收的数据错位。异步通信采用字符同步方式（见图 9-1），通信双方需要对采用的信息格式和数据的传输速率进行相同约定。接收方将停止位和起始位之间的下降沿作为接收的起始点，在每一位的终点接收信息。奇偶校验用硬件保证发送方发送的每一个字符的数据位和奇偶校验位中“1”的个数为偶数或奇数。接收方用硬件对接收到的每一个字符的奇偶性进行校验，如果奇偶校验出错，则 SM3.0 为 ON。可以设置为无奇偶校验，但是会影响通信的稳定性。

同步通信的发送方和接收方使用同一个时钟脉冲。接收方可以通过调制解调方式得到与发送方同步的接收时钟信号。

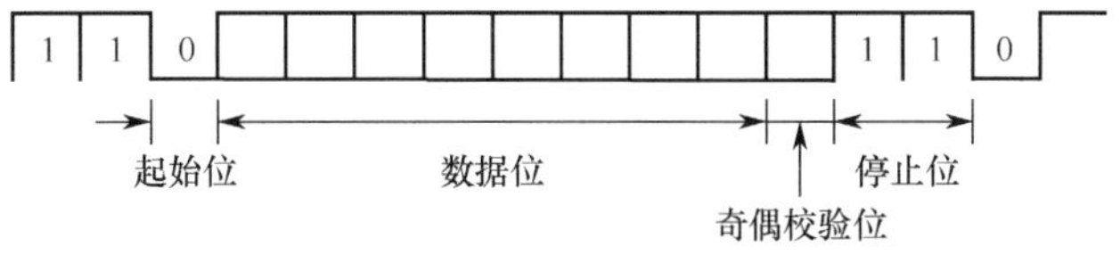

异步通信的字符信息格式

图 9-1

3. 单工通信与双工通信

单工通信只能沿单一方向传输数据，双工通信的每一个站既可以发送数据也可以接收数据。全双工方式通信的双方都能在同一时刻接收和发送数据，半双工方式通信的双方在同一时刻只能发送数据或接收数据，如图 9-2 所示。

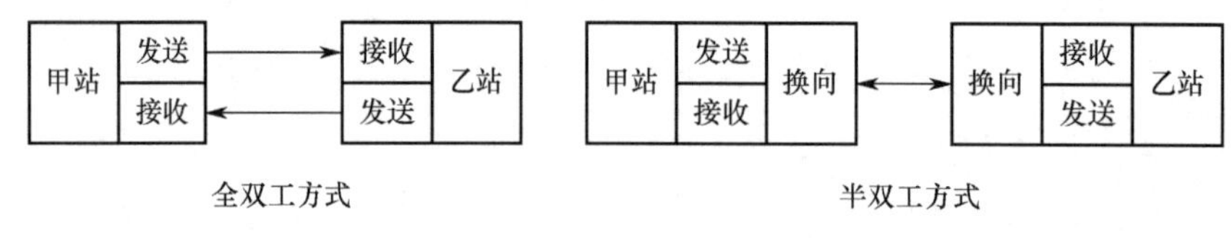

图 9-2

4. 传输速率

传输速率的单位为 b/s 或 bps。

9.1.2 串行通信的端口标准

1. RS-232C

RS-232C 的最长通信距离为 15m，最高传输速率为 20Kb/s，只能进行一对一通信。RS-232C 使用单端驱动单端接收电路，容易受到公共地线上电位差和外部引入干扰信号的影响。如图 9-3 所示。

2. RS-422A

RS-422A 采用平衡驱动差分接收电路，因为接收器是差分输入，所以两根线上的共模干扰信号互相抵消。最高传输速率为 10Mb/s 时的最远通信距离为 12m。最高传输速率为 100Kb/s 时的最远通信距离为 1200m。一台驱动器可以连接 10 台接收器。如图 9-3 所示。

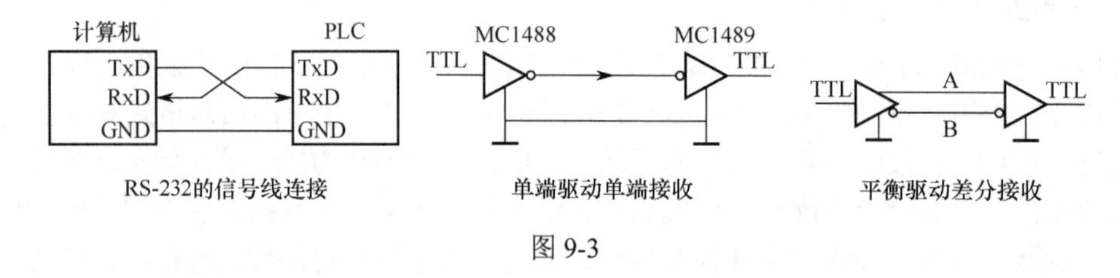

图 9-3

3. RS-485

RS-422A 是全双工，用 4 根导线传送数据。RS-485 是 RS-422A 的变形，为半双工，使用双绞线可以组成串行通信网络，构成分布式系统。如图 9-4 所示。

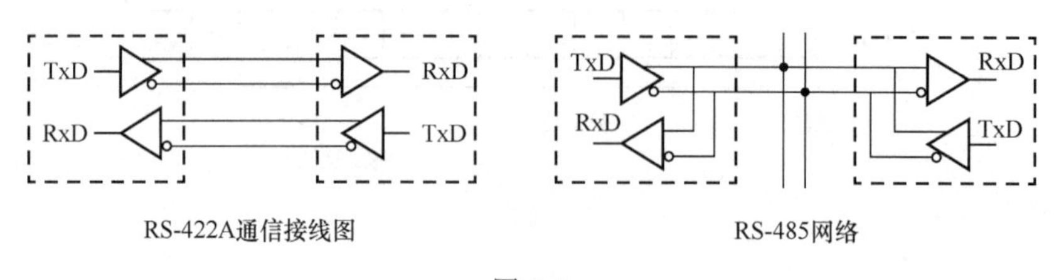

图 9-4

9.2 S7-200 SMART 通信端口及连接资源

1. S7-200 SMART 串口通信简介（见表 9-1）

表 9-1

	CPU 本体集成的通信端口	通信信号板（SB CM01）的扩展端口	
通信端口的类型	RS-485	RS-485	RS-232
支持的通信协议	PPI/自由端口/Modbus/USS		
波特率	PPI（9600b/s，19200b/s，187500b/s） 自由端口（1200b/s，115200b/s）		
连接的资源	每个通信端口可连接 4 个 HMI 设备		

注意：

（1）PPI 模式只支持 S7-200 SMART CPU 与 HMI 设备之间的通信。

（2）通信信号板的工作模式（RS-485/RS-232）是由用户决定的，可以在 Micro/WIN SMART 中通过系统块设置。

2. 通信端口的定义

（1）S7-200 SMART CPU 本体集成 RS-485 端口（端口 0），如图 9-5 所示。

CPU插座（9针母头）	引脚号	信号	Port0（端口0）引脚定义
9　5 6　1	1	屏蔽	机壳接地
	2	24V返回	逻辑地（24V公共端）
	3	RS-485信号B	RS-485信号 B
	4	发送请求	RTS（TTL）
	5	5V返回	逻辑地（5V公共端）
	6	+5V	+5V，通过100Ω电阻
	7	+24V	+24V
	8	RS-485信号 A	RS-485信号 A
	9	不用	10位协议选择（输入）
	金属壳	屏蔽	机壳接地

图 9-5

（2）通信信号板如图 9-6 所示。通信信号板可以扩展 CPU 的通信端口，其安装位置如图 9-7 所示。安装完成后，通信信号板被视为端口 1（Port 1），CPU 本体集成 RS-485 端口被视为端口 0（Port 0）。

信号板 SBCM01 可以扩展 RS-485，也可以扩展 RS-232，但两者只能用一种，可通过系统块进行设置，如图 9-8 所示。

通信信号板（SB CM01）	引脚标记	RS-485	RS-232
	⏚	机壳接地	机壳接地
	TX/B	RS485-B	RS232-Tx
	RTS	RTS (TTL)	RTS (TTL)
	M	逻辑公共端	逻辑公共端
	RX/A	RS485-A	RS232-Rx

图 9-6

图 9-7

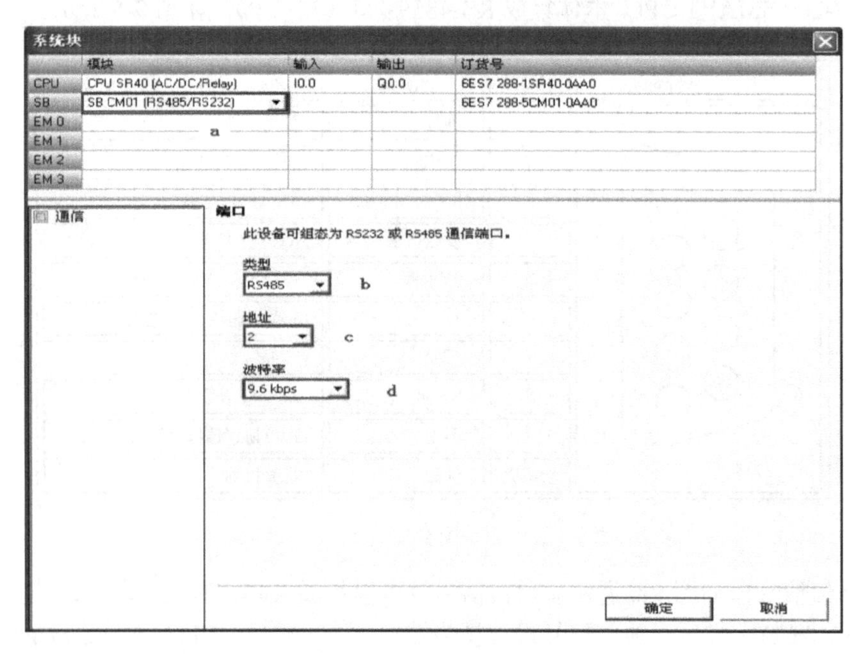

图 9-8

3. 外部接线

设置成的 RS-485 和 RS-232 的接线方式有所不同，如图 9-9 和图 9-10 所示。

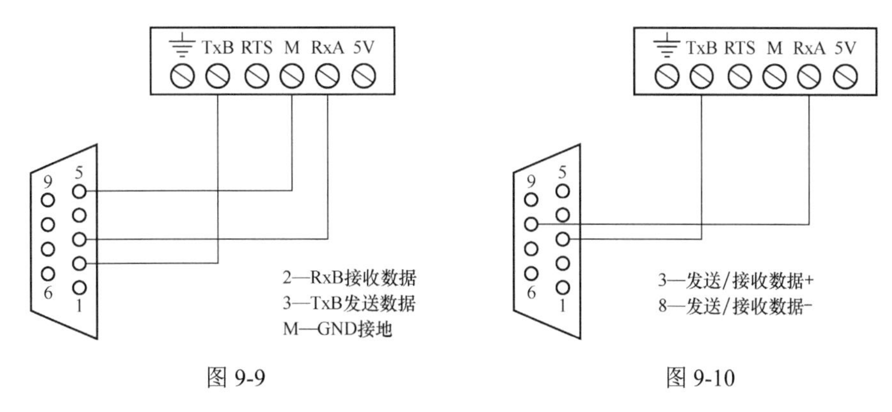

图 9-9　　图 9-10

S7-200 SMART CPU RS-485 网络使用双绞线电缆。每个网段中最多只能连接 32 个设备。如图 9-11 所示。

图 9-11

在图 9-11 中，网络连接器 A、B、C 分别插到三个通信站点的通信端口上；电缆 a 把插头 A 和 B 连接起来，电缆 b 连接插头 B 和 C。线型结构可以照此扩展。

注意圆圈内的“终端电阻”开关设置。网络终端插头的终端电阻开关必须放在“ON”位置；中间站点插头的终端电阻开关应放在“OFF”位置。

4. SMART 支持的通信方式

（1）PPI 协议通信。

（2）Modbus RTU 协议通信。

（3）USS 协议通信。

（4）以太网通信。

（5）自由口通信。

（6）PROFIBUS-DP 从站（V2.1 及以上版本可选 EM DP01 模块）。

RS-485 的每个网络最多可以有 126 个节点。中继器用来将网络分段，每个网段最多 32 个设备，可扩展网络长度。网络中各设备的地址不能重叠。12Mb/s 时最长传输距离为 100m，187.5Kb/s 时最长传输距离为 1000m。

终端电阻可吸收网络上的反射波，有效地增强信号强度。网络终端连接器上的开关应放在 ON 位置（接入终端电阻），网络中间连接器上的开关应放在 OFF 位置。

PPI 是一种主站-从站协议，SMART 中只适用于与 HMI 的通信连接，HMI 是通信主站，S7-200 SMART 在通信网络中作为从站。此处只介绍常用的 Modbus RTU、USS、以太网等通信方式。

9.3 Modbus RTU 通信

9.3.1 Modbus 协议简介

Modbus 协议是一种软件协议，是应用于电子控制器上的一种通用语言。通过此协议，控制器（设备）可经由网络（即信号传输的线路或称物理层，如 RS-485）和其他设备进行通信。它是一种通用工业标准，通过此协议，不同厂商生产的控制设备可以连成工业网络，进行集中监控。

Modbus 协议有两种传输模式：ASCII 模式和 RTU（Remote Terminal Units，远程终端单元）模式。在同一个 Modbus 网络上的所有设备都必须选择相同的传输模式。在同一个 Modbus 网络中，所有设备除了传输模式相同外，波特率、数据位、校验位、停止位等基本参数也必须一致。

Modbus 网络是种单主多从的控制网络，也即同一个 Modbus 网络中只有一台设备是主机，其他设备为从机。所谓主机，即为拥有主动话语权的设备。主机能够通过主动地往 Modbus 网络发送信息来控制查询其他设备（从机）。所谓从机，就是被动的设备。从机只能在收到主机发来的控制或查询消息（命令）后才能往 Modbus 网络中发送数据消息，这称为回应。主机在发送完命令信息后，一般会留一段时间给被控制或被查询的从机回应，这保证了同一时间只有一台设备往 Modbus 网络中发送信息，以免信号冲突。

一般情况下，用户可以将计算机、PLC、IPC、HMI 设为主机，来实现集中控制。将某台设备设为主机，并不是说通过某个按钮或开关来设定的，也不是它的信息格式有特别之处，而是一种约定。例如，上位机在运行时操作人员点击发送指令按钮，上位机就算收不到其他设备的命令也能主动发送命令，这时上位机就被约定为主机；再比如，设计人员在设计变频器时规定，变频器必须在收到命令后才能发送数据，这就是约定变频器为从机。主机可以单独地与某台从机通信，也可以对所有从机发布广播信息。对于单独访问的命令，从机都应返回回应信息；对应主机发出的广播信息，从机无须反馈回应信息给主机。

SMART 使用的 Modbus 协议为 RTU 模式，物理层（网络线路）为两线制 RS-485。两线制 RS-485 接口工作于半双工，数据信号采用差分传输方式，也称为平衡传输。它使用一对双绞线，将其中一根线定义为 A（+），另一根线定义为 B（−）。通常情况下，发送驱动器 A、B 之间的电平在+2～+6V 之间表示逻辑“1”，在−6～−2V 之间表示逻辑“0”。

通信波特率是指一秒内传输的二进制数，其单位为位/秒（b/s/或 bps）。设置的波特率越大，传输速度越快，抗干扰能力越差。当使用 0.56mm （24AWG）双绞线作为通信电缆时，根据波特率的不同，最远传输距离如表 9-2 所示。

表 9-2

波特率	2400b/s	4800b/s	9600b/s	19200b/s
最远传输距离	1800m	1200m	800m	600m

RS-485 远距离通信时建议采用屏蔽电缆，并且将屏蔽层作为地线。在设备少、距离近

的情况下，不加终端负载电阻整个网络能很好地工作，但随着距离的增加，性能将降低，所以在远距离传输时使用 120Ω 的终端电阻。

9.3.2　RTU 通信帧结构

Modbus 网络以 RTU（远程终端单元）模式通信，在消息中的每个字节包含两个 4bit 的十六进制字符。这种方式的主要优点是在同样的波特率下可比 ASCII 方式传送更多的数据。

代码系统：

- 1 个起始位。
- 7 或 8 个数据位，最小的有效位先发送。8 位二进制数，每个 8 位的帧域中包括两个十六进制字符（0～9，A～F）。
- 1 个奇偶校验位，设成无校验则没有。
- 1 个停止位（有校验时），2bit（无校验时）。

错误检测域：

- CRC（循环冗长检测）。

数据格式的描述如下：

起始位	Bit1	Bit2	Bit3	Bit4	Bit5	Bit6	Bit7	Bit8	校验位	停止位

11bit 字符帧（Bitl～Bit8 为数据位）：

10bit 字符帧（Bitl～Bit7 为数据位）：

起始位	Bit1	Bit2	Bit3	Bit4	Bit5	Bit6	Bit7	校验位	停止位

一个字符帧中，真正起作用的是数据位。起始位、检验位和停止位的加入只是为了将数据位正确地传输到对方设备。在实际应用时一定要将数据位、校验位、停止位设为一致。

在 RTU 模式中，新帧总是以至少 3.5 字节的传输时间静默作为开始。在以波特率计算传输速率的网络上，3.5 字节的传输时间可以轻松把握。紧接着传输的数据域依次为从机地址、操作命令码、数据和 CRC 校验字，每个域传输的字节都是十六进制的 0～9，A～F。网络设备始终监视着通信总线的活动。当接收到第一个域（地址信息）时，每个网络设备都对该字节进行确认。随着最后一字节的传输完成又有段类似的 3.5 字节的传输时间间隔，用来标识本帧的结束，在此以后，将开始一个新帧的传输。

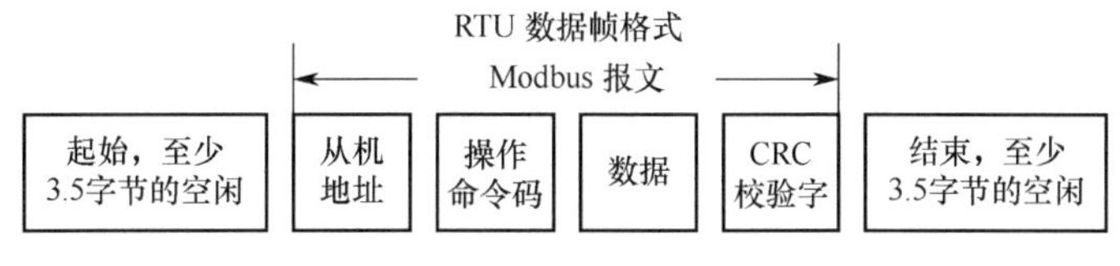

图 9-12

一个帧的信息必须以连续的数据流进行传输，如果整个帧传输结束前有超过 15 字节以上的时间间隔，则接收设备将清除这些不完整的信息，并且错误地认为随后 1 字节是新一帧的地址域部分，同样如果一个新帧的开始与前一个帧的间隔时间小于 3.5 字节的时间间隔，则接收设备将认为它是前一帧的继续，由于帧的错乱，最终 CRC 校验值不正确，从而导致通信故障。

9.3.3 RTU 通信帧错误校验方式

数据在传输过程中，有时因为各种因素（如电磁干扰）使发送的数据发生错误，比如，要发送的信息的某个位逻辑“1”，RS-485 上的 A-B 电位差应该为 6V，但是因为电磁干扰使电位差变成了−6V，结果其他设备就认为发送来的是逻辑“0”。如果没有错误校验，接收数据的设备就不知道信息是错误的，这时它可能做出错误响应。这个错误响应可能会导致严重后果，所以信息必须要有校验。校验的思路是，发送方将发送的数据按照某种特定的算法算出一个结果，并且将这个结果加在信息的后面一起发送。接收方在收到信息后，根据那种算法将数据算出一个结果，再将这个结果和发送方发来的结果比较。如果比较结果相同，证明这信息是正确的，否则认为信息是错误的。

帧的错误校验方式主要包括两部分的校验，即单字节的位校验（奇/偶校验，即字符帧中的校验位）和帧的整个数据校验（CRC 校验）。

1. 单字节的位校验（奇偶校验）

用户可以根据需要选择不同的位校验方式，也可以选择无校验，这将影响每个字节的校验位设置。

偶校验的含义：在数据传输前附加一位偶校验位，用来表示传输数据中“1”的个数是奇数还是偶数，为偶数时，校验位置为“0”，否则置为“1”，用于保持数据的奇偶性不变。

奇校验的含义：在数据传输前附加一位奇校验位，用来表示传输数据中“1”的个数是奇数还是偶数，为奇数时，校验位置为“0”，否则置为“1”，用于保持数据的奇偶性不变。

例如，需要传输数据位为“11001110”，数据中含 5 个“1”，如果用偶校验，其偶校验位为“1”，如果用奇校验，其奇校验为“0”，传输数据时，奇偶校验位经过计算放在帧的校验位的位置，接收设备也要进行奇偶校验，如果发现接收到的数据的奇偶性与预设的不一致，就认为通信发生错误。

2. CRC（Cyclical Redundancy Check）校验方式

使用 RTU 帧格式，帧包括了基于 CRC 方法计算的帧错误检测域。CRC 域检测了整个帧的内容。CRC 域是两字节包含 16 位的二进制值。它由传输设备计算后加入到帧中。接收设备重新计算收到帧的 CRC，并且与接收到的 CRC 域中的值比较，如果两个 CRC 值不相等，则说明传输有错误。

CRC 先存入 0xFFFF，然后调用一个过程将帧中连续的 6 个以上的字节与当前寄存器中的值进行处理。仅每个字符中的 8bit 数据对 CRC 有效，起始位和停止位及奇偶校验位均无效。

CRC 产生过程中，每个 8bit 字符都单独和寄存器内容相异或（XOR），结果向最低有效位方向移动，最高有效位以 0 填充。LSB 被提取出来检测，如果 LSB 为 1，则寄存器单独和预置的值相异或；如果 LSB 为 0，则不进行。整个过程要重复 8 次。在最后一位（第 8 位）完成后，下一个 8 位又单独和寄存器的当前值相异或，最终寄存器中的值是帧中所有字节都执行之后的 CRC 值。

CRC 的这种计算方法采用的是国际标准的 CRC 校验法则，用户在编辑 CRC 算法时可以参考相关标准的 CRC 算法，编写出真正符合要求的 CRC 计算程序。

9.3.4 Modbus 库的使用及编程

Modbus 是一种开放式串口协议，已成为一种工业标准。目前很多变频器、PLC、仪表都集成 Modbus 功能。S7-200 SMART 提供了 Modbus 通信库功能，使得 Modbus 通信变得简单，我们只需要调用库指令，填写相关参数即可。

打开左侧指令树中的库，可以看到 Modbus RTU Master（主站）和 Modbus RTU Slave（从站）。如图 9-13 所示。

（1）MBUS_CTRL 指令如图 9-14 所示。

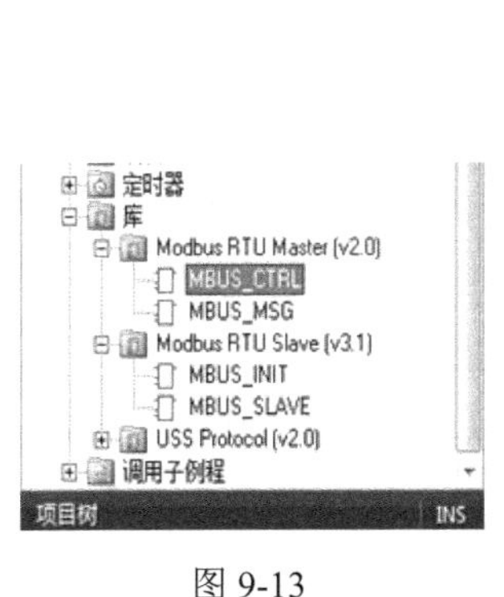

图 9-13

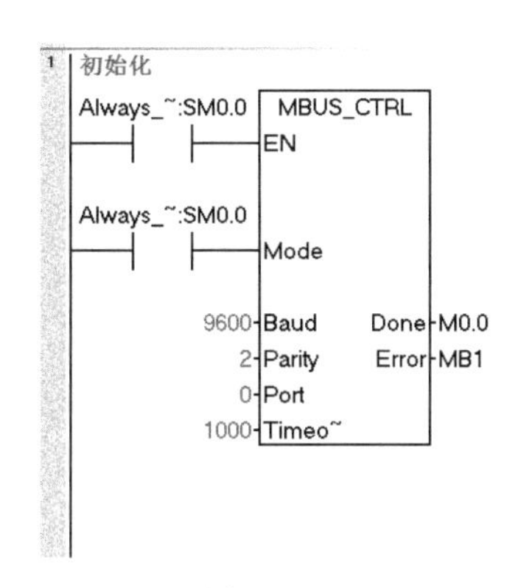

图 9-14

MBUS_CTRL 指令用于初始化、监视或禁用 Modbus 通信。在使用 MBUS_MSG 指令之前，必须先执行 MBUS_CTRL 指令且无错误。该指令完成后会置位“完成”（Done）位，然后再继续执行下一条指令。

EN 接通时，每次扫描均执行该指令。必须在每次扫描时（包括首次扫描）调用 MBUS_CTRL 指令，以便其监视 MBUS_MSG 指令启动的任何待处理消息的进程。除非每次扫描时都调用 MBUS_CTRL，否则 Modbus 主站协议将不能正确工作。

Mode 输入的值用于选择通信协议。输入值为 1 时，将 CPU 端口分配给 Modbus 协议并启用该协议；输入值为 0 时，将 CPU 端口分配给 PPI 系统协议并禁用 Modbus 协议。

Parity 应设置为与 Modbus 从站设备的奇偶校验相匹配。所有设置使用一个起始位和一个停止位。允许的值为：0（无奇偶校验）、1（奇校验）和 2（偶校验）。

Port 设置物理通信端口（0=CPU 中集成的 RS-485，1=可选 CM01 信号板上的 RS-485 或 RS-232）。

Timeout 设为等待从站做出响应的毫秒数。“超时”（Timeout）值可以设置为 1～32767 ms 之间的任何值，典型值是 1000 ms（1s）。“超时”（Timeout）参数应设置得足够大，以便从站设备有时间在所选波特率下做出响应，用于确定 Modbus 从站设备是否对请求做出响应。“超时”值决定着 Modbus 主站设备在发送请求的最后一个字符后等待出现响应的第一个字符的时长。如果在超时时间内至少收到一个响应字符，则 Modbus 主站将接收 Modbus 从站设备的整个响应。

Done：通信完成时输出为 1，正在通信时输出为 0。

Error 输出包含指令执行的错误代码。

（2）MBUS_MSG 指令如图 9-15 所示。

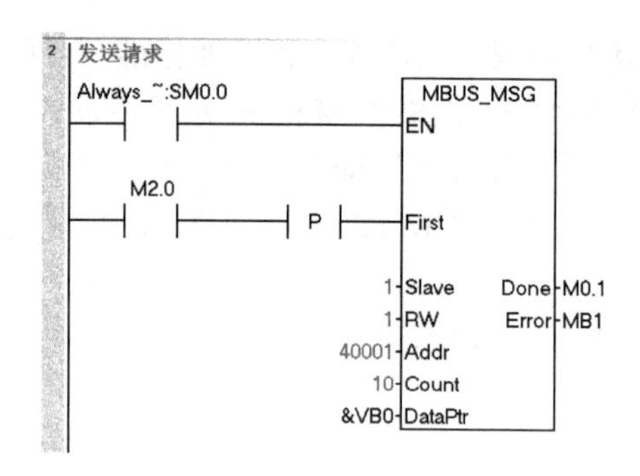

图 9-15

MBUS_MSG 指令：用于启动对 Modbus 从站的请求和处理响应。

EN 和 First 同时接通时，MBUS_MSG 指令会向 Modbus 从站发起主站请求。发送请求、等待响应和处理响应通常需要多个 PLC 扫描时间。EN 必须接通才能启用请求的发送，并且应该保持接通状态，直到“完成”（Done）位接通为止。

某一时间只能有一条 MBUS_MSG 指令处于激活状态。如果启用多条 MBUS_MSG 指令，则将处理执行的第一条 MBUS_MSG 指令，所有后续 MBUS_MSG 指令将中止并生成错误代码 6。

Slave 是 Modbus 从站设备的地址。允许的范围是 0～247。地址 0 是广播地址，只能用于写请求。系统不响应对地址 0 的广播请求。不是所有从站设备都支持广播地址。S7-200 SMART Modbus 从站库不支持广播地址。

RW 分配是读取还是写入该消息。允许使用两个值：0（读取）和 1（写入）。

Addr 是起始 Modbus 地址。允许的取值范围如下：

- 00001～00128 输出，对应 Q0.0～Q15.7。
- 10001～10128 输入，对应 I0.0～I15.7。
- 30001～30032 为模拟量寄存器，对应 AIW0～AIW62。
- 40001～4XXXX 为保持寄存器，对应 V 存储区。当地址转换超过 49999 时，则用 400001～4XXXXX 表示。

Count 用于分配要在该请求中读取或写入的数据元素数。“计数”（Count） 值是位数（对应位数据类型）和字数（对应字数据类型）。

DataPtr 是间接地址指针，指向 CPU 中与读/写请求相关的数据的 V 存储区。对于读请求，DataPtr 应指向用于存储从 Modbus 从站读取的数据的第一个 CPU 存储单元。对于写请求，DataPtr 应指向要发送到 Modbus 从站的数据的第一个 CPU 存储单元。

DataPtr 值以间接地址指针形式传递到 MBUS_MSG。例如，如果要写入到 Modbus 从站设备的数据始于 CPU 的地址 VW200，则 DataPtr 的值将为 &VB200（地址 VB200）。指针必须始终是 VB 类型，即使它们指向字数据。

如 DataPtr 的值设为&VB200，Addr 为字（40001），则映射地址如下：

VW214	VW212	VW210	VW208	VW206	VW204	VW202	VW200
40008	40007	40006	40005	40004	40003	40002	40001

如 DataPtr 的值设为&VB200，Addr 为位（10001），则映射地址如下：

V200.7	V200.6	V200.5	V200.4	V200.3	V200.2	V200.1	V200.0
10008	10007	10006	10005	10004	10003	10002	10001

（3）MBUS_INIT 指令如图 9-16 所示。

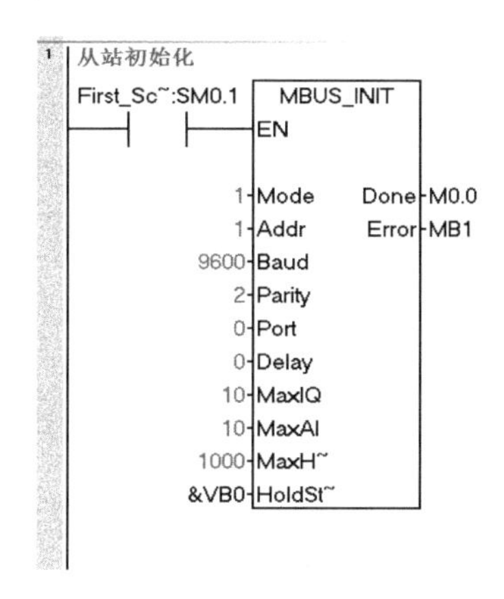

图 9-16

MBUS_INIT 指令用于启用、初始化或禁用 Modbus 通信。在使用 MBUS_SLAVE 指令之前，必须先正确地执行 MBUS_INIT。该指令完成后，立即置位“完成”（Done）位，然后继续执行下一条指令。

EN 接通时，会在每次扫描时执行该指令。每次通信状态改变时应执行 MBUS_INIT 指令一次。因此，EN 应通过沿检测元素以脉冲方式接通，或者仅在首次扫描时执行。

Mode 输入的值用于选择通信协议：输入值为 1 时，分配 Modbus 协议并启用该协议；输入值为 0 时，分配 PPI 协议并禁用 Modbus 协议。

Addr 为从站的站号，将地址设置为 1～247 之间（包括边界）的值。

Baud 将波特率设置为 1200、2400、4800、9600、19200、38400、57600 或 115200。

Parity 应设置为与 Modbus 主站的奇偶校验相匹配。所有设置使用一个停止位。接收的值为：0（无奇偶校验）、1（奇校验）和 2（偶校验）。

Port 设置物理通信端口（0=CPU 中集成的 RS-485，1=可选信号板上的 RS-485 或 RS-232）。

Delay 通过使标准 Modbus 信息超时时间增加分配的毫秒数来延迟标准 Modbus 信息

结束超时条件。在有线网络上运行时，该参数的典型值应为 0。 如果使用具有纠错功能的调制解调器，则将延时设置为 50～100 ms 之间的值。如果使用扩频无线通信，则将延时设置为 10～100 ms 之间的值。“延时”（Delay）值可以是 0～32767 ms 之间的值。

MaxIQ 用于设置 Modbus 地址 0xxxx 和 1xxxx 可访问的 I 和 Q 点数，取值范围是 0～256。值为 0 时，将禁用所有对输入和输出的读/写操作。建议将 MaxIQ 值设置为 256。

MaxAI 用于设置 Modbus 地址 3xxxx 可访问的字输入（AI）寄存器数，取值范围是 0～56。值为 0 时，将禁止读取模拟量输入。建议将 MaxAI 设置为以下值，以允许访问所有 CPU 模拟量输入：

- 0（CPU CR40）。
- 56（所有其他 CPU 型号）。

MaxHold 用于设置 Modbus 地址 4xxxx 或 4yyyy 可访问的 V 存储区中的字保持寄存器数。例如，如果要允许 Modbus 主站访问 2000 字节的 V 存储区，请将 MaxHold 的值设置为 1000 字（保持寄存器）。

HoldStart 是 V 存储区中保持寄存器的起始地址。该值通常设置为 VB0，因此参数 HoldStart 设置为 &VB0（地址 VB0），也可将其他 V 存储区地址指定为保持寄存器的起始地址，如果设置为&VB0，则 40001 对应 VW0；如果设置为&VB1000，则 40001 对应 VW1000。

（4）MBUS_SLAVE 指令用于处理来自 Modbus 主站的请求，并且必须在每次扫描时执行，以便检查和响应 Modbus 请求。EN 接通时，会在每次扫描时执行该指令。MBUS_SLAVE 指令没有输入参数。

不管是主站还是从站，编写完程序后都要进行库存储器分配，否则编译错误。如图 9-17 所示。

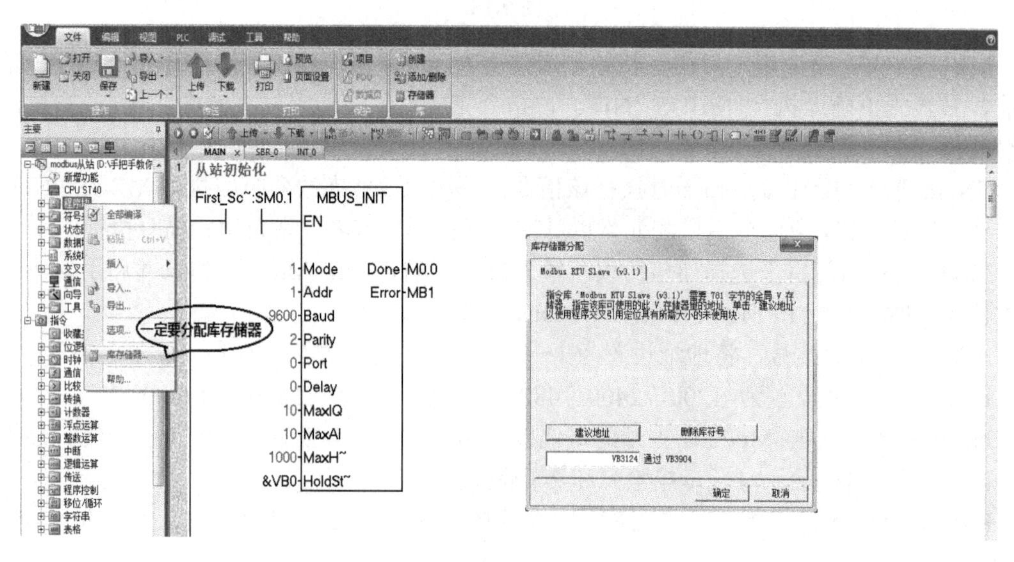

图 9-17

Modbus 通信不仅可以实现 SMART 之间的通信，还可以和其他支持 Modbus 通信的设备进行通信，如变频器等。以英威腾 Goodrive10 系列迷你型变频器为例，讲解如何利用通信控制变频器的启/停和频率。

在 SMART 与变频器通信网络中，SMART 做主站，变频器做从站。可以通过本体集成的 RS-485 串口进行通信，也可以通过信号板扩展的 RS-485 串口进行通信。变频器的通信波特率、通信地址、数据校验位等通信参数必须通过变频器面板设置得与 CPU 一致，并且运行指令通道和频率指令选择都要设置成通信给定。

查阅英威腾变频器手册设置各参数，如表 9-3 所示。

表 9-3

功能码	名　称	参数详细说明	默认值	更改
P00 组 基本功能组				
P00.00	速度控制模式	2：V/F 控制（适用于 AM） 适用于对控制精度要求不高的场合。 注意：AM—异步电动机	2	●
P00.01	运行指令通道	选择变频器控制指令的通道。 变频器控制命令包括启动、停机、正转、反转、点动、故障复位等。 0：键盘运行指令通道（“LOCAL/REMOT”灯熄灭） 由键盘上的“RUN”、“STOP/RST”按键进行运行命令控制。多功能键“QUICK/JOG”设置为 FWD/REV 切换功能（P07.02=3）时，可通过该键来改变运转方向；在运行状态下，如果同时按下“RUN”与“STOP/RST”键，即可使变频器自由停机。 1：端子运行指令通道（“LOCAL/REMOT”灯闪烁） 由多功能输入端子正转、反转、正转点动、反转点动等进行运行命令控制。 2：通信运行指令通道（“LOCAL/REMOT”灯点亮） 运行命令由上位机通过通信方式进行控制	0	○
P00.03	最大输出频率	用来设定变频器的最大输出频率。它是频率设定的基础，也是加、减速快慢的基础，请用户注意。 设定范围：P00.04～400.00Hz	50.00Hz	◎

通过 P00.01 把运行命令通道设置为 2（通信运行指令通道）。

通过 P00.08 选择 A、B 频率源；通过 P00.06 和 P00.07 把所选定的频率源设置成 8（Modbus 通信设定）。

变频器本身的相关通信参数也要设置得跟 PLC 相匹配，变频器串行通信参数如表 9-4～表 9-6 所示。

表 9-4

功能码	名称	参数详细说明	默认值	更改
P00.04	运行频率上限	运行频率上限是变频器输出频率的上限值。该值应该小于或等于最高输出频率。 当设定频率高于上限频率时以上限频率运行。 设定范围：P00.05～P00.03（最高输出频率）	50.00Hz	◎
P00.05	运行频率下限	运行频率下限是变频器输出频率的下限值。 当设定频率低于下限频率时以下限频率运行。 注意：最高输出频率≥上限频率≥下限频率。 设定范围：0.00Hz～P00.04（运行频率上限）	0.00Hz	◎
P00.06	A 频率指令选择	0：键盘数字设定	0	○
P00.07	B 频率指令选择	通过修改功能码 P00.10“键盘设定频率”的值，达到键盘设定频率的目的。 1：键盘模拟量 AI1 设定（对应键盘电位器） 2：端子模拟量 AI2 设定（对应端子 AI） 指频率由模拟量输入端子来设定。Goodrive10 变频器标配 2 路模拟量输入端子，其中 AI1 通过数字电位器调节，AI2 为电压电流可选（0～10V/0～20mA），可通过跳线进行切换。 注意：当模拟量 AI2 选择 0～20mA 输入时，20mA 对应的电压为 10V。 模拟输入设定的 100.0%对应最高输出频率（P00.03），−100.0%对应反向最高输出频率（P00.03） 6：多段速运行设定 当 P00.06=6 或 P00.07=6 时，变频器以多段速方式运行。通过 P05 组设定多段速端子组合来选择当前运行段；通过 P10 组参数来确定当前段运行频率。 当 P00.06 或 P00.07 不等于 6 时，多段速设定具有优先权，但是设定段只能为 1～15 段。当 P00.06 或 P00.07 等于 6 时，其设定段为 0～15。 7：PID 控制设定 当 P00.06=7 或 P00.07=7 时，变频器运行模式为过程 PID 控制。此时，需要设置 P09 组的“PID 控制组”。变频器运行频率为 PID 作用后的频率值。其中，PID 给定源、给定量、反馈源等含义请参见 P09 组的“PID 功能”介绍。 8：Modbus 通信设定 指频率由 Modbus 通信来设定。可参见 P14 组的功能介绍。 注意：A、B 频率不能设为同一频率给定方式	2	○
P00.08	B 频率指令参考对象选择	0：最高输出频率；B 频率设定的 100%对应为最高输出频率	0	○

表 9-5

P14 串行通信功能组				
P14.00	本机通信地址	设定范围：1～247 当主机在编写帧中，从机通信地址设定为 0 时，即为广播通信地址，Modbus 总线上的所有从机都会接收该帧，但不做应答。 本机通信地址在通信网络中具有唯一性，这是实现上位机与变频器点对点通信的基础。 注意：从机地址不可设置为 0	1	○
P14.01	通信 波特率设置	设定上位机与变频器之间的数据传输速率。 0：1200bps 1：2400bps 2：4800bps 3：9600bps 4：19200bps 5：38400bps 注意：上位机与变频器所设定的波特率必须一致，否则无法进行通信。波特率越大，通信速度越快	4	○

表 9-6

P14.02	数据位 校验设置	上位机与变频器所设定的数据格式必须一致，否则，无法进行通信。 0：无校验（N，8，1）for RTU 1：偶校验（E，8，1）for RTU 2：奇校验（O，8，1）for RTU 3：无校验（N，8，2）for RTU 4：偶校验（E，8，2）for RTU 5：奇校验（O，8，2）for RTU	1	○
P14.03	通信应答 延时	0～200ms 指变频器接收数据结束到向上位机发送应答数据的中间间隔时间。如果应答延时小于系统处理时间，则应答延时以系统处理时间为准，如果应答延时大于系统处理时间，则系统处理完数据后要延时等待，直到应答延时时间到才往上位机发送数据	5	○
P14.04	通信超时 故障时间	0.0（无效），0.1～60.0s 当该功能码设置为 0.0 时，通信超时故障时间参数无效。 当该功能码设置成非零值时，如果一次通信与下一次通信的间隔时间超出通信超时时间，则系统将报“485 通信故障”（CE）	0.0s	○

设置好变频器通信相关参数后，若要进行通信程序编写还要知道变频器对应的 Modbus 地址，查阅说明书得到控制启/停和频率及其他变频器的状态地址，如表 9-7 和表 9-8 所示。

表 9-7

功 能 说 明	地 址 定 义	数据意义说明	R/W 特性
通信控制命令	2000H	0001H：正转运行	W/R
		0002H：反转运行	
		0003H：正转点动	
		0004H：反转点动	
		0005H：停机	
		0006H：自由停机（紧急停机）	
		0007H：故障复位	
		0008H：点动停止	
通信设定值地址	2001H	通信设定频率（0～Fmax，单位为 0.01Hz）	W/R
	2002H	PID 给定，范围（0～1000，1000 对应 100.0%）	W/R
	2003H	PID 反馈，范围（0～1000，1000 对应 100.0%）	W/R
	200AH	虚拟输入端子命令，范围：0x000～0x1FF	W/R
	200BH	虚拟输出端子命令，范围：0x00～0x0F	W/R
	200DH	AO 输出设定值 1（-1000～1000，1000 对应 100.0%）	W/R

表 9-8

变频器状态字 1	2100H	0001H：正转运行中	R
		0002H：反转运行中	
		0003H：变频器停机中	
		0004H：变频器故障中	
		0005H：变频器 POFF 状态	
变频器状态字 2	2101H	Bit0：=0：运行准备未就绪；=1：运行准备就绪 Bi1～2：=00：电动机 1；=01：电动机 2；=10：电动机 3；=11：电动机 4 Bit3：=0：异步电动机；=1：同步电动机 Bit4：=0：未过载预报警；=1：过载预报警 Bit5～Bit6：=00：键盘控制；=01：端子控制；=10 通信控制	R
变频器故障代码	2102H	见故障类型说明	R
变频器识别代码	2103H	GD10——0x010d	R
设定频率	3001H	兼容 GD 系列、CHF100A、CHV100 通信地址	R
母线电压	3002H		R
输出电压	3003H		R
输出电流	3004H		R
运行转速	3005H		R

例 9-1：利用通信控制变频器启/停和频率。编写程序如下：

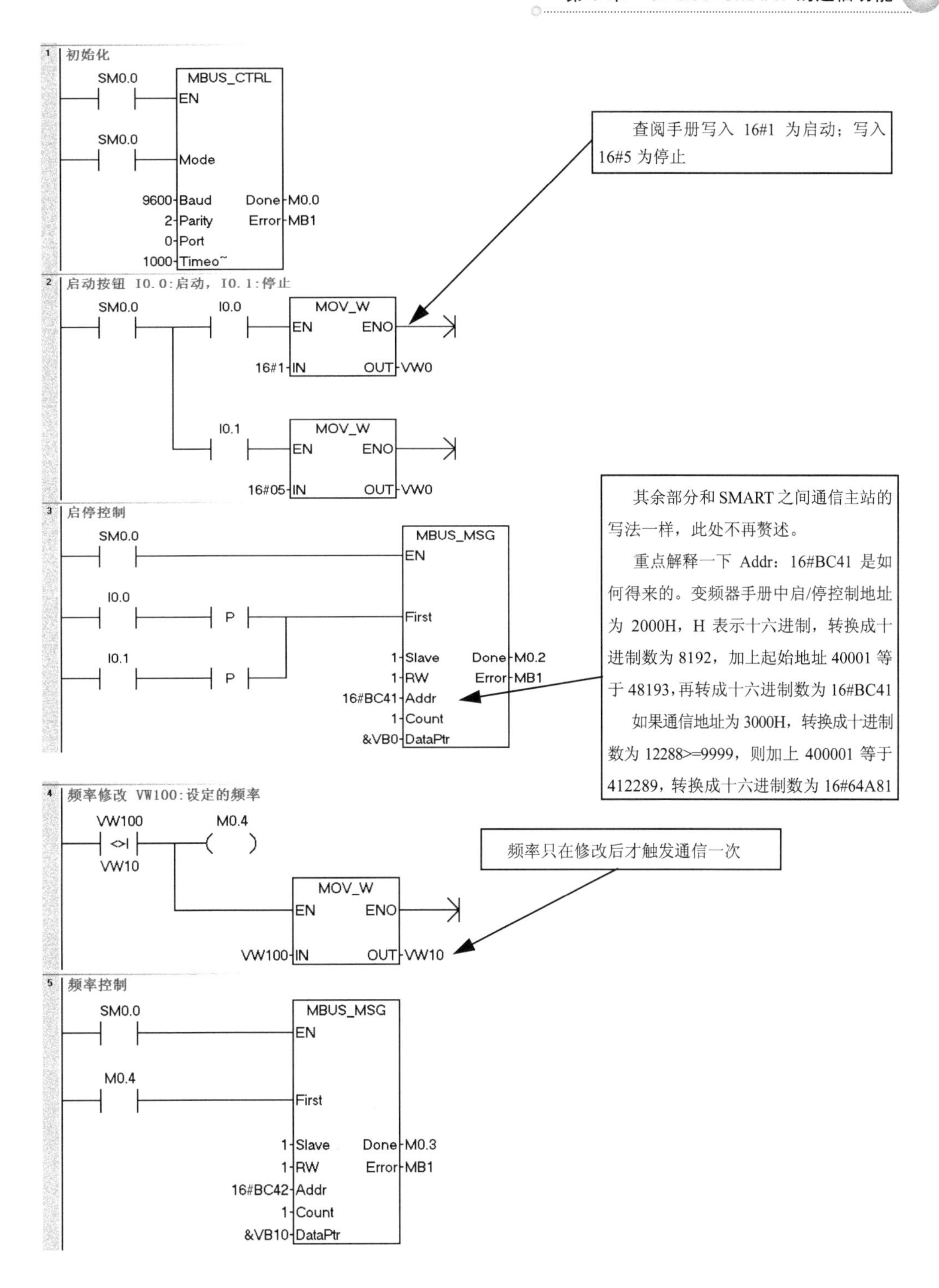

Modbus 通信属于半双工通信，同一时间只能触发一条读或写指令，如果有多条指令需要连续触发，则要写顺序轮番触发程序。

例 9-2：如果例 9-1 还要求读取变频器的输出电压和运行转速，则程序如下：

```
2  modbus初始化
   Always_~:SM0.0                 MBUS_CTRL
   ──┤ ├──────────────────────── EN
   Always_~:SM0.0
   ──┤ ├──────────────────────── Mode
                          19200 ─ Baud        Done ─ M0.0
                              2 ─ Parity     Error ─ VB0
                              0 ─ Port
                           1000 ─ Timeo~

4  控制启停：VW10=1启动，VW10=5停止
   SM0.0                                      MBUS_MSG
   ──┤ ├───────────────────────────────────── EN
   M0.1
   ──┤ ├──────┤ P ├───────────────────────── First
                                          1 ─ Slave     Done ─ M0.2
                                          1 ─ RW       Error ─ VB0
                                   16#BC41 ─ Addr
                                          1 ─ Count
                                     &VB10 ─ DataP~

5
   M0.2                        M0.1
   ──┤ ├──────┤ P ├──────┬────( R )
                         │      1
                         │     M0.3
                         └────( S )
                                1

6  VW12为设定频率
   M0.3                                       MBUS_MSG
   ──┤ ├───────────────────────────────────── EN
   M0.3
   ──┤ ├──────┤ P ├───────────────────────── First
                                          1 ─ Slave     Done ─ M0.4
                                          1 ─ RW       Error ─ VB0
                                   16#BC42 ─ Addr
                                          1 ─ Count
                                     &VB12 ─ DataP~

7
   M0.4                        M0.3
   ──┤ ├──────┤ P ├──────┬────( R )
                         │      1
                         │     M0.5
                         └────( S )
                                1

8  读取电压到VW14
   M0.5                                       MBUS_MSG
   ──┤ ├───────────────────────────────────── EN
   M0.5
   ──┤ ├──────┤ P ├───────────────────────── First
                                          1 ─ Slave     Done ─ M0.6
                                          0 ─ RW       Error ─ VB0
                               16#00064A84 ─ Addr
                                          1 ─ Count
                                     &VB14 ─ DataP~
```

9

M0.6　P　M0.5 (R) 1

M0.7 (S) 1

10　读取转速到VW14

M0.7　MBUS_MSG EN

M0.7　P　First

1 Slave　Done M1.0

0 RW　Error VB0

16#00064A86 Addr

1 Count

&VB16 DataP~

11

M1.0　P　M0.7 (R) 1

M0.1 (S) 1

轮番程序也可直接用上一条命令的 Done 标志位作为下一条 First 的触发条件，同上面程序效果一样，如下所示。

8　读取电压到VW14

Always_~:SM0.0　MBUS_MSG EN

M0.5　P　First

1 Slave　Done M0.6

0 RW　Error VB0

16#00064A84 Addr

1 Count

&VB14 DataP~

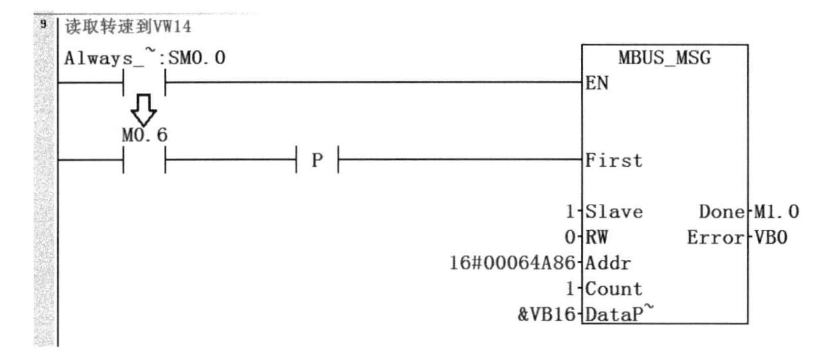

9.4 USS 协议

USS 协议是西门子公司开发的专用于与西门子变频器通信的协议，它是基于串行通信总线进行的数据通信协议。USS 协议是一种主从通信协议，可以有一个主站和最多 31 个从站。如图 9-18 所示。

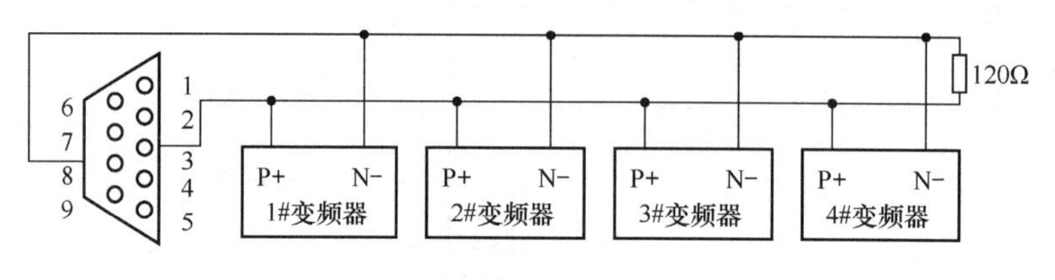

图 9-18

软件也提供了 USS 库，调用库即可进行编程，如图 9-19 所示。

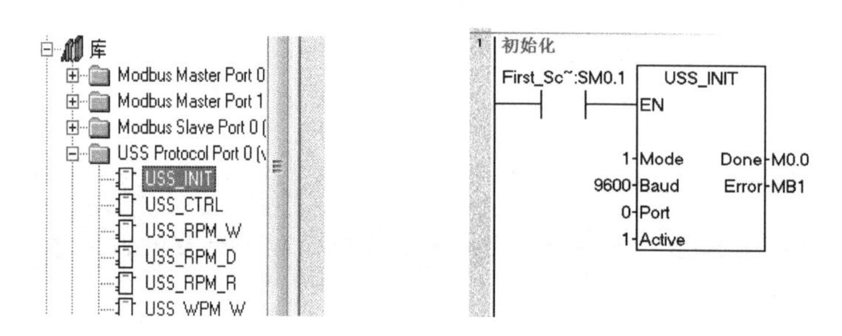

图 9-19

USS_INIT 指令用于启用和初始化或禁用西门子变频器通信。在使用任何其他 USS 指令之前，必须执行 USS_INIT 指令且无错。 该指令完成后，立即置位“完成”（Done） 位，然后继续执行下一条指令。

每次通信状态变化时执行 USS_INIT 指令一次。 使用边缘检测指令使“EN”以脉冲方式接通。要更改初始化参数，请执行新的 USS_INIT 指令。

Mode：输入值为 1 时，将端口分配给 USS 协议并启用该协议。输入值为 0 时，将端口分配给 PPI 协议并禁用 USS 协议。

Baud：将波特率设置为 1200、2400、4800、9600、19200、38400、57600 或 115200。

Port：设置物理通信端口（0—CPU 中集成的 RS−485；1—可选 CM01 信号板上的 RS−485 或 RS−232）。

Active：指示激活的变频器地址号。支持地址 0～30。地址号按二进制数排列，对应位号设置为 1，则该变频器号被激活。

Done：当 USS_INIT 指令完成后接通。

Error：该输出字节包含指令执行的结果。USS 协议执行错误代码定义了执行该指令产生的错误状况。

USS_CTRL 指令用于控制激活的西门子变频器。每台变频器只能分配一条 USS_CTRL 指令。“EN”位必须接通才能启用 USS_CTRL 指令。该指令应始终启用。如图 9-20 所示。

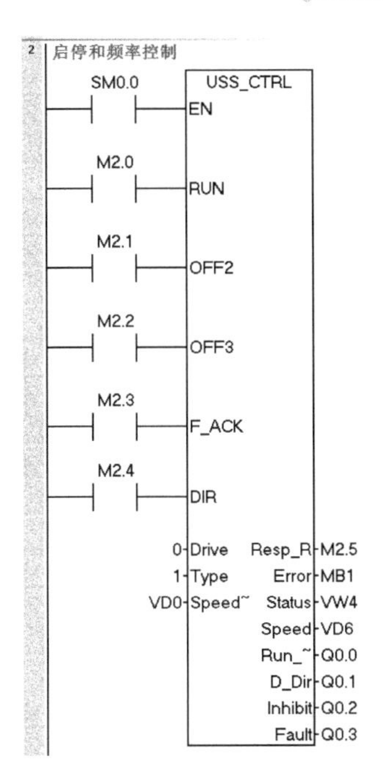

图 9-20

RUN：该位接通时，变频器收到一条命令，以指定速度和方向开始运行。该位关闭时，会向变频器发送一条命令，将速度降低，直至电动机停止。RUN_EN 指示变频器是接通（1）还是关闭（0）。

OFF2：该位用于允许变频器自然停止。

OFF3：该位用于命令变频器快速停止。

F_ACK：确认变频器发生故障的位。当“F_ACK”从 0 变为 1 时，变频器将清除故障。

DIR：指示变频器移动方向的位。

Drive：表示接收 USS_CTRL 命令的变频器地址的输入。有效地址为 0～31。

Type：选择变频器类型的输入，MM3 系列设为 0，MM4 系列设为 1。

Speed_SP：变频器的速度，是全速的一个百分数。设 50.0 为最高频率的一半。Speed_SP 为负值将导致变频器调转其旋转方向。范围为−200.0%～200.0%。

Resp_R：（收到响应）确认来自变频器的响应位。表示通信完成。

Status：状态位。变频器返回状态字的原始值。

Speed：变频器速度位。该速度是全速的一个百分数。范围为−200.0%～200.0%。

D_Dir：指示变频器的旋转方向。

Inhibit：指示变频器上“禁止”位的状态。0：未禁止；1：已禁止。

Fault：指示“故障”位的状态。0：无故障。

USS_RPM_W 指令（见图 9-21）：读取参数的命令。

XMT_REQ：传送请求，如果接通，在每次扫描时会向变频器发送 USS_RPM_x 请求。

Drive：要接收 USS_RPM 命令的变频器地址。各变频器的有效地址是 0～31。

Param：要读取参数的编号，如 P0004，则该参数为 4。

Index：要读取参数的索引值，通常为 0。

DB_Ptr：必须为“DB_Ptr”输入提供 16 字节缓冲区的地址。USS_RPM_x 指令使用该缓冲区存储发送到变频器的命令结果。

Done：当 USS_RPM_x 指令完成后接通。

Error：该输出字节包含指令执行的结果。USS 协议执行错误代码定义了执行该指令产生的错误状况。

Value：参数值已恢复，即最终读取的参数值。

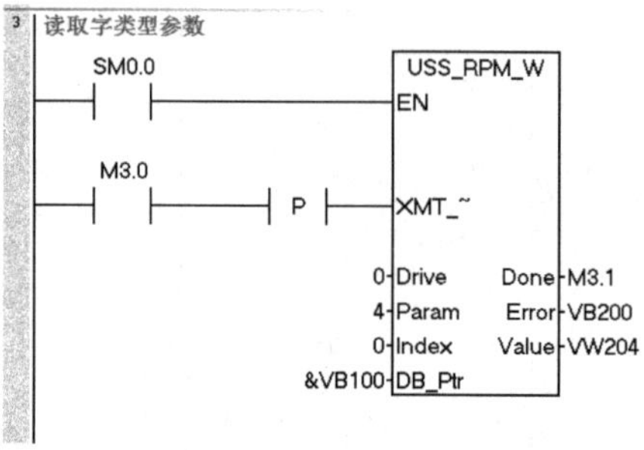

图 9-21

其他两条读取指令的使用方法基本相同，只是读取的参数数据类型不同。USS_RPM_D 读取双整数，USS_RPM_R 读取浮点数。

USS_WPM_W 指令（见图 9-22）：写入参数的命令。

XMT_REQ：传送请求，如果接通，在每次扫描时向变频器发送 USS_WPM_x 请求。

EEPROM：输入接通时可写入变频器的 RAM 和 EEPROM，关闭时只能写入 RAM。一般只写入 RAM 中，断电自动清除；写入 EEPROM 中可以断电保持，但具有一定的寿命，要慎用。

Drive：USS_WPM_x 命令要发送的变频器地址。各变频器的有效地址是 0～31。

Param：要读取参数的编号，如 P0010，则该参数为 10。

Index：要写入参数的索引值，通常为 0。

Value：要写入变频器 RAM 的参数值。

DB_Ptr：必须为“DB_Ptr”输入提供 16 字节缓冲区的地址。USS_RPM_x 指令使用该缓冲区存储发送到变频器的命令的结果。

Done：当 USS_RPM_x 指令完成后接通。

Error：该输出字节包含指令执行的结果。USS 协议执行错误代码定义了执行该指令产生的错误状况。

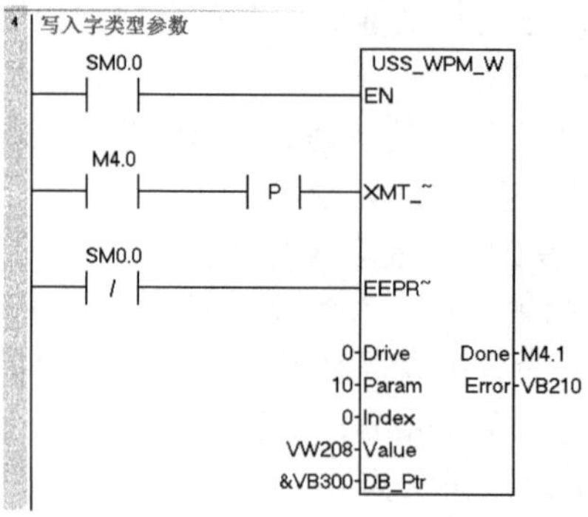

图 9-22

编写好程序后也要进行库存储器分配，否则编译出错。

9.5　GET/PUT 以太网通信

9.5.1　S7-200 SMART 之间的以太网通信

1. S7 协议

S7 协议是专为西门子控制产品优化设计的通信协议，它是面向连接的协议。 S7-200 SMART 只有 S7 单向连接功能。单向连接中的客户机是向服务器请求服务的设备，客户机调用 GET/PUT 指令读/写服务器的存储区。服务器是通信中的被动方，用户不用编写服务器的 S7 通信程序，S7 通信由服务器的操作系统完成。

2. GET 指令与 PUT 指令

GET 指令从远程设备读取最多 222 字节的数据。PUT 指令将最多 212 字节的数据写入远程设备。连接建立后，该连接将保持到 CPU 进入 STOP 模式。

3. 用 GET/PUT 向导生成客户机的通信程序

用 GET/PUT 向导建立的连接为主动连接，CPU 是 S7 通信的客户机。通信伙伴作为 S7 通信的客户机时，不需要用 GET/PUT 指令向导组态，所建立的连接是被动连接。

在 S7-200 与 S7-200 之间可以进行 PPI 通信，在 S7-200 SMART 中 PPI 已经走不通了，但是可以通过以太网口 GET/PUT 进行通信，做法和 PPI 类似。

以一个实例讲述以太网通信的使用：两台 PLC 交叉控制，即本地 PLC 的输入分别控制远端 PLC 的输出，远端 PLC 的输入分别控制本地 PLC 的输出。如图 9-23 所示。

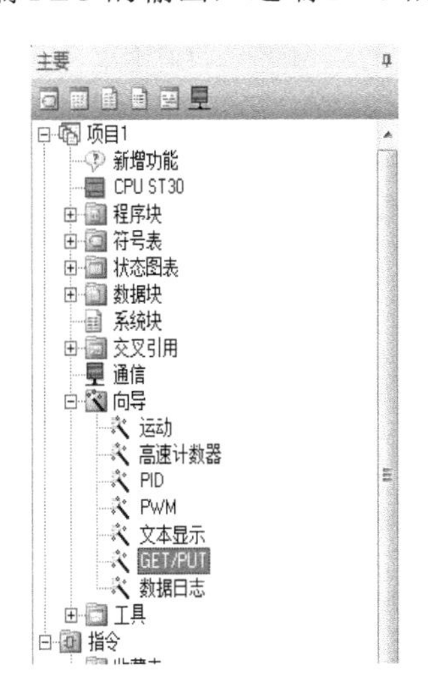

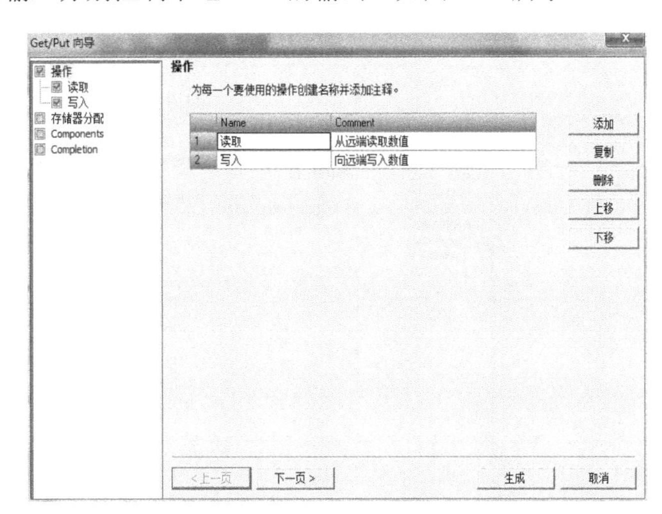

图 9-23

在图 9-23 生成名为“读取”和“写入”的两个操作。最多允许组态 24 项独立的网络操作。通信伙伴可以具有不同的 IP 地址。如图 9-24～图 9-26 所示。

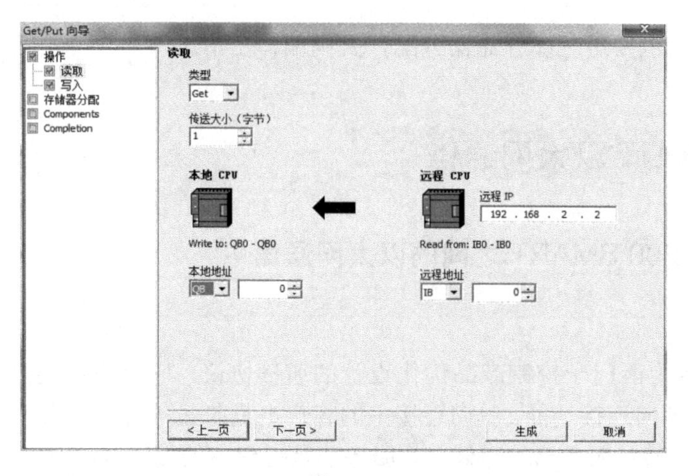

图 9-24

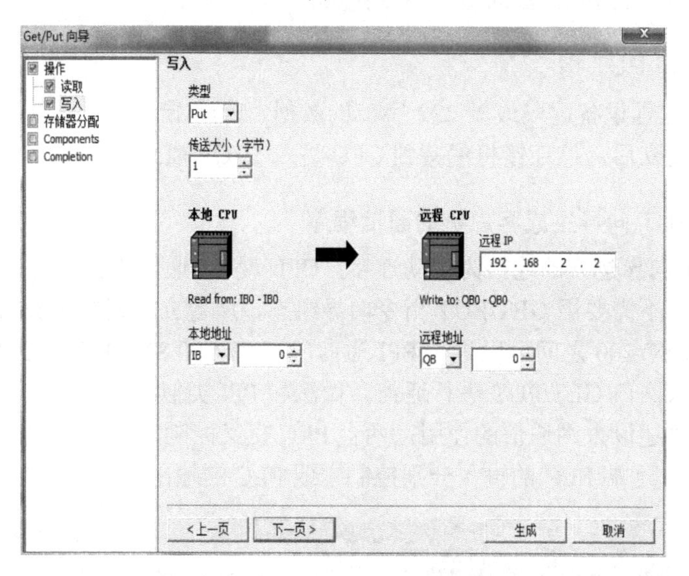

图 9-25

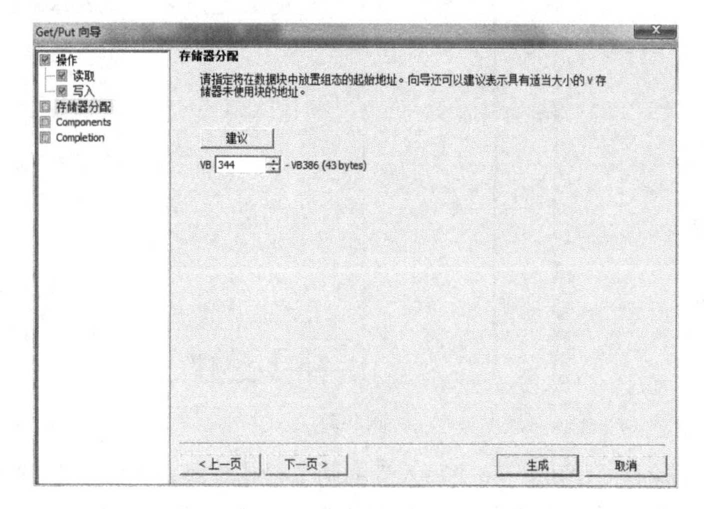

图 9-26

单击“生成”按钮完成 GET/PUT 向导组态，会生成一个以太网通信子程序 NET_EXE，调用该子程序即可实现以太网通信。如图 9-27 所示。

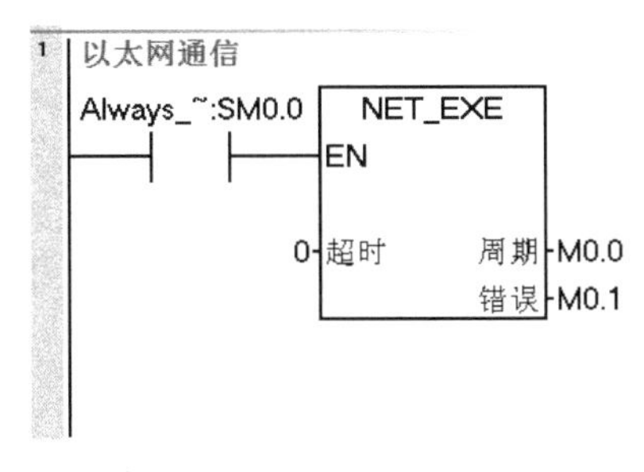

图 9-27

9.5.2　S7-200 SMART 与其他 S7 PLC 的以太网通信

1. S7-300 作客户机的 S7 通信

在 S7 通信中，S7-300/400 作客户机，S7-200 SMART 作服务器。在 STEP 7 的硬件组态工具中，设置以太网端口的 IP 地址和子网掩码。在网络组态工具中，创建一个 S7 连接，连接伙伴为默认的“未指定”。在 S7 连接属性对话框中，设置 S7-200 SMART 的 IP 地址和双方的 TSAP（传输层服务访问点），连接由 S7-300/400 建立。

在 S7-300/400 的 OB1 中调用功能块 GET/PUT 来读写 S7-200 SMART 的数据区。

2. S7-1200 作客户机的 S7 通信

S7-1200 有集成的以太网端口，在博途中设置 S7-1200 的 IP 地址和子网掩码，生成以太网，添加一个 S7 连接，连接伙伴为“未指定”，由 S7-1200 建立连接。在该连接的属性视图的“属性”选项卡中，设置 S7-200 SMART 以太网端口的 IP 地址和通信双方的 TSAP。在 OB1 中调用 GET 和 PUT 功能块来读写 S7-200 SMART 的数据区。

3. S7-1200 作服务器的 S7 通信

S7-200 SMART 作客户机的程序与前面 SMART 之间以太网通信类似。

在 S7-1200 的项目中，只需要设置 S7-1200 的 IP 地址和子网掩码，不用编写通信程序。

9.6　练习

1. 试利用 Modbus 协议实现两台 SMART 之间进行通信。要求主站的 I0.0～I0.7 分别控制从站的 Q0.0～Q0.7，反过来从站的 I0.0～I0.7 分别控制主站的 Q0.0～Q0.7。

2. 试利用 USS 协议实现 SMART 与西门子 V20 变频器通信，控制变频器的启/停及频率。

3. 利用以太网通信实现 4 台（#1～#4）SMART 之间相互控制，要求#1 的 I0.0～I0.7 控制#2 的 Q0.0～Q0.7，#2 控制#3，#3 控制#4，#4 控制#1，并且只能在#1 中编写程序实现。

第 10 章

PLC 控制系统的应用设计

本章学习目的：通过对本章的学习，掌握 PLC 控制系统的整体设计思路，包括输入/输出电路设计、供电电路设计、接地设计、抗干扰设计、冗余设计、现场布线设计及现场环境处理等。

10.1 PLC 控制系统的总体设计

PLC 控制系统的总体设计是进行 PLC 应用设计至关重要的一步。首先应根据被控对象的要求，确定 PLC 控制系统的类型与 PLC 的机型，然后根据控制要求编写用户程序，最后进行联机调试。

10.1.1 PLC 控制系统的类型

PLC 控制系统有 4 种类型，即单机控制系统、集中控制系统、远程 I/O 控制系统和分布式控制系统。

1. 单机控制系统

单机控制系统由 1 台 PLC 控制1 台设备或 1 条简易生产线，如图 10-1 所示。单机控制系统构成简单，所需要的 I/O 点数较少，存储容量小。当选择 PLC 的型号时，无论目前是否有通信联网要求，以及 I/O 点数是否能满足当下要求，都应选择有通信功能可进行 I/O 扩展的 PLC，以适应将来系统功能扩展的需求。

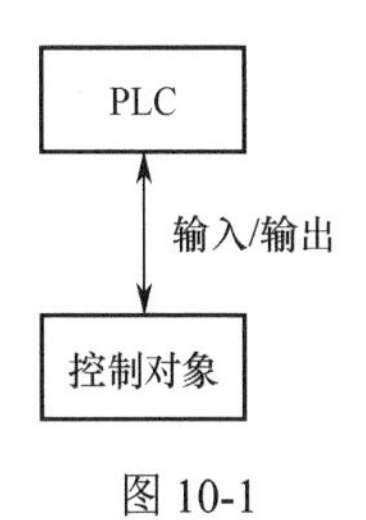

图 10-1

2. 集中控制系统

集中控制系统由 1 台 PLC 控制多台设备或几条简易生产线，如图 10-2 所示。这种控制系统的特点是多个被控对象的位置比较接近，并且相互之间的动作有一定联系。由于多个被控对象通过同 1 台 PLC 控制，所以各个被控对象之间的数据、状态的变化不需要另设专门的通信线路。

集中控制系统的最大缺点是，如果某个被控对象的控制程序需要改变或 PLC 出现故障，则整个系统都要停止工作。对于大型的集中控制系统，可以采用冗余系统来克服这个缺点，此时要求 PLC 的 I/O 点数和存储器容量有较大的余量。

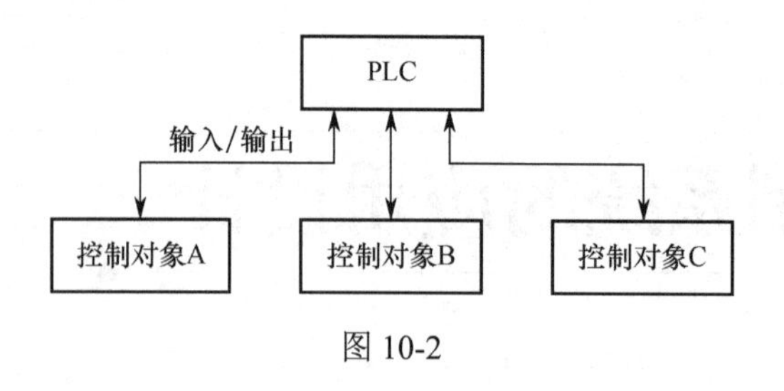

图 10-2

3. 远程 I/O 控制系统

远程 I/O 控制系统是指 I/O 模块不是与 PLC 放在一起，而是放在被控对象附近。远程 I/O 通道与 PLC 之间通过同轴电缆连接传递信息。同轴电缆的长度要根据系统的需要选用。远程 I/O 控制系统的构成如图 10-3 所示。其中，使用 3 个远程 I/O 通道（A、B、D）和 1 个本地 I/O 通道（C）。

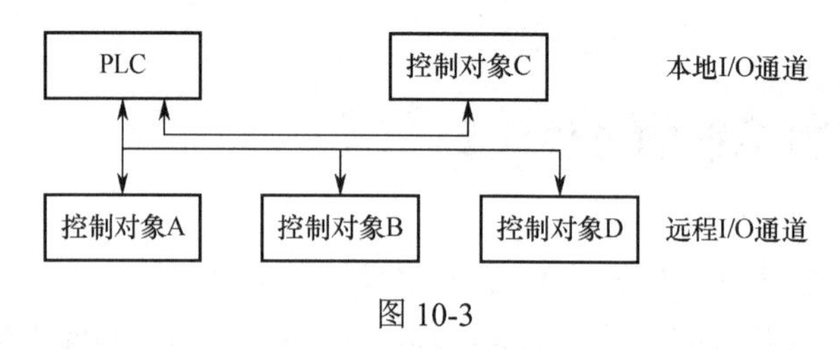

图 10-3

4. 分布式控制系统

分布式控制系统有多个被控对象，每个被控对象由 1 台具有通信功能的 PLC 控制，如图 10-4 所示。

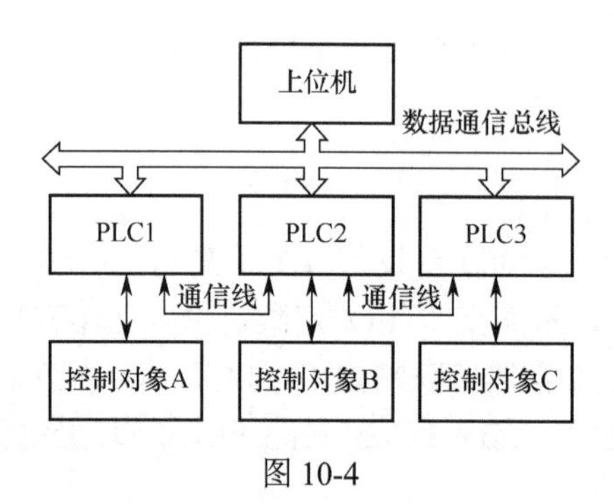

图 10-4

分布式控制系统的特点是多个被控对象分布的区域较大，相互之间的距离较远，每台 PLC 可以通过数据通信总线与上位机通信，也可以通过通信线与其他 PLC 交换信息。分布式控制系统的最大优点是：当某个被控对象或 PLC 出现故障时，不会影响其他 PLC。

PLC 控制系统的发展非常迅速，在单机控制系统、集中控制系统、分布式控制系统之后，又提出了 PLC 的 EIC 综合化控制系统，即将电气（Electric）控制、仪表（Instrumentation）控制和计算机（Computer）控制集成于一体，形成先进的 EIC 控制系统。基于这种控制思想，在进行 PLC 控制系统的总体设计时，要考虑如何同这种先进性相适应，并且有利于系统功能的进一步扩展。

10.1.2　PLC 控制系统设计的基本原则

PLC 控制系统设计的总体原则是：根据控制任务，在最大限度地满足生产机械或生产工艺对电气控制要求的前提下，具有运行稳定、安全可靠、经济实用、操作简单、维护方便等特点。

任何一个电气控制系统所要完成的控制任务都是为了满足被控对象（生产控制设备、自动化生产线、生产工艺过程等）的各项性能指标，提高劳动生产率，保证产品质量，减轻劳动强度和危害程度，提升自动化水平。因此，在设计 PLC 控制系统时，应遵循的基本原则如下。

1. 最大限度地满足被控对象的各项性能指标

为明确控制任务和控制系统应有的功能，设计人员在进行设计前应深入现场进行调查研究，搜集资料，与机械部分的设计人员和实际操作人员密切配合，共同拟订电气方案，以便协同解决在设计过程中出现的各种问题。

2. 确保控制系统的安全可靠

电气控制系统的可靠性就是生命线，无法安全、可靠工作的电气控制系统是不能投入生产运行的。尤其是在以提高产品数量和质量，保证生产安全为目标的应用场合，必须将可靠性放在首位。

3. 力求控制系统简单

在能满足控制要求和保证可靠工作的前提下，不失先进性，力求控制系统结构简单。只有结构简单的控制系统才具有经济性、实用性的特点，才能做到使用方便和维护容易。

4. 留有适当的余量

考虑到生产规模的扩大、生产工艺的改进、控制任务的增加，以及维护方便的需要，要充分利用 PLC 易于扩展的特点，在选择 PLC 的容量（包括存储器的容量、机架插槽数、I/O 点的数量等）时，应留有适当的余量。

10.1.3　PLC 控制系统的设计步骤

PLC 控制系统的设计步骤如图 10-5 所示。下面就几个主要步骤做进一步说明。

1. 明确设计任务和技术条件

在进行系统设计之前，设计人员首先应该对被控对象进行深入调查和分析，并且熟悉工艺流程及设备性能。根据生产中提出来的问题，确定系统所要完成的任务。与此同时，确定设计任务书，明确各项设计要求、约束条件及控制方式。设计任务书是整个系统设计的依据。

2. 选择 PLC 机型

目前，国内外 PLC 厂家生产的 PLC 已达数百个种类，其性能各有优缺点，价格也不尽相同。在设计 PLC 控制系统时，要选择最适宜的 PLC 机型，一般应考虑下列因素。

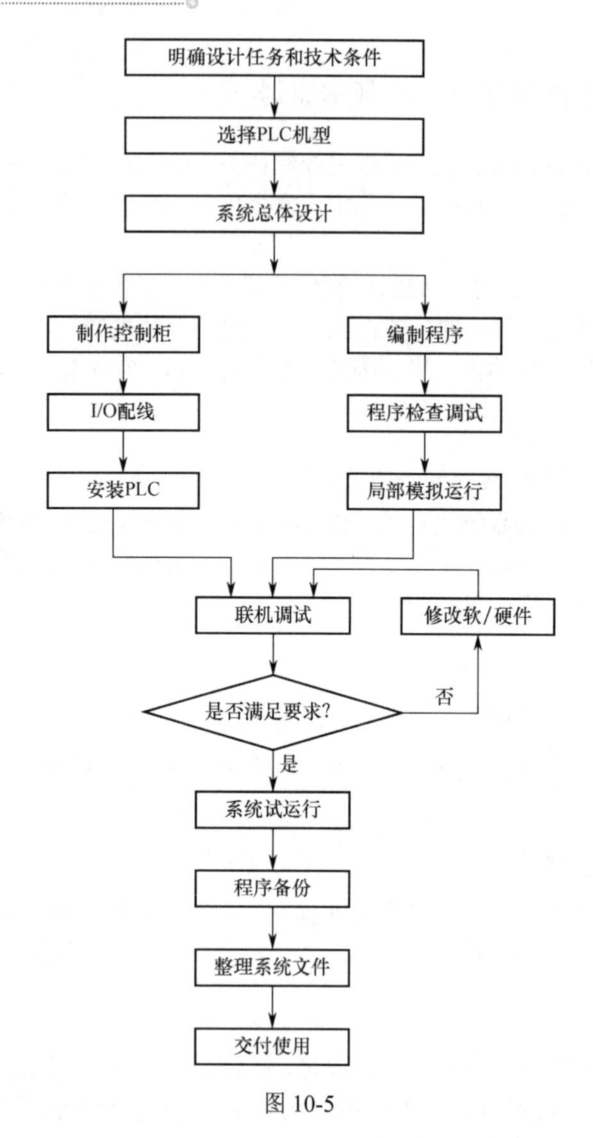

图 10-5

（1）系统的控制目标。

当设计 PLC 控制系统时，首要的控制目标是确保控制系统安全、可靠地稳定运行，提高生产效率，保证产品质量等。如果要求以极高的可靠性为控制目标，则需要构成 PLC 冗余控制系统，这时要从能够完成冗余控制的 PLC 型号中进行选择。

（2）PLC 的硬件配置。

根据系统的控制目标和控制类型，征求听取生产厂家的意见，再根据被控对象的工艺要求及 I/O 点数分配考虑具体的配置问题。

3. 系统的硬件设计

PLC 控制系统的硬件设计是指对 PLC 外部设备的设计。在硬件设计中，要进行输入设备的选择（如操作按钮、开关及保护装置的输入信号等），执行元件的选择（如接触器的线圈、电磁阀的线圈、指示灯等），以及控制台、控制柜的设计和选择，操作面板的设计等。

通过对用户输入/输出设备的分析、分类和整理，进行相应的 I/O 地址分配。在 I/O 设备表中，应包含 I/O 地址、设备代号、设备名称及控制功能，应尽量将相同类型的信号、相同电压等级的信号地址安排在一起，以便施工和布线，并且依次绘制出 I/O 接线图。对于较大的控制系统，为便于设计，可根据工艺流程，将所需要的定时器、计数器及内部辅助继电器、变量寄存器也进行相应的地址分配。

4. 系统的软件设计

对于电气设计人员来说，控制系统的软件设计就是用梯形图编写控制程序，可采用经验设计或逻辑设计。对于控制规模比较大的系统，可根据工艺流程图，将整个流程分解为若干步，确定每步的转换条件，配合分支、循环、跳转及某些特殊功能，以便很容易地转换为梯形图设计。对于传统继电器控制线路的改造，根据原系统的控制线路图，将某些桥式电路按照梯形图的编程规则进行改造后可直接转换为梯形图。这种方法设计周期短，修改、调试程序简单方便。软件设计可以与现场施工同步进行，以缩短设计周期。

5. 系统的局部模拟运行

上述步骤完成后有了一个 PLC 控制系统的雏形，接着进行模拟调试。在确保硬件工作正常的条件下，再进行软件调试。在调试控制程序时，应本着从上到下、先内后外、先局部后整体的原则，逐句逐段地反复调试。

6. 控制系统联机调试

这是关键性的一步。应对系统性能进行评价后再做出改进。反复修改，反复调试，直到满足要求为止。为了判断系统各部件工作的情况，可以编制一些短小且针对性强的临时调试程序（待调试结束后再删除）。在系统联机调试中，要注意使用灵活的技巧，以便加快系统的调试过程。

10.1.4 减少 PLC 输入和输出点数的方法

减少 PLC 输入和输出点数可以提高 PLC 系统的可靠性，并且降低 PLC 控制系统的造价。在设计 PLC 控制系统或对老设备进行改造时，往往会遇到输入点数不够或输出点数不够而需要扩展的问题，当然可以通过增加 I/O 扩展单元或 I/O 模板来解决，但会造成一定的经济负担，若不需要增加很多点，则可以对输入信号或输出信号进行一定处理，节省 PLC 的 I/O 点数，从而使问题得到解决。下面介绍减少 PLC 输入和输出点数的几种常用方法。

1. 减少 PLC 输入点数的方法

（1）分时分组输入。

自动程序和手动程序不会同时执行，自动和手动工作方式使用的输入量可以分成两组输入，如图 10-6 所示。I1.0 用来输入自动/手动命令信号，供自动程序和手动程序切换使用。图 10-6 中的二极管用来切断寄生电路。假设图 10-6 中没有二极管，则系统处于自动状态，S1、S2、S3 闭合，S4 断开，这时电流从 L+端子流出，经 S3、S1、S2 形成的寄生回路流入

I0.1 端子，使输入端 I0.1 错误地变为 ON。各开关串联了二极管，切断了寄生回路，避免了错误输入的产生。

（2）输入触点的合并。

如果某些外部输入信号总是以某种“与或非”组合的整体形式出现在梯形图中，则可以将它们对应的触点在 PLC 外部串联、并联后作为一个整体输入 PLC，这样只占用 PLC 的一个输入点。

例如，某负载有多个启动和停止按钮，则可以将 3 个启动信号并联，将 3 个停止信号串联，分别送给 PLC 的两个输入点，如图 10-7 所示。与每一个启动信号和停止信号占用一个输入点的方法相比，不仅节约了输入点，而且简化了梯形图电路。

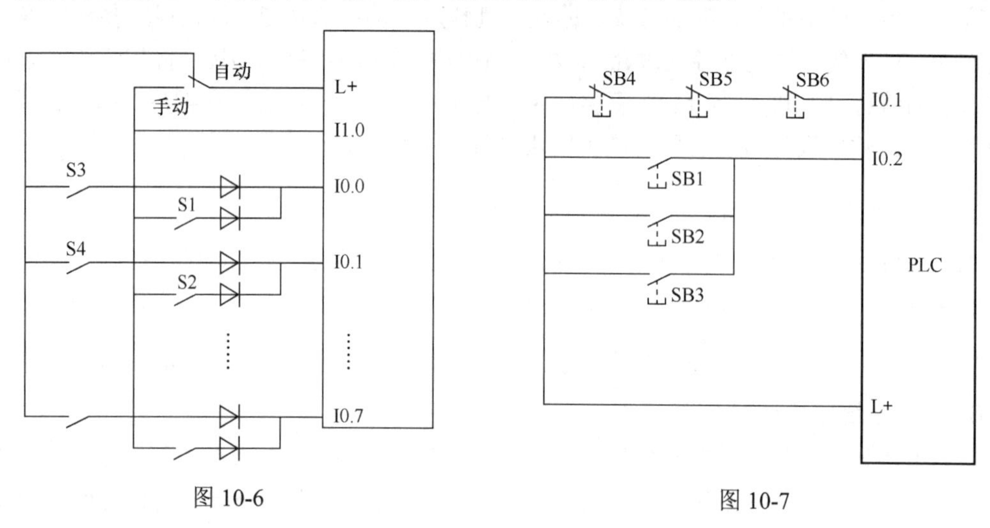

图 10-6　　图 10-7

（3）将信号设置在 PLC 之外。

系统的某些输入信号，如通过手动按钮手动复位的电动机热继电器 FR 的常闭触点提供的信号，可以设置在 PLC 外部的硬件电路中，如图 10-8 所示。这里需要注意的是，某些手动按钮需要串接一些安全联锁触点，如果外部硬件联锁电路过于复杂，则应考虑仍将有关信号送入 PLC，用梯形图实现过于复杂的联锁。

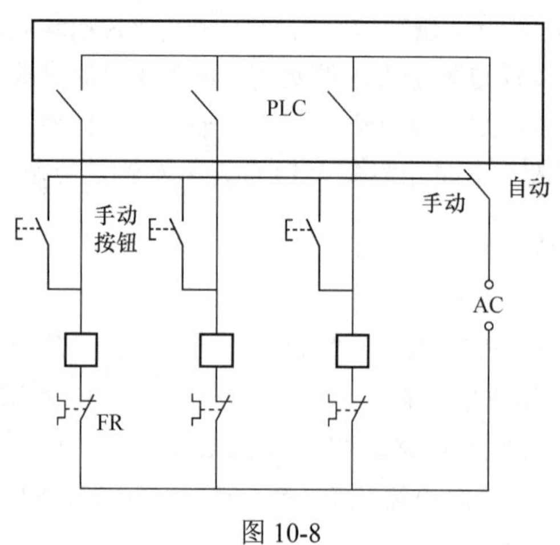

图 10-8

2. 减少 PLC 输出点数的方法

在 PLC 输出功率允许的条件下，通/断状态完全相同的多个负载并联后，可以共用一个输出点，通过外部元件或 PLC 控制转换开关的切换，一个输出点可以控制两个或多个不同的工作负载。与外部元件的触点配合，可以用一个输出点控制两个或多个有不同要求的负载。用一个输出点控制指示灯常亮或闪烁，可以显示两种不同的信息。

在需要用指示灯显示 PLC 驱动的负载（如接触器线圈）状态时，可以将指示灯与负载并联，当并联时指示灯与负载的额定电压应相同，总电流不应超过允许值，可以选用电流小、工作可靠的 LED（发光二极管）指示灯。另外，可以用接触器的辅助触点来实现 PLC 外部的硬件联锁。

系统中某些相对独立或比较简单的部分，可以直接用继电器电路来控制，这样减少了所需的 PLC 输入点和输出点数。

如果直接用数字量输出点来控制多位 LED 七段显示器，所需的输出点是很多的。在图 10-9 所示的电路中，具有锁存、译码、驱动功能的芯片 CD4513 驱动共阴极 LED，两只 CD4513 的数据输入端 A～D 共用 PLC 的 4 个输出端，其中 A 为最低位，D 为最高位，当 LE 为高电平时，显示的数不受数据输入信号的影响。显然，N 个显示器占用的输出点数降到了 $4+N$ 个。

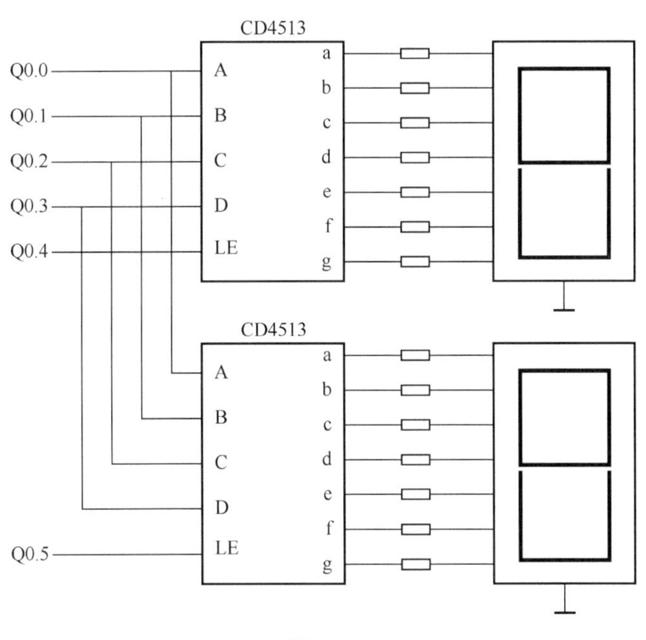

图 10-9

如果使用继电器输出模块，应在与 CD4513 相连的 PLC 各输出端与“地”之间分别接一个几千欧的电阻，以避免在输出继电器的输出触点断开时 CD4513 的输入端悬空。当输出继电器的状态变化时，其触点可能抖动，因此应先发送数据输出信号，待信号稳定后，再用 LE 信号的上升沿将数据锁存进 CD4513 中。

如果需要显示和输入的数据较多，则可以使用 TD200 文本显示器或其他操作面板。

10.2 提高 PLC 控制系统可靠性的措施

PLC 是专门为工业环境设计的控制装置，一般不需要采取什么特殊措施就可以直接在工业环境中使用，但是如果环境过于恶劣，电磁干扰特别强烈，或者安装使用不当，就不能保证系统的正常运行。干扰可能使 PLC 接收到错误的信号，造成误动作，或者使 PLC 内部数据丢失，严重时甚至会使系统失控。在进行系统设计时，应采取相应的可靠性措施，以消除或降低干扰影响，保证系统的正常运行。

10.2.1 供电系统设计

供电系统设计是指 PLC 的 CPU 电源、I/O 模板工作电源及控制系统完整的供电系统设计。

1. 系统供电电源设计

系统供电电源设计包括供电系统的一般性保护措施、PLC 电源模板的选择和典型供电电源系统的设计。在 PLC 供电系统中一般可采取隔离变压器、UPS 电源、双路供电等措施。

（1）使用隔离变压器的供电系统。

图 10-10 所示为使用隔离变压器的供电系统图，PLC 和 I/O 系统分别由各自的隔离变压器供电并与主电路电源分开。当某一部分电源出现故障时，不会影响其他部分，当输入/输出供电中断时 PLC 仍能继续供电，从而提高了供电的可靠性。

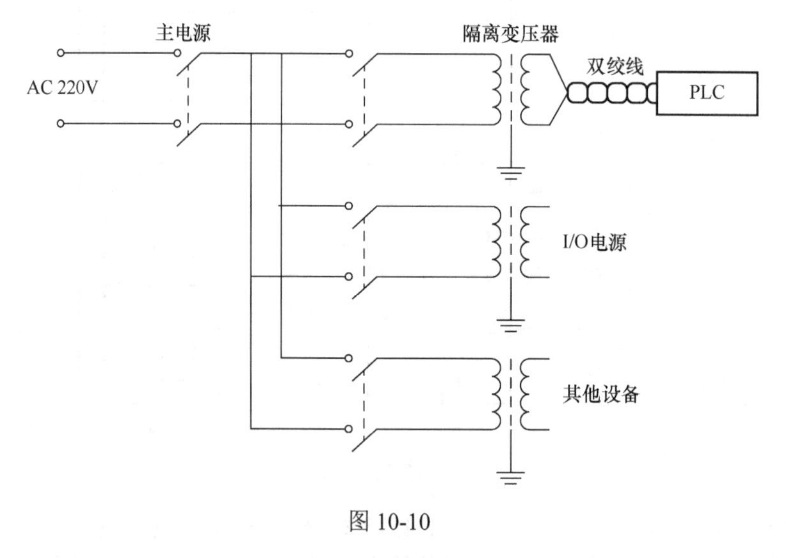

图 10-10

（2）UPS 供电系统。

UPS（不间断电源）是电子计算机的有效保护配置，当输入交流电失电时，UPS 能自动切换到输出状态继续向控制器供电。图 10-11 是 UPS 的供电系统图，根据 UPS 的容量，在交流电失电后可继续向 PLC 供电 10～30min。因此，对于非长时间停电的系统，其效果十分显著。

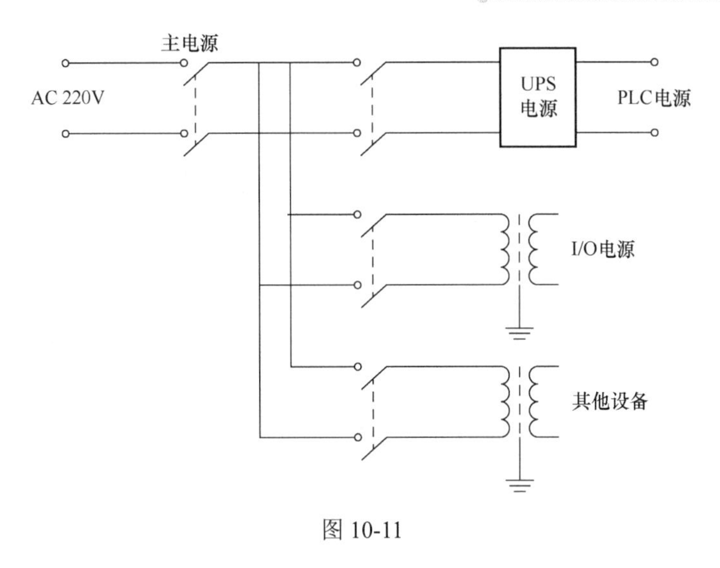

图 10-11

（3）双路供电系统。

为了提高供电系统的可靠性，交流供电最好采用双路，其电源应分别来自两个不同的变电站。当一路供电出现故障时能自动切换到另一路供电。双路供电系统图如图 10-12 所示。KV 为欠电压继电器，若先合 A 开关，KV-A 线圈得电，铁芯吸合，其常闭触点 KV-A 断开 B 路，从而完成 A 路供电控制，然后合上 B 开关，而 B 路此时处于备用状态。当 A 路电压降低到整定值时，KV-A 欠电压继电器铁芯释放，KV-A 的常闭触点闭合，则 B 路开始供电，与此同时 KV-B 线圈得电，铁芯吸合，其常闭触点 KV-B 断开 A 路，完成 A 路到 B 路的切换。

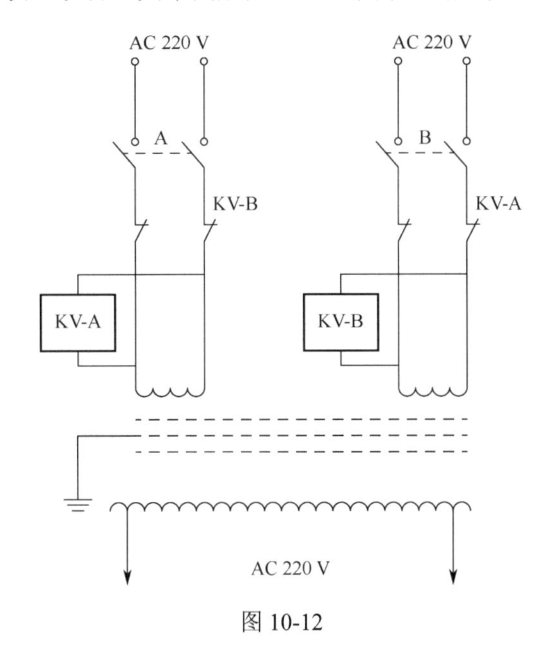

图 10-12

2. I/O 模板供电电源设计

I/O 模板供电电源设计是指系统中传感器、执行机构、各种负载与 I/O 模板之间的供电电源设计。实际应用中普遍使用的 I/O 模板基本上采用 24V 直流供电电源和 220V 交流供电电源。这里主要介绍这两种供电情况下数字量 I/O 模板的供电设计。

（1）24V 直流 I/O 模板的供电设计。

PLC 控制系统中广泛使用 24V 直流 I/O 模板。对于工业过程来说，输入信号来自各种接近开关、按钮、拨码开关、接触器的辅助触点等；输出信号则控制继电器线圈、接触器线圈、电磁阀线圈、伺服阀线圈、显示灯等。要使系统可靠工作，I/O 模板和现场传感器、负载之间的供电设计必须安全可靠，这是控制系统能够实现所要完成控制任务的基础。

24V 直流 I/O 模板的一般供电设计如图 10-13 所示。图 10-13 中给出了主机电源中输入/输出模板各一块及扩展单元中输入/输出模板各一块的情况。对于包括多个单元在内的多个输入/输出模板的情况也与此相同。图 10-13 中的 220 V 交流电源可来自交流稳压器输出，该电源经 24V 直流稳压电源后为 I/O 模板供电。为防止检测开关和负载的频繁动作影响稳压电源工作，在 24 V 直流稳压电源输出端并接一个电解电容。开关 Q1 控制 DO 模板供电电源；开关 Q2 控制 DI 模板供电电源。I/O 模板供电电源的设计比较简单，一般只需注意以下几点。

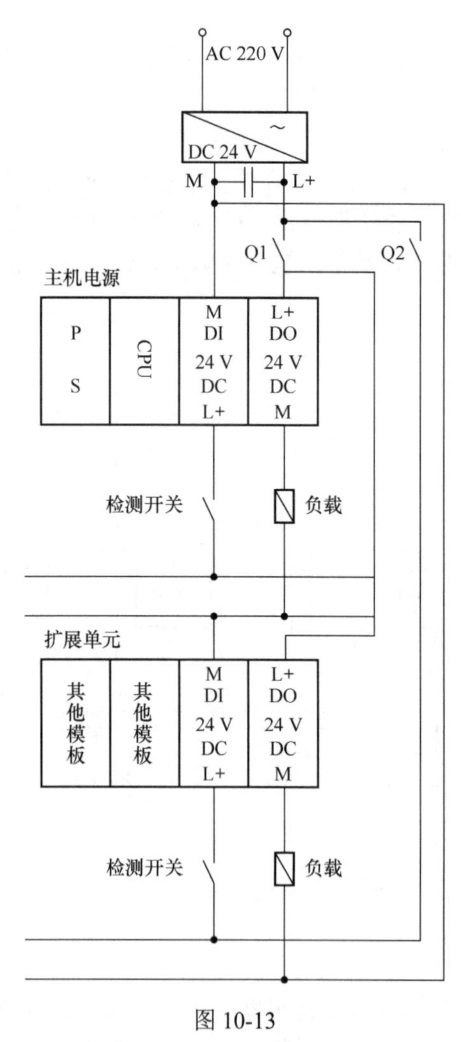

图 10-13

- I/O 模板供电电源是指与工业控制过程现场直接相连的 PLC 系统的 I/O 模板的工作电源，主要依据现场传感器和执行机构（负载）的实际情况而定，这部分工作情况并不影响 PLC 的 CPU 工作。
- 24V 直流稳压电源的容量选择主要根据输入模板的输入信号为“1”时的输入电流和输出模板的输出信号为“1”时负载的工作电流而定。在计算时应考虑所有输入/输出点同时为“1”的情况并留有一定余量。
- 开关 Q1 和开关 Q2 分别控制输出模板和输入模板供电电源。在系统启动时，应首先启动 PLC 的 CPU，然后合上输入开关 Q2 和输出开关 Ql。当现场输入设备或执行机构发生故障时，可立即断开开关 Q1 和开关 Q2。

（2）220V 交流 I/O 模板的供电设计。

对于实际工业过程，除了 24V 直流模板外，还广泛使用 220 V 交流 I/O 模板，所以有必要强调一下 220V 交流 I/O 模板的供电设计。

在前面 24V 直流 I/O 模板供电设计的基础上，只要去掉 24V 直流稳压电源，并且将图 10-13 中的直流 24V 输入/输出模板换成交流 220V 输入/输出模板，就可以实现 220V 交流 I/O 模板的供电设计，如图 10-14 所示。

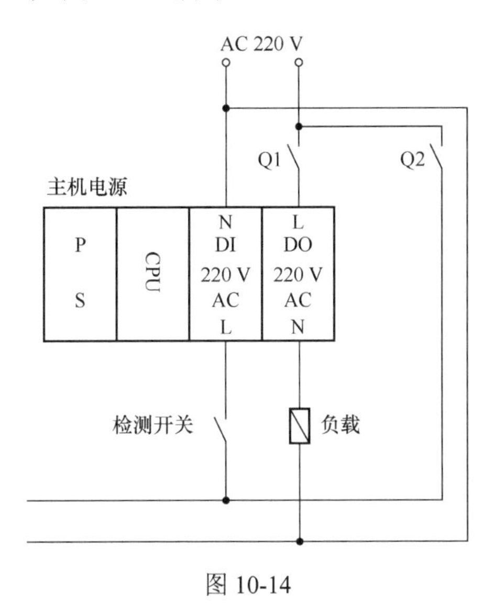

图 10-14

图 10-14 所示为在一个主机单元中输入/输出模板各一块的情况，交流 220V 电源可直接取自整个供电系统交流稳压器的输出端，对于包括扩展单元的多块输入/输出模板与此完全相同。注意：在设计交流稳压器时要增加相应的容量。

10.2.2　接地设计

接地是抑制干扰、使系统可靠工作的主要方法，其目的是消除各电路电流经公共地线阻抗所产生的噪声电压和避免磁场与电位差的影响，使其不形成地环路，防止造成噪声耦合。PLC 一般应与其他设备分别采用各自独立的接地装置，如图 10-15（a）所示。若有其他因素影响而无法做到也可以采用公共接地方式，可与其他设备共用一个接地装置，如图 10-15（b）

所示，但是禁止使用串联接地方式，如图 10-15（c）所示。禁止把接地端子接到一个建筑物的大型金属框架上，因为此种接地方式会在各设备间产生电位差，会对 PLC 产生不利影响。PLC 接地导线的截面积应大于 $2mm^2$，接地电阻应小于 100Ω。

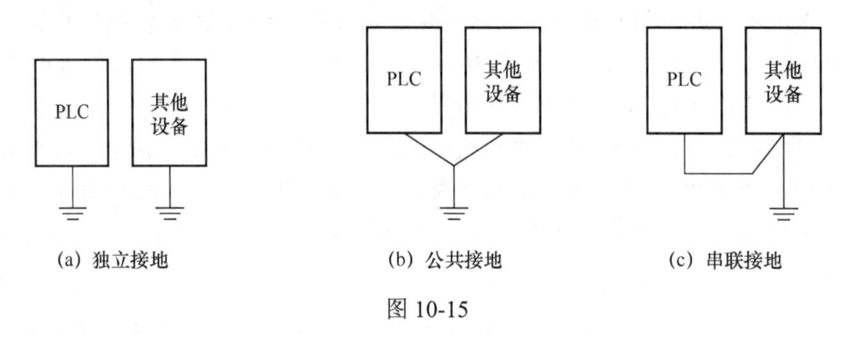

图 10-15

10.2.3 PLC 输入/输出电路设计

设计输入/输出电路时通常还要考虑以下问题。

（1）一般情况下，输入/输出器件可以直接与 PLC 的输入/输出端子相连，但是当配线距离较远，接近强干扰源或大负荷频繁通断的外部信号时，最好加中间继电器再次隔离。

（2）输入电路一般由 PLC 内部提供电源，输出电路需根据负载额定电压和额定电流外接电源。输出电路需注意每个输出点可能输出的额定电流及公共端子的总电流大小。

（3）对于双向晶闸管及晶体管输出型 PLC，如输出点接感性负载，为保证输出点的安全和防止干扰，需并接过电压吸收回路。对交流负载应并接浪涌吸收回路，如阻容电路（电阻取 51～120Ω，电容取 0.1～0.47F，电容的额定电压应大于电源峰值电压）或压敏电阻，如图 10-16 所示。对直流负载需并接续流二极管，续流二极管可以选 1A 的管子，其额定电压应大于电源电压的 3 倍，如图 10-17 所示。

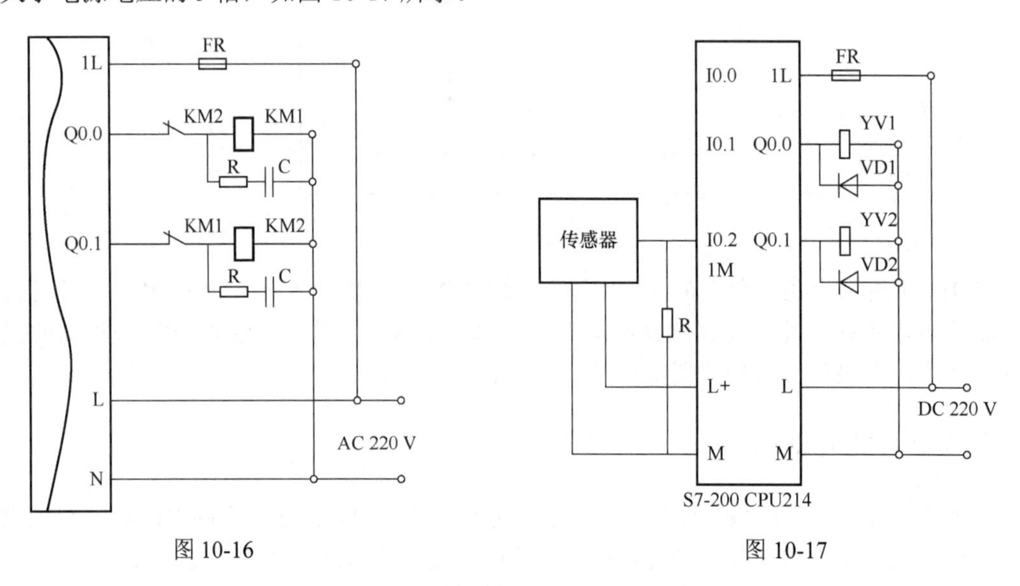

图 10-16　　　　图 10-17

（4）当接近开关、光电开关这一类两线式传感器的漏电流较大时，输入信号可能出现故障。通常在输入端并联旁路电阻，以减小输入电阻。旁路电阻的阻值 R 可由下式确定：

$$\frac{IRU_e / I_e}{R + U_e / I_e} \leqslant U_L$$

式中，I 为传感器漏电流；U_e、I_e 分别是 PLC 的额定输入电压和额定输入电流；U_L 是 PLC 输入电压低电平的上限值。

（5）为防止负载短路损坏 PLC，输出公共端需加熔断器保护。

（6）重要的互锁，如电动机正/反转等，需在外电路中用硬件再互锁。

（7）当输入点不够时，可参考下列方法扩展。

- 硬件逻辑组合输入法。对两地操作按钮、安全保护开关等可先进行串并联后再接入 PLC 输入端子，如图 10-18 所示。

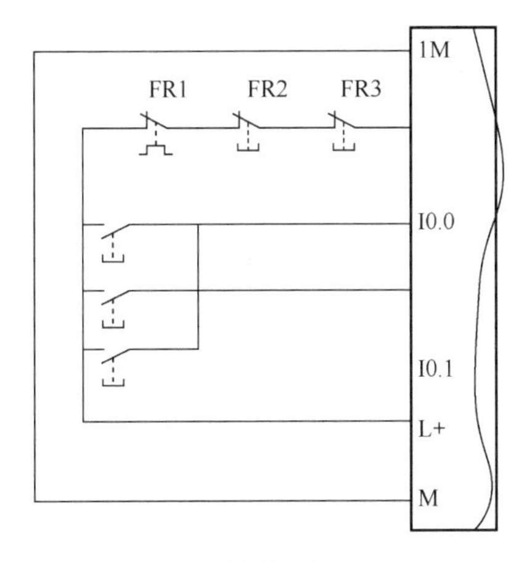

图 10-18

- 译码输入法。对在工艺上绝对不可能同时出现的开关信号，用二极管译码的方法扩展输入点，如图 10-19 所示。
- 分组输入法。对在工艺中以不同工作方式使用的输入点，可通过外电路分组的方法达到扩展输入点的目的，如图 10-20 所示。

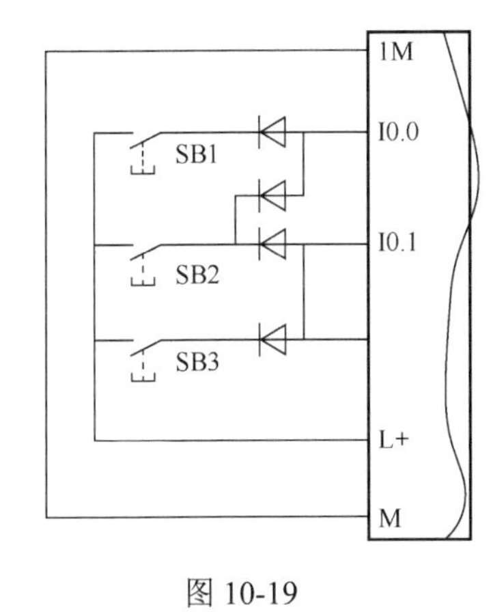

图 10-19

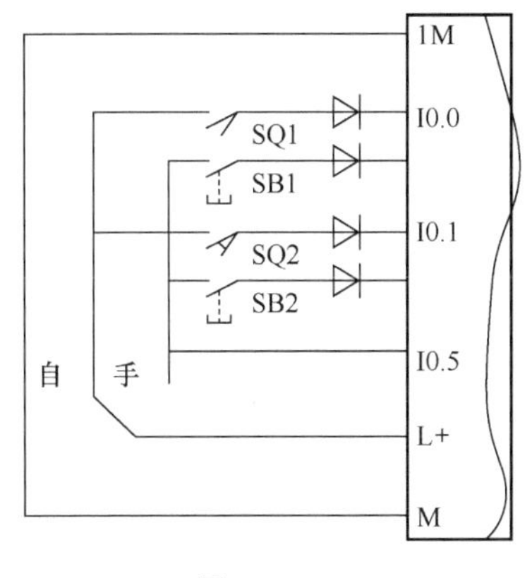

图 10-20

- 矩阵输入法。当 PLC 的输出点有余且输入点不够用时，可通过对输出点的扫描实现二极管矩阵输入，从而大大扩展输入点数，如图 10-21 所示。

- 输入按钮直接控制法。将输入按钮直接连接在需要控制的输出设备上，以减少对输入点数的使用，如图 10-22 所示。

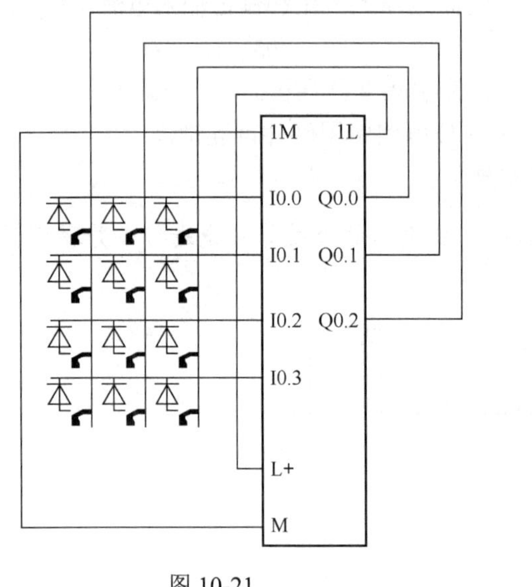

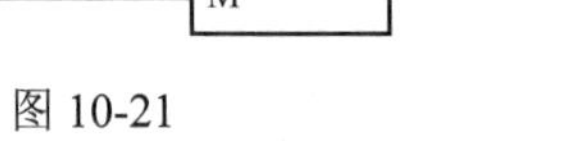

图 10-21

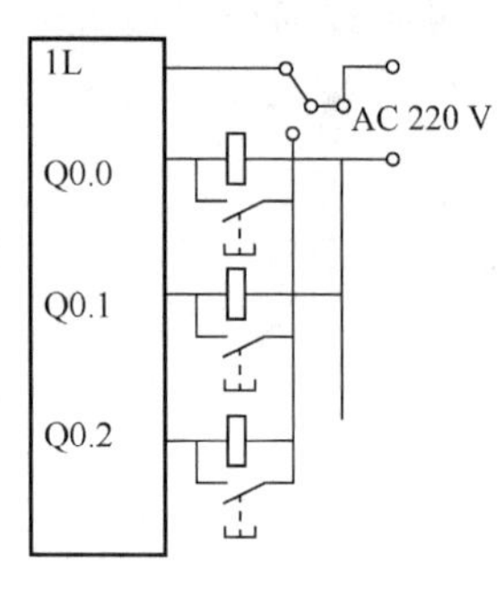

图 10-22

（8）当输出点不够时，可参考下列方法扩展。

- 分组控制法。对不同时工作的负载，可通过分组控制的方法减少对输出点的使用，如图 10-23 所示。
- 输出继电器接点译码法。通过输出继电器接点译码可扩展输出点，如图 10-24 所示。

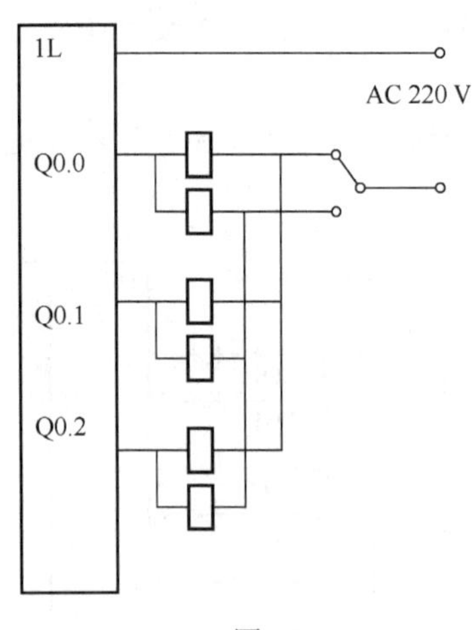

图 10-23

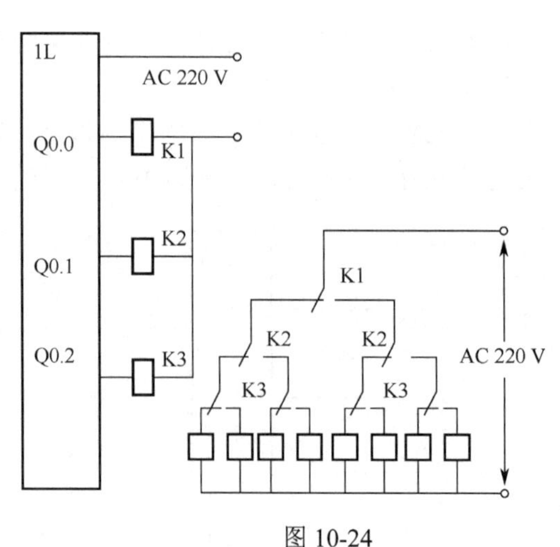

图 10-24

10.2.4 电气柜结构设计

PLC 的主机和扩展单元可以和电源断路器、控制变压器、主控继电器及保护电器一起安装在控制柜内，既要防水、防粉尘、防腐蚀，又要注意散热。当 PLC 的环境温度高于 55℃时，要用风扇强制冷却。

与 PLC 装在同一个开关柜内但不是由 PLC 控制的电感元件，如接触器线圈，应并联消弧电路，保证 PLC 不受干扰。

PLC 在柜内应远离动力线，两者之间的距离应大于 200 mm，PLC 与柜壁间的距离不得小于 100mm，与顶盖、底板间的距离要在 150 mm 以上。

10.2.5　现场布线图设计

PLC 系统应单独接地，其接地电阻应小于 100Ω，不可与动力电网共用接地线，也不可接在自来水管或房屋钢筋构件上，但允许多个 PLC 主机或与弱电系统共用接地线，接地极应尽量靠近 PLC 主机。

控制线要注意与动力线分开敷设（最好保持 200 mm 以上的距离），分不开时要加屏蔽措施，屏蔽要有良好接地。控制线要远离有较强电气过渡现象发生的设备（如晶闸管整流装置、电焊机等）。交流线与直流线、输入线与输出线都最好分开走线。开关量、模拟量 I/O 线最好分开敷设，后者最好用屏蔽线。

10.2.6　冗余设计

冗余设计的目的是在 PLC 已可靠工作的基础上，再进一步提高其可靠性，减小出故障的概率，减少故障后修复的时间。

1. 冷备份冗余设计

在冗余控制系统中，整个 PLC 控制系统（或系统中最重要的部分，如 CPU 模块）有一套或多套作为备份。冷备份冗余系统是指备份的模板没有安装在设备上，只是放在备份库待用，如图 10-25 所示。如何选择冷备份的数量，需要谨慎考虑。

2. 热备份冗余设计

热备份冗余系统是指冗余的模板在线工作，只是不参与控制，如图 10-26 所示。一旦参与控制的模板出现故障，它可自动接替工作，系统不会受到停机损失。

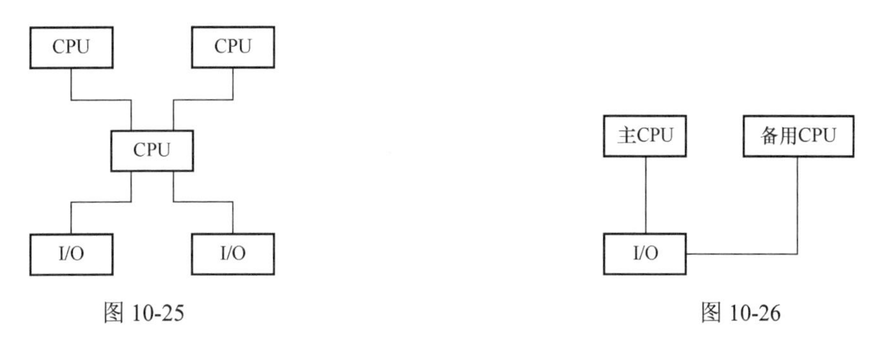

图 10-25　　　　图 10-26

10.2.7　软件抗干扰方法

软件滤波也是现在经常采用的方法，该方法可以很好地抑制对模拟信号的瞬时干扰。在控制系统中，最常用的是均值滤波法：用 N 次采样值的平均值来代替当前值，每新采样一次

就与最近 $N-1$ 次的历史采样值相加，然后除以 N，其结果作为当前采样值。软件滤波的算法很多，根据控制要求来决定具体算法。另外，在软件上还可以进行其他处理，如看门狗定时设置。

10.2.8 工作环境处理

环境条件对可编程控制器的控制系统可靠性影响很大，必须针对具体应用场合采取相应的改善环境措施。环境条件主要包括温度、湿度、振动和冲击，以及空气质量等。

1. 温度

高温容易使半导体器件性能恶化，使电容器件等漏电流增大，模拟回路的漂移增大，精度降低，从而造成 PLC 故障率提升，寿命降低。温度过低，模拟回路的精度也会降低，回路的安全系数变小，甚至引起控制系统的动作不正常。特别是当温度急剧变化时，影响更大。

解决高温问题，一是在盘、柜内设置风扇或冷风机；二是把控制系统置于有空调的控制室内；三是当安装控制器时上下要留有适当的通风距离，当给 I/O 模块配线时要使用导线槽，以免妨碍通风。电阻器或电磁接触器等发热体应远离控制器，并且把控制器安装在发热体的下面。解决低温问题则相反，一是在盘、柜内设置加热器；二是停运时不切断控制器和 I/O 模块的电源。

2. 湿度

在湿度大的环境中，水分容易通过金属表面的缺陷浸入内部，引起内部元件恶化，印制电路板可能由于高压或高浪涌电压而引起短路。在极干燥的环境下，绝缘物体上会产生静电，特别是集成电路，由于输入阻抗高，可能因静电感应而损坏。

当控制器不运行时，温度、湿度的急骤变化可能引起结露，使绝缘电阻大大降低，特别是交流输入/输出模块，绝缘的恶化可能引起预料不到的事故。对湿度过大的环境，要采取适当的措施降低环境湿度：一是把盘、柜设计成密封型并加入吸湿剂；二是把外部干燥的空气引入盘、柜内；三是在印制电路板上涂覆一层保护层，如松香水等。在湿度低、干燥的环境下，人体应尽量不接触模块，以防感应静电损坏器件。

3. 振动和冲击

当一般可编程控制器的振动和冲击频率超过极限时，会引起电磁阀或断路器误动作、机械结构松动、电气部件疲劳损坏，以及连接器的接触不良等后果。在有振动和冲击时，主要措施是要查明振动源，采取相应的防振措施，如采用防振橡皮、对振动源隔离等。

4. 空气质量

PLC 系统周围的空气中不能混有尘埃、导电性粉末、腐蚀性气体、油雾和盐分等。尘埃可引起接触部分接触不良或堵住过滤器的网眼；导电性粉末可引起误动作、绝缘性能变差和短路等；油雾可能会引起接触不良、腐蚀塑料；腐蚀性气体和盐分会腐蚀印制电路板、接线头及开关触点，从而造成继电器或开关类的可动部件接触不良。

对不清洁环境中的空气可采取以下措施：

一是盘、柜采用密封型结构；

二是盘、柜内充入正压清洁空气，使外界不清洁空气不能进入盘、柜内部。

10.3 PLC 控制系统的设计

本节由浅入深地介绍几个控制系统的设计，其中包括三级皮带运输机和机械手工作控制等，通过对这些例子的介绍，使读者更好地理解 S7-200 SMART PLC 的指令系统及 PLC 控制系统的设计方法与硬件连接等。

10.3.1 实例：三级皮带运输机

1. 确定设计任务书

三级皮带运输机分别由 Ml、M2、M3 三台三相异步电动机拖动，启动时要求先打开料斗汽缸和电动机 M1，以 5s 的时间间隔，按 Ml、M2、M3 的顺序启动；停止时要求先关闭料斗汽缸，以 10s 的时间间隔，按 M1、M2、M3 的顺序停止。三级皮带运输机的工作示意图如图 10-27 所示，三级皮带运输机的主电路如图 10-28 所示。

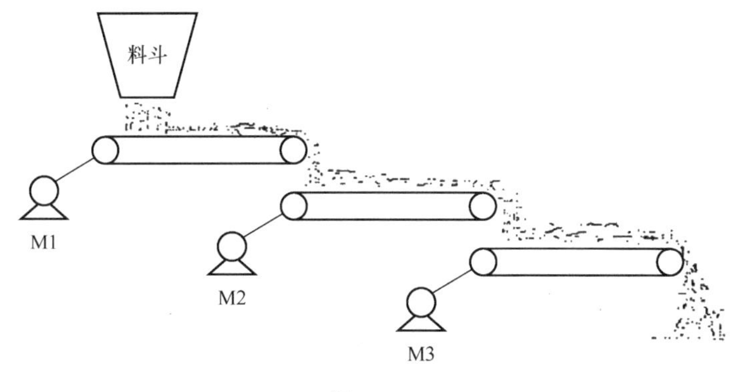

图 10-27

2. 确定外围 I/O 设备

（1）输入设备。3 个按钮分别为启动按钮 SB1、停止按钮 SB2 和急停按钮 SB3；3 个热继电器。

（2）输出设备。3 个接触器分别控制 3 级皮带的电动机，一个汽缸控制料斗开关。

3. 选定 PLC 的型号

选用的 PLC 是西门子公司 S7-200 SMART 系列 CPU SR30。

4. 编制编程元件地址分配表

对输入/输出设备分配 I/O 地址，其分配表如表 10-1 所示。

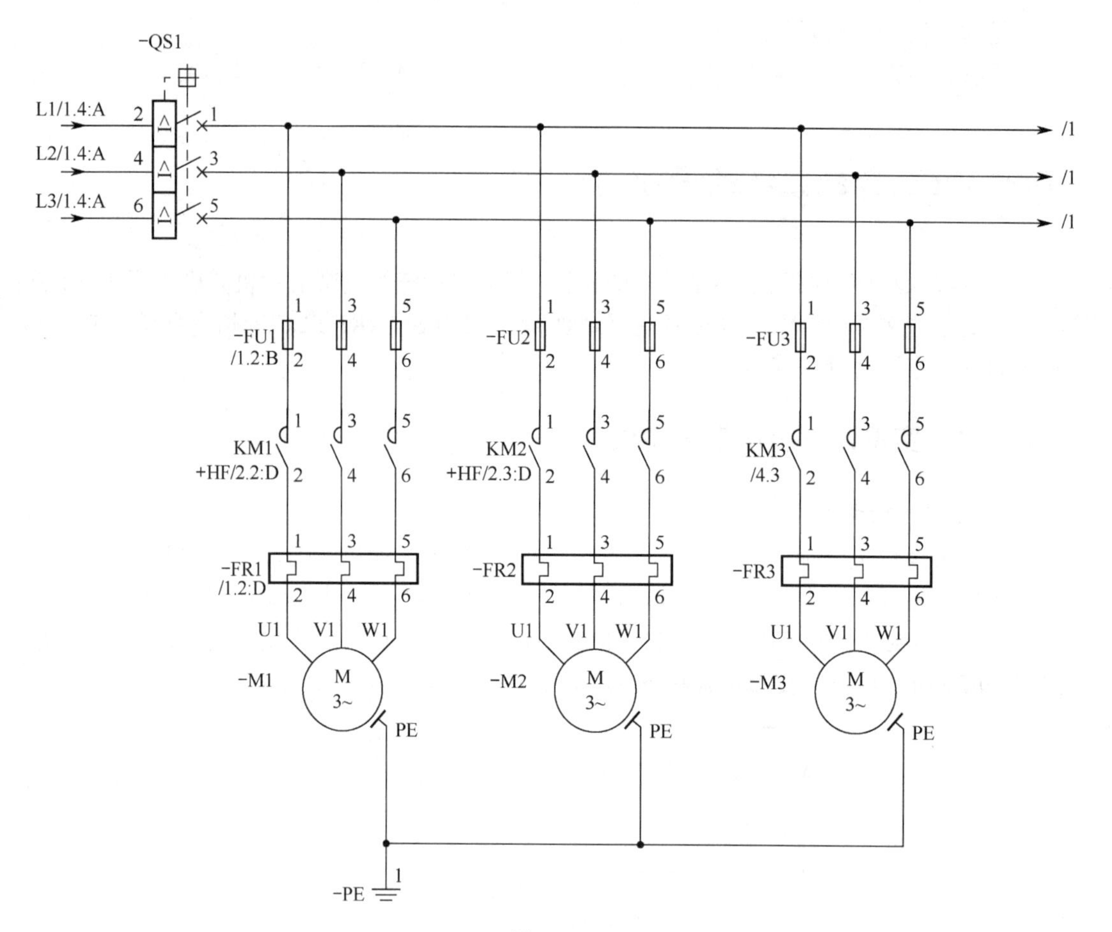

图 10-28

表 10-1

PLC 地址	外 围 元 件	说　　明
I0.0	SB1	启动按钮
I0.1	SB2	停止按钮
I0.2	SB3	急停按钮
I0.3	FR1	热过载继电器 1
I0.4	FR2	热过载继电器 2
I0.5	FR3	热过载继电器 3
Q0.0	KA1	料斗汽缸
Q0.1	KM1	M1 电动机接触器
Q0.2	KM2	M2 电动机接触器
Q0.3	KM3	M3 电动机接触器

5. 硬件连接图

本系统的工作电源采用 DC 24V 输入/输出的形式，根据外围 I/O 设备确定 PLC 外部接线图，如图 10-29 所示。

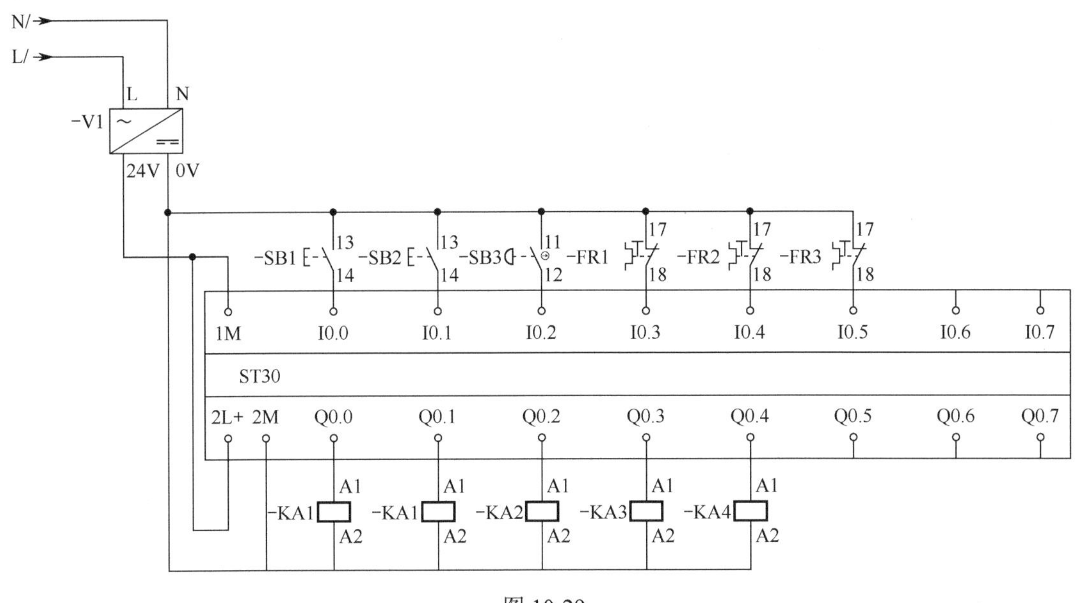

图 10-29

6. 程序设计

分析控制要求：根据 3 台电动机启动与停止的顺序可知，实际上按下 I0.0 启动 Ml 至 M3 为顺序启动过程，按下 I0.1 停止从 M1 至 M3 停止为顺序停止过程，间隔时间由定时器产生的脉冲信号来实现操作，无特殊要求优先选用 100ms 时基的定时器。初步确定分两大块完成，一是顺序启动，二是顺序停止。两块中又可以按照需要分成几步来完成。电动机正常时热过载继电器不动作，当电动机过载或烧坏时，热过载继电器动作，常闭断开，通常这种 3 台电动机协调工作的场合有任何一台发生故障都必须全部停止。

编写程序的步骤：

① 先编写手动部分（调试程序所用到的程序）。

② 编写自动程序，以满足基本控制要求为目的，适当将复杂程序进行分步，逐步完成程序编写，简化程序，思路清晰。

③ 最后增加辅助程序（热继保护、急停和故障报警等）。

三级皮带运输机程序如图 10-30 所示。

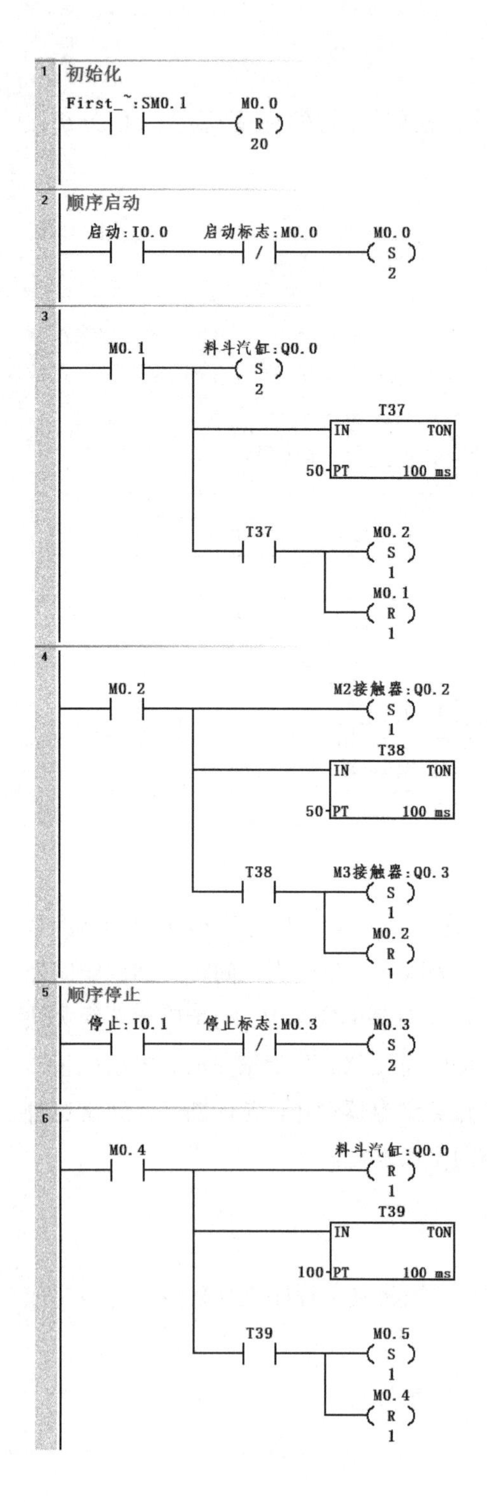
1
初始化
First_~:SM0.1
M0.0
R
20
2
顺序启动
启动:I0.0
启动标志:M0.0
M0.0
S
2
3
M0.1
料斗汽缸:Q0.0
S
2
T37
IN
TON
50
PT
100 ms
T37
M0.2
S
1
M0.1
R
1
4
M0.2
M2接触器:Q0.2
S
1
T38
IN
TON
50
PT
100 ms
T38
M3接触器:Q0.3
S
1
M0.2
R
1
5
顺序停止
停止:I0.1
停止标志:M0.3
M0.3
S
2
6
M0.4
料斗汽缸:Q0.0
R
1
T39
IN
TON
100
PT
100 ms
T39
M0.5
S
1
M0.4
R
1

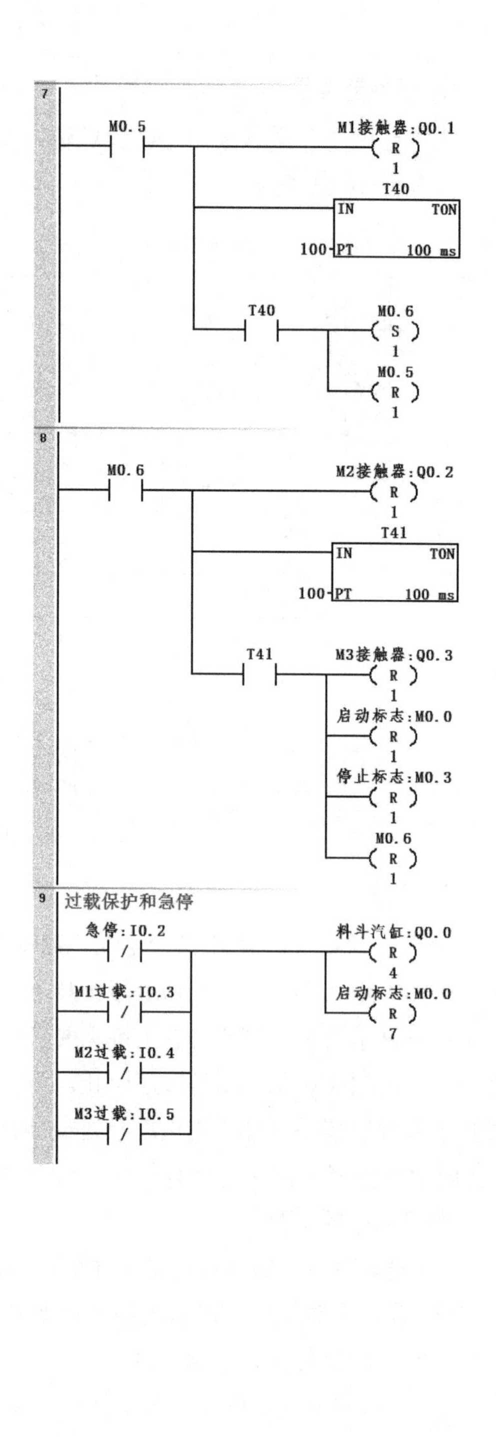
7
M0.5
M1接触器:Q0.1
R
1
T40
IN
TON
100
PT
100 ms
T40
M0.6
S
1
M0.5
R
1
8
M0.6
M2接触器:Q0.2
R
1
T41
IN
TON
100
PT
100 ms
T41
M3接触器:Q0.3
R
1
启动标志:M0.0
R
1
停止标志:M0.3
R
1
M0.6
R
1
9
过载保护和急停
急停:I0.2
料斗汽缸:Q0.0
R
4
M1过载:I0.3
启动标志:M0.0
R
7
M2过载:I0.4
M3过载:I0.5

图 10-30

10.3.2　实例：利用 SMART 两轴运动控制走异形轨迹

为适应中国市场的特点，满足非标小型自动化控制对运动控制的需求，SMART 增强了高速脉冲输出运动控制功能，CPU 本体集成了三轴运动控制，最高输出频率可达 100kHz。

本例主要练习使用运动控制向导实现运动组态，以及调用向导生成的子程序完成运动控制程序的编写。本例利用雕刻机为实验设备，如图 10-31 所示。

1. 确定设计任务书

利用 PLC 控制三轴雕刻机实现五角星运动，其运动轨迹如图 10-32 所示。

控制要求：

（1）雕刻机利用步进电动机带动滚珠丝杆驱动，丝杆螺距为 5mm。

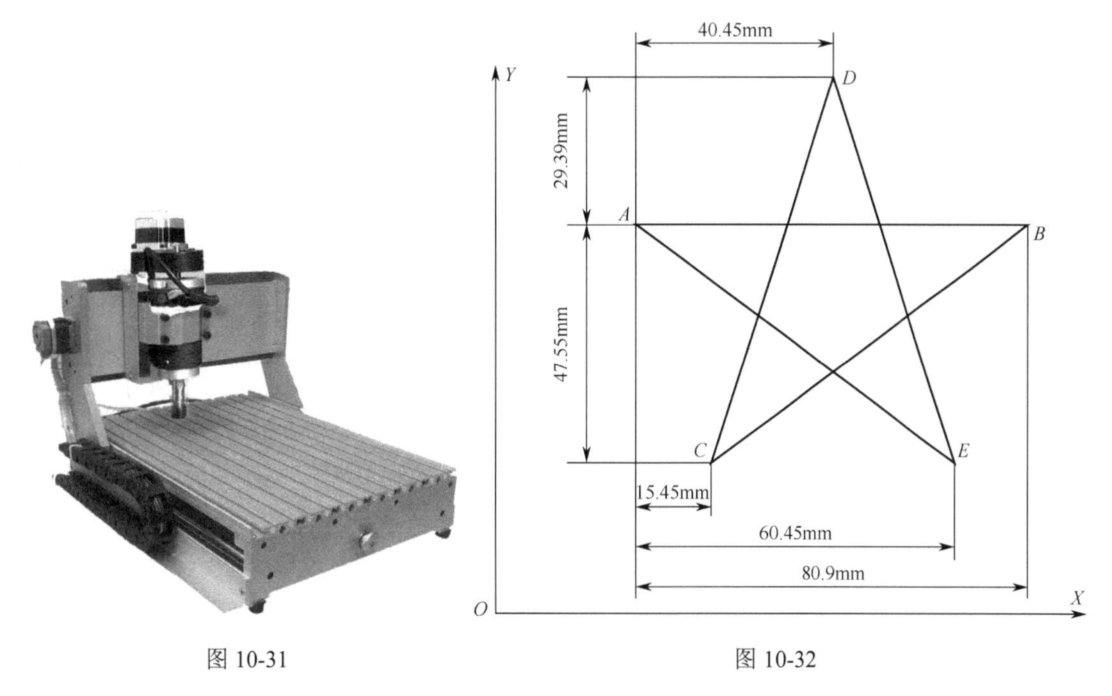

图 10-31　　　　图 10-32

（2）按下启动 I0.0 开始运动，无论运动到哪个位置，中途按下急停 I0.1 或断电均可以保存当前状态，再次按下启动接着停止前的状态继续运动，直至完成后停止。

（3）配合触摸屏画面，要求在触摸屏上可以手动操作两个轴正/反转，可以设定参考点，也可以实时显示当前位置及修改实际运行速度。

2. 确定外围 I/O 设备

（1）输入设备。

输入设备包括启动按钮 SB1、停止按钮 SB2。

（2）输出设备。

输出设备包括 3 台步进电动机。

由此还用到一块威纶通 MT 8071 IP 的触摸屏。

3. 选定 PLC 的型号

选用的 PLC 是西门子公司的 S7-200 SMART 系列小型 PLC——CPU ST30。

4. 编制编程元件地址分配表

五角星 I/O 分配表如表 10-2 所示。

表 10-2

编 程 元 件	编 程 地 址	说　　明
输入元件	I0.0	启动
	I0.1	停止
输出元件	Q0.0	*X* 轴脉冲
	Q0.1	*Y* 轴脉冲
	Q0.2	*X* 轴方向
	Q0.3	*Z* 轴脉冲
	Q0.7	*Y* 轴方向
	Q1.0	*Z* 轴方向

5. 外部接线图

PLC 的外部接线图如图 10-33 所示。

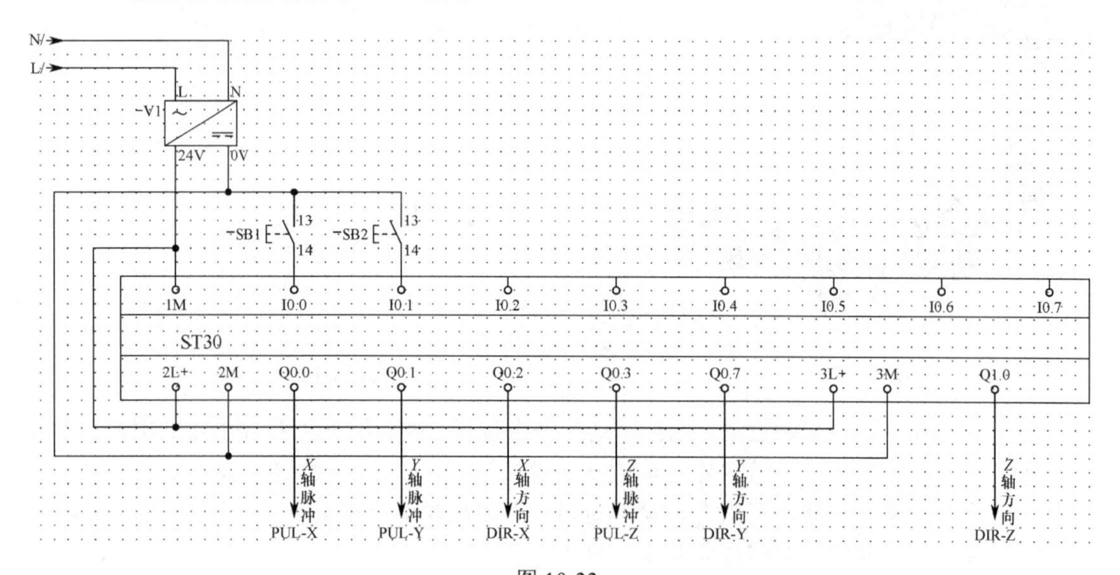

图 10-33

6. 程序设计

该程序用到 SMART 运动控制功能，首先要对运动控制向导进行组态。相关组态设置如图 10-34～图 10-40 所示，其他未修改的省略。

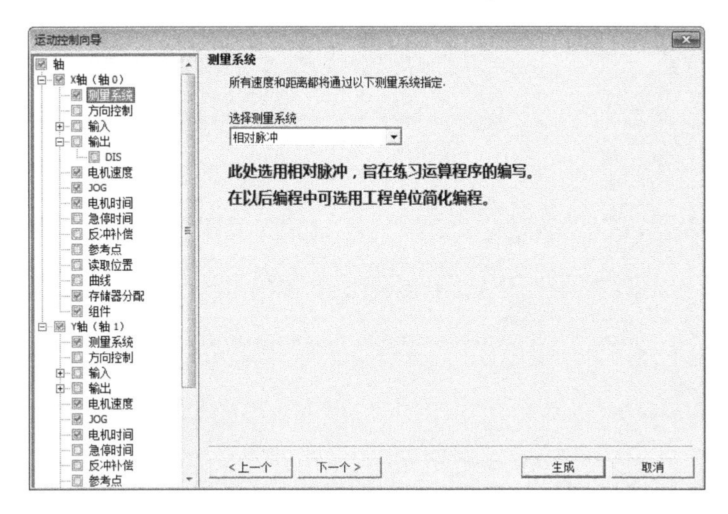

图 10-34

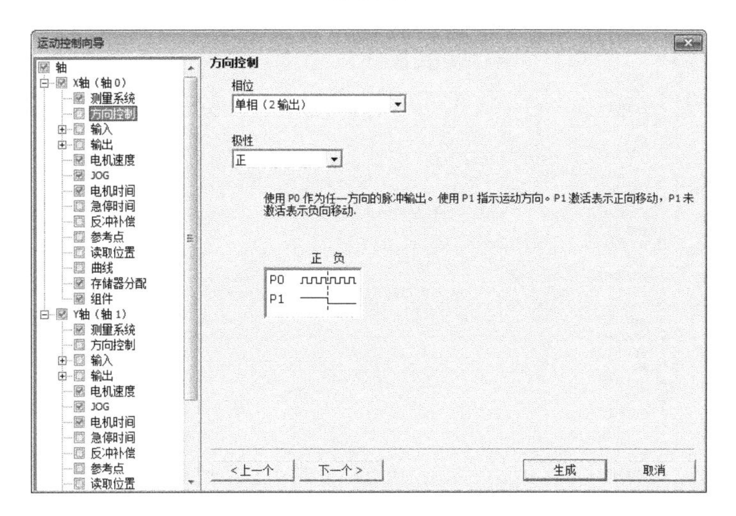

图 10-35

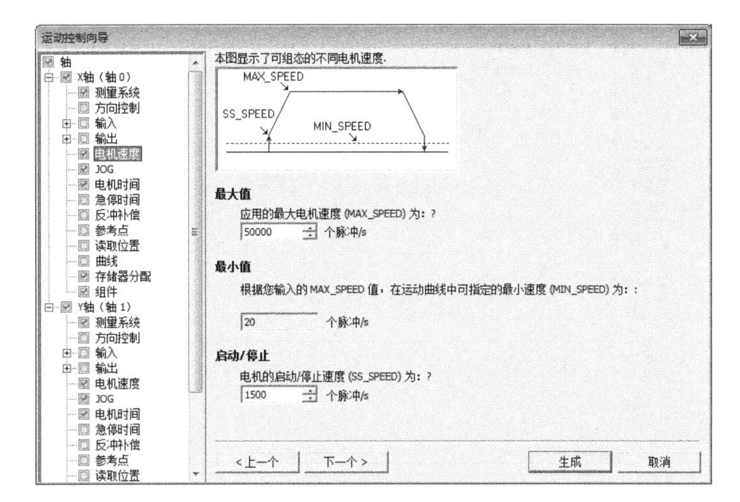

图 10-36

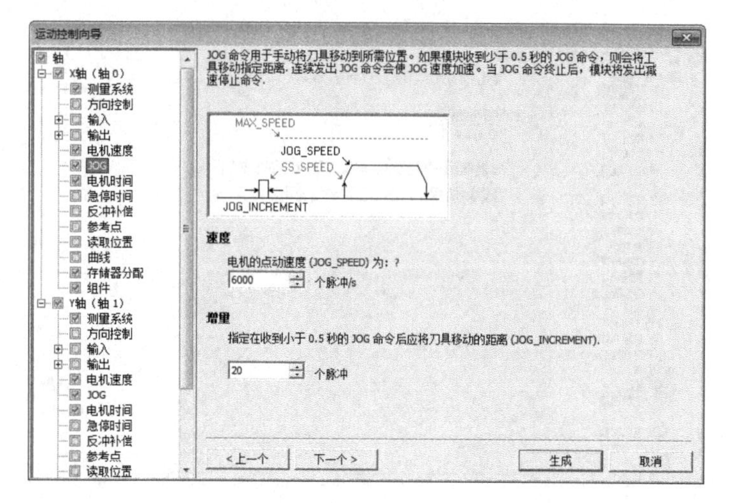

图 10-37

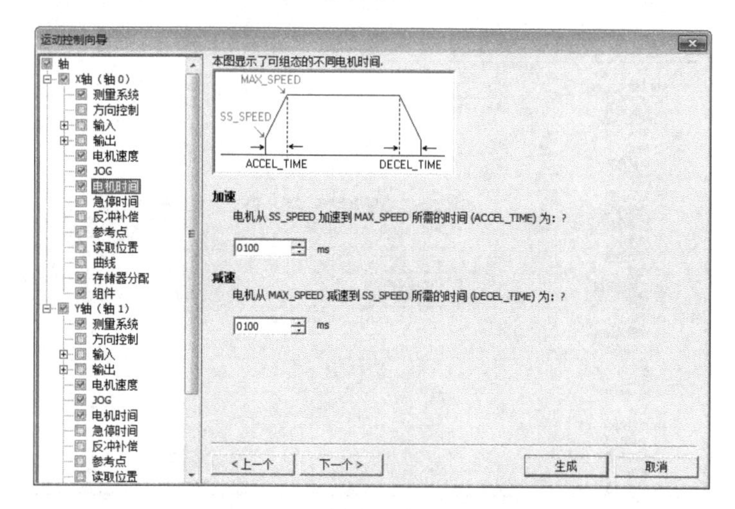

图 10-38

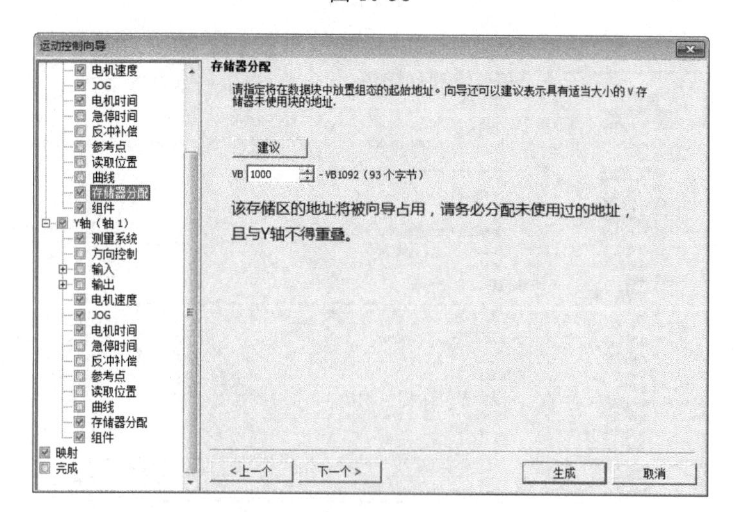

图 10-39

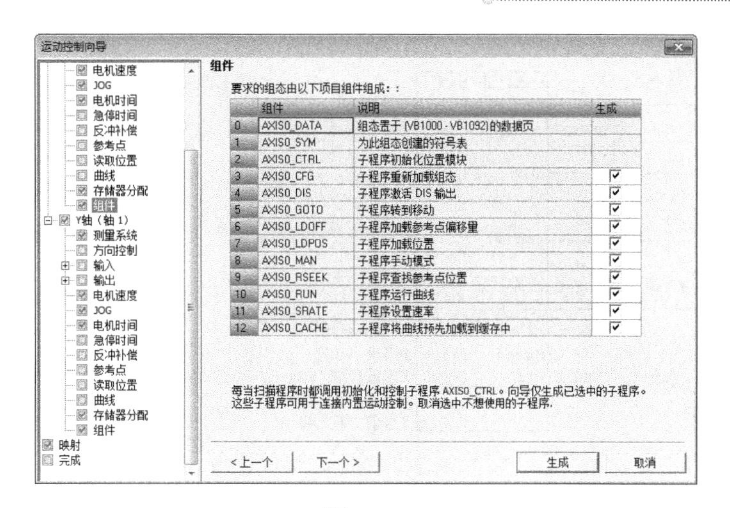

图 10-40

Y 轴组态与 *X* 轴组态类似，此处不赘述。组态好 *Y* 轴后查看映射，如图 10-41 所示。

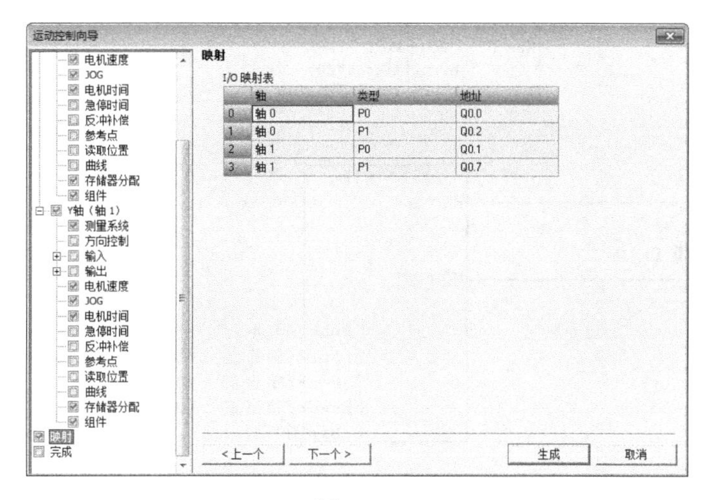

图 10-41

完成组态后，系统将自动生成不同功能组件，我们可以调用组件进行编程，程序如下：

```
1  初始化
   First_~:SM0.1      M0.0
   ──┤ ├──────────( R )
                     100

2  X轴初始化
   Always~:SM0.0              AXIS0_CTRL
   ──┤ ├──────────────────EN

   Always~:SM0.0
   ──┤ ├──────────────────MOD_EN

                                    Done├M0.0
                                   Error├X错误:VB0
                                   C_Pos├X当前位置:VD4
                                  C_Spe~├X当前速度:VD8
                                   C_Dir├X当前方向:M0.1
```

3 X轴手动

运行标志:M3.0 —|/|— EN
Always~:SM0.0 —|/|— RUN
X手动前进:M2.0 X手动后退:M2.1 —| |—|/|— JOG_P
X手动后退:M2.1 X手动前进:M2.0 —| |—|/|— JOG_N

AXIS0_MAN
0 - Speed; Error - X错误:VB0
First_~:SM0.1 - Dir; C_Pos - X当前位置:VD4
C_Spe~ - X当前速度:VD8
C_Dir - X当前方向:M0.1

4 X轴建立参考点

运行标志:M3.0 —|/|— EN
参考点:M2.2 —| |—|P|— START

AXIS0_LDPOS
0 - New_P~; Done - M0.2
Error - X错误:VB0
C_Pos - X当前位置:VD4

5 Y轴初始化

Always_~:SM0.0 —| |— EN
Always_~:SM0.0 —| |— MOD_EN

AXIS1_CTRL
Done - M0.3
Error - Y轴错误~:VB100
C_Pos - Y轴当前~:VD104
C_Speed - Y轴当前~:VD108
C_Dir - M0.4

6 Y轴手动

启动标志:M10.0 —|/|— EN
Always_On:SM0.0 —|/|— RUN
Y轴手动正转:M2.3 Y轴手动反转:M2.4 —| |—|/|— JOG_P
Y轴手动反转:M2.4 Y轴手动正转:M2.3 —| |—|/|— JOG_N

AXIS1_MAN
0 - Speed; Error - Y轴错误~:VB100
First_Sc~:SM0.1 - Dir; C_Pos - Y轴当前~:VD104
C_Speed - Y轴当前~:VD108
C_Dir - M0.5

7 Y轴建立虚拟参考点

运行标志:M3.0 —|/|— AXIS1_LDPOS EN

参考点:M2.2 —| |—|P|— START

0 - New_Pos　Done - M0.6

Error - Y轴错误~:VB100

C_Pos - Y轴当前~:VD104

8 建立参考点

参考点:M2.2 —| |—|P|— 运行标志:M3.0 —|/|— MOV_B EN　ENO

0 - IN　OUT - 当前边~:VB212

M0.0 —(R) 100

9 启动

启动:M2.5 —| |— 运行标志:M3.0 —|/|— 运行标志:M3.0 —(S) 1

当前边~:VB212 —|==B|— 0 — 画第一边~:M3.1 —(S) 1

位置_速度 EN

0.0 - X起点　X脉冲~ - X位置1:VD20

80.9 - X终点　Y脉冲~ - Y位置1:VD120

0.0 - Y起点　X频率 - X速度1:VD24

0.0 - Y终点　Y频率 - Y速度1:VD124

设定速度:VD200 - 设定~

5.0 - 丝杆~

3200.0 - 步进~

当前边~:VB212 —|==B|— 1 — 画第二边~:M3.2 —(S) 1

当前边~:VB212 —|==B|— 2 — 画第三边~:M3.3 —(S) 1

当前边~:VB212 —|==B|— 3 — 画第四边:M3.4 —(S) 1

当前边~:VB212 —|==B|— 4 — 画第五边:M3.5 —(S) 1

10 X轴画第一条边

画第一边~:M3.1 —| |— AXIS0_GOTO EN

画第一边~:M3.1 —| |—|P|— START

X位置1:VD20 - Pos　Done - X完成1:M1.0

X速度1:VD24 - Speed　Error - X错误:VB0

0 - Mode　C_Pos - X当前位置:VD4

停止:M2.6 - Abort　C_Spe~ - X当前速度:VD8

11 Y轴画第一条边

画第一边~:M3.1

画第一边~:M3.1 P

AXIS1_GOTO

EN

START

Y位置1:VD120 Pos Done Y完成1:M1.1

Y速度1:VD124 Speed Error Y错误:VB100

0 Mode C_Pos Y当前位~:VD104

停止:M2.6 Abort C_Spe~ Y当前速~:VD108

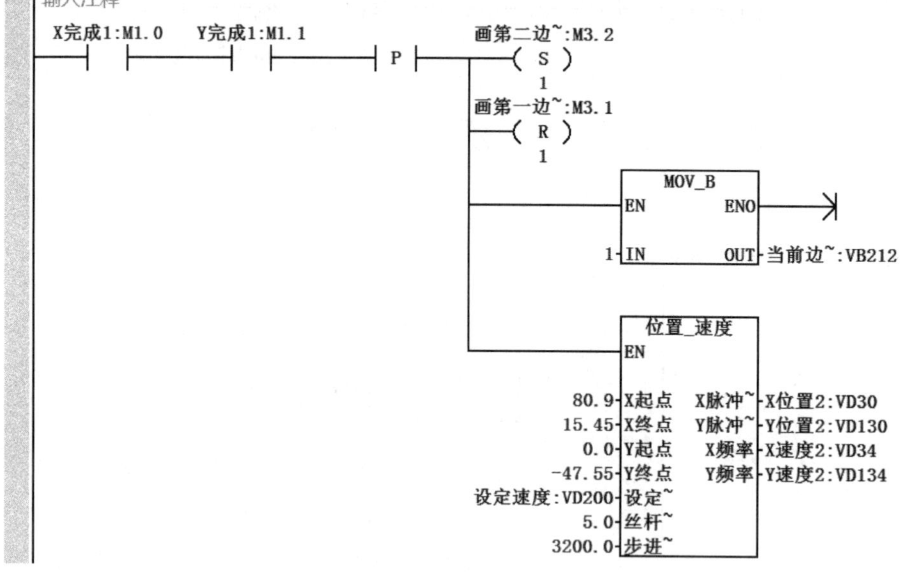

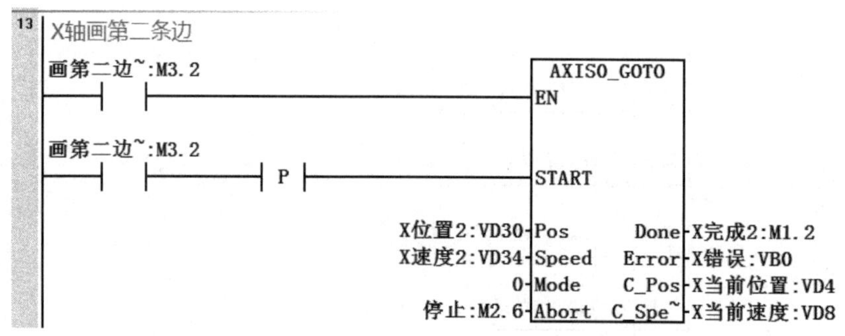

14 Y轴画第二条边

画第二边~:M3.2

画第二边~:M3.2 P

AXIS1_GOTO

EN

START

Y位置2:VD130 Pos Done Y完成2:M1.3

Y速度2:VD134 Speed Error Y错误:VB100

0 Mode C_Pos Y当前位~:VD104

停止:M2.6 Abort C_Spe~ Y当前速~:VD108

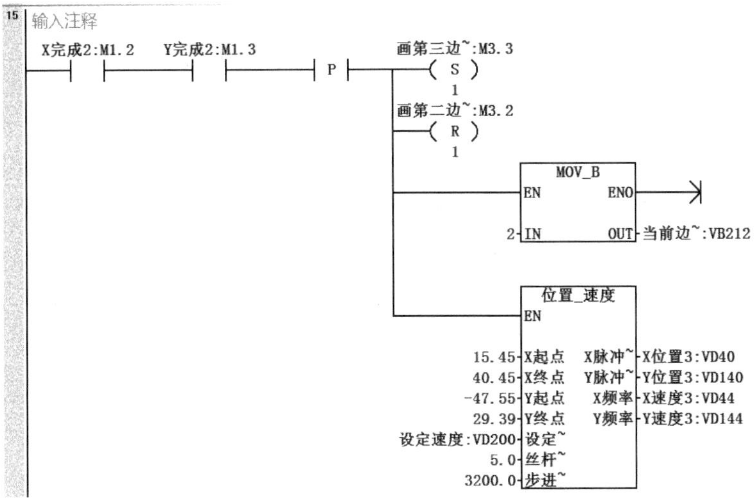

15 输入注释

X完成2:M1.2　Y完成2:M1.3　P

画第三边~:M3.3 (S) 1

画第二边~:M3.2 (R) 1

MOV_B: EN ENO; 2-IN OUT-当前边~:VB212

位置_速度: EN
15.45-X起点　X脉冲~-X位置3:VD40
40.45-X终点　Y脉冲~-Y位置3:VD140
-47.55-Y起点　X频率-X速度3:VD44
29.39-Y终点　Y频率-Y速度3:VD144
设定速度:VD200-设定~
5.0-丝杆~
3200.0-步进~

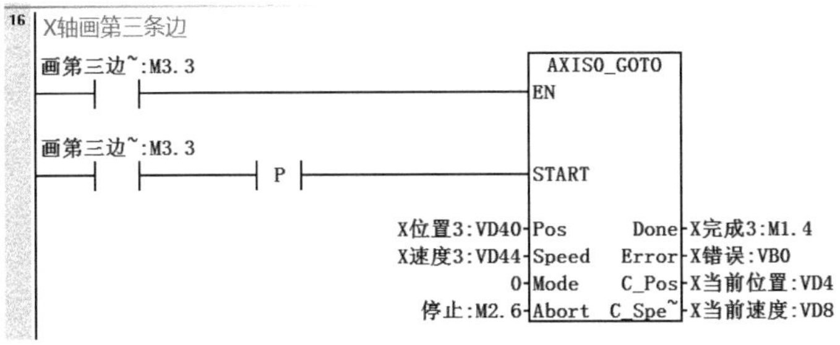

16 X轴画第三条边

画第三边~:M3.3 — EN
画第三边~:M3.3 — P — START

AXIS0_GOTO:
X位置3:VD40-Pos　Done-X完成3:M1.4
X速度3:VD44-Speed　Error-X错误:VB0
0-Mode　C_Pos-X当前位置:VD4
停止:M2.6-Abort　C_Spe~-X当前速度:VD8

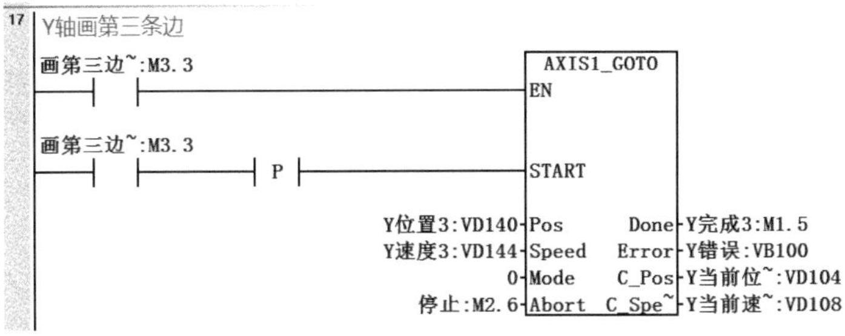

17 Y轴画第三条边

画第三边~:M3.3 — EN
画第三边~:M3.3 — P — START

AXIS1_GOTO:
Y位置3:VD140-Pos　Done-Y完成3:M1.5
Y速度3:VD144-Speed　Error-Y错误:VB100
0-Mode　C_Pos-Y当前位~:VD104
停止:M2.6-Abort　C_Spe~-Y当前速~:VD108

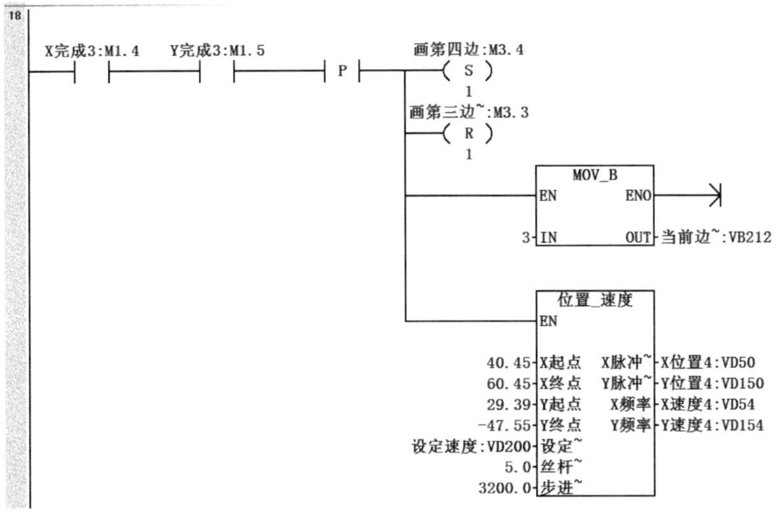

18

X完成3:M1.4　Y完成3:M1.5　P

画第四边:M3.4 (S) 1

画第三边~:M3.3 (R) 1

MOV_B: EN ENO; 3-IN OUT-当前边~:VB212

位置_速度: EN
40.45-X起点　X脉冲~-X位置4:VD50
60.45-X终点　Y脉冲~-Y位置4:VD150
29.39-Y起点　X频率-X速度4:VD54
-47.55-Y终点　Y频率-Y速度4:VD154
设定速度:VD200-设定~
5.0-丝杆~
3200.0-步进~

19 X轴画第四条边

画第四边:M3.4 — AXIS0_GOTO EN
画第四边:M3.4 — P — START
X位置4:VD50 — Pos　Done — X完成4:M1.6
X速度4:VD54 — Speed　Error — X错误:VB0
0 — Mode　C_Pos — X当前位置:VD4
停止:M2.6 — Abort　C_Spe~ — X当前速度:VD8

20 Y轴画第四条边

画第四边:M3.4 — AXIS1_GOTO EN
画第四边:M3.4 — P — START
Y位置4:VD150 — Pos　Done — Y完成4:M1.7
Y速度4:VD154 — Speed　Error — Y错误:VB100
0 — Mode　C_Pos — Y当前位~:VD104
停止:M2.6 — Abort　C_Spe~ — Y当前速~:VD108

21

X完成4:M1.6 — Y完成4:M1.7 — P
画第五边:M3.5 (S) 1
画第四边:M3.4 (R) 1
MOV_B: EN　ENO; 4 — IN　OUT — 当前边~:VB212
位置_速度: EN
60.45 — X起点　X脉冲~ — X位置5:VD60
0.0 — X终点　Y脉冲~ — Y位置5:VD160
-47.55 — Y起点　X频率 — X速度5:VD64
0.0 — Y终点　Y频率 — Y速度5:VD164
设定速度:VD200 — 设定~
5.0 — 丝杆~
3200.0 — 步进~

22 X轴画第五条边

画第五边:M3.5 — AXIS0_GOTO EN
画第五边:M3.5 — P — START
Y位置1:VD120 — Pos　Done — X完成5:M4.0
Y速度1:VD124 — Speed　Error — X错误:VB0
0 — Mode　C_Pos — X当前位置:VD4
停止:M2.6 — Abort　C_Spe~ — X当前速度:VD8

23 Y轴画第五条边

画第五边:M3.5 — AXIS1_GOTO EN
画第五边:M3.5 — P — START
Y位置3:VD140 — Pos　Done — Y完成5:M4.1
Y速度3:VD144 — Speed　Error — Y错误:VB100
0 — Mode　C_Pos — Y当前位~:VD104
停止:M2.6 — Abort　C_Spe~ — Y当前速~:VD108

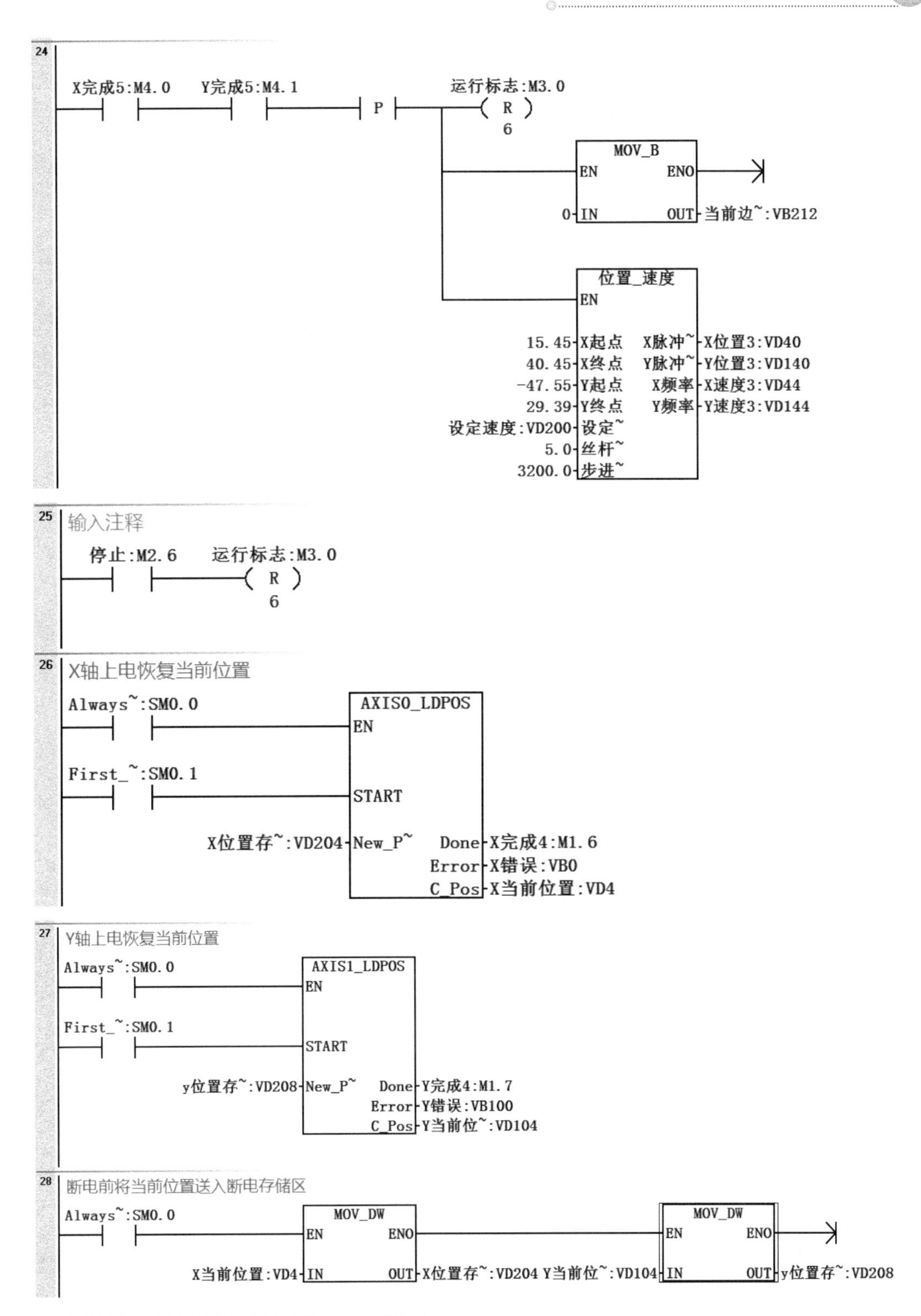

配合设计的触摸屏画面如图 10-42 所示。

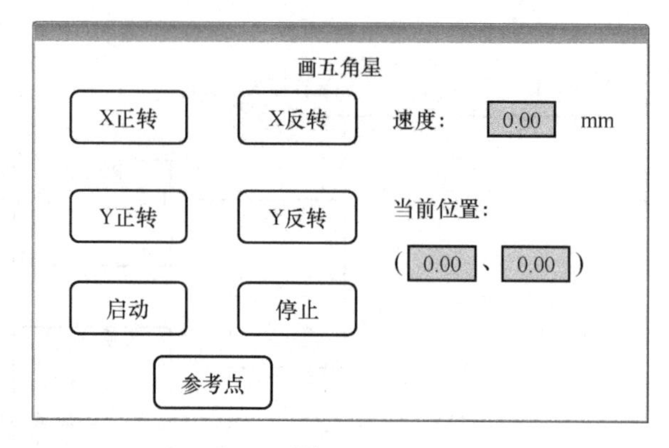

图 10-42

10.3.3 实例：利用 PLC 控制实现 PID 变频恒压供水

1. 确定设计任务书

恒压供水系统的示意图如图 10-43 所示。

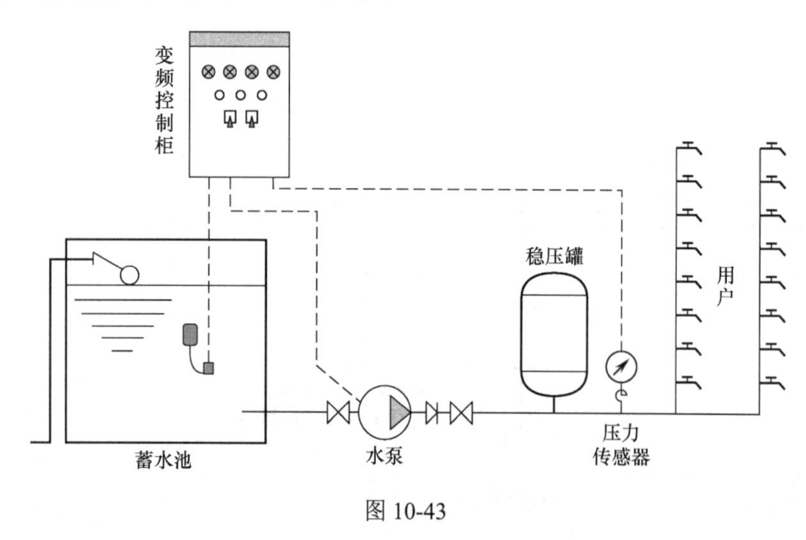

图 10-43

2. 确定外围 I/O 设备

（1）输入设备。

两个按钮控制系统的启动/停止、1 个压力传感器。

（2）输出设备。

一台水泵由西门子 V20 变频器驱动。

3. 选定 PLC 的型号

选用的 PLC 是西门子公司的 S7-200 SMART 系列小型 PLC——CPU ST30+模拟量扩展模块 EMAM03。

4. 编制编程元件地址分配表

输入/输出编程元件地址分配如表 10-3 所示。

表 10-3

编 程 元 件	编 程 地 址	说　明
输入元件	I0.0	启动按钮 SB1
	I0.1	停止按钮 SB2
	AIW16	压力传感器反馈
输出元件	Q0.0	水泵启动
	AQW16	控制频率输出

5. 外围接线

外围接线如图 10-44 所示。

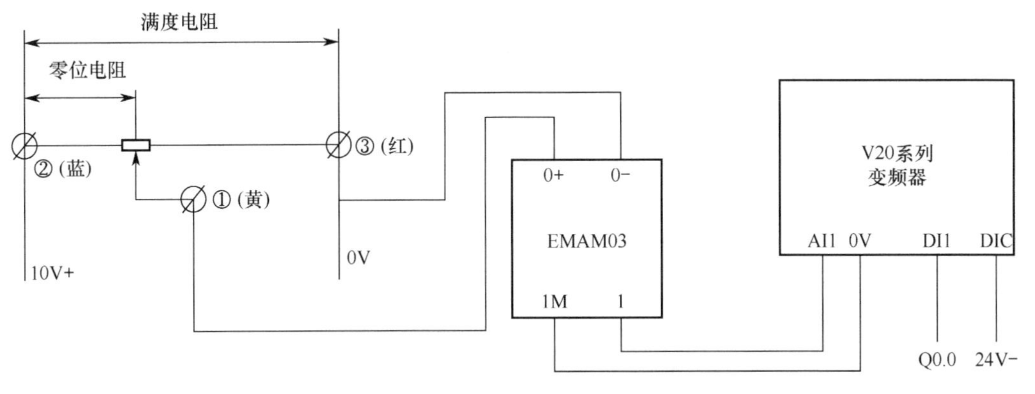

图 10-44

6. 程序设计

（1）系统块组态。

本系统用到扩展模块，所以应先对模块属性进行设置，如图 10-45 所示。

系统块

	模块	版本	输入	输出	订货号
CPU	CPU ST30 (DC/DC/DC)	V02.03.00_00.00...	I0.0	Q0.0	6ES7 288-1ST30-0AA0
SB					
EM 0	EM AM03 (2AI / 1AQ)		AIW16	AQW16	6ES7 288-3AM03-0AA0
EM 1					
EM 2					
EM 3					
EM 4					
EM 5					

通信
数字量输入
I0.0 - I0.7
I1.0 - I1.7
I2.0 - I2.7
数字量输出
保持范围
安全
启动

以太网端口
IP 地址数据固定为下面的值，不能通过其它方式更改
IP 地址：
子网掩码：
默认网关：
站名称：
背景时间
选择通信背景时间 (5 - 50%)
10
RS485 端口
通过 RS485 端口设置可调整 HMI 用来通信的通信参数.
地址：2
波特率：9.6 kbps
确定　取消

图 10-45

（2）PID 向导组态。

变频恒压供水用到 PID 控制，需要先对 PID 向导进行组态，如图 10-46～图 10-52 所示。

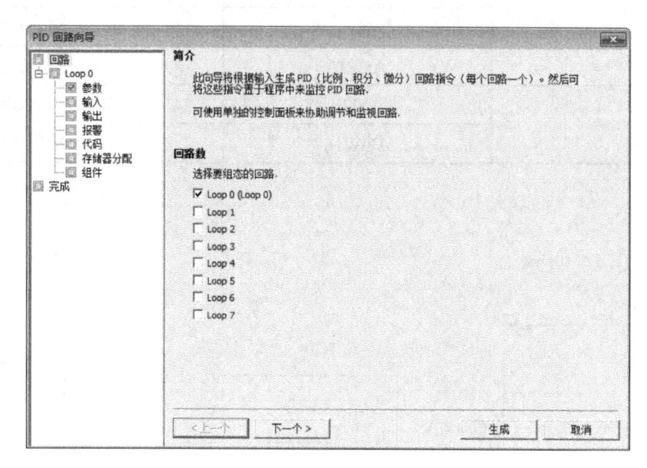

图 10-46

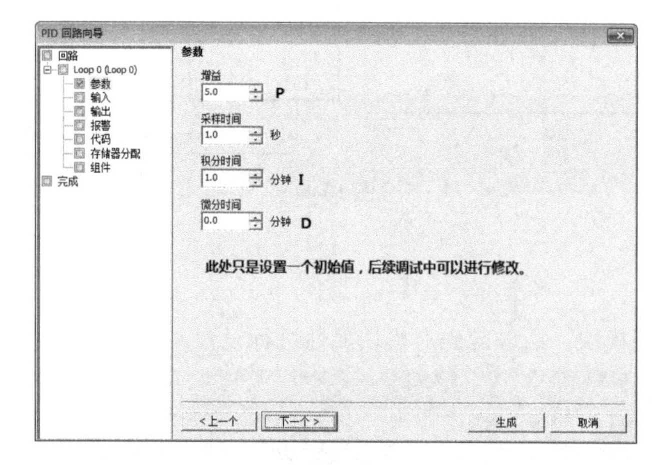

图 10-47

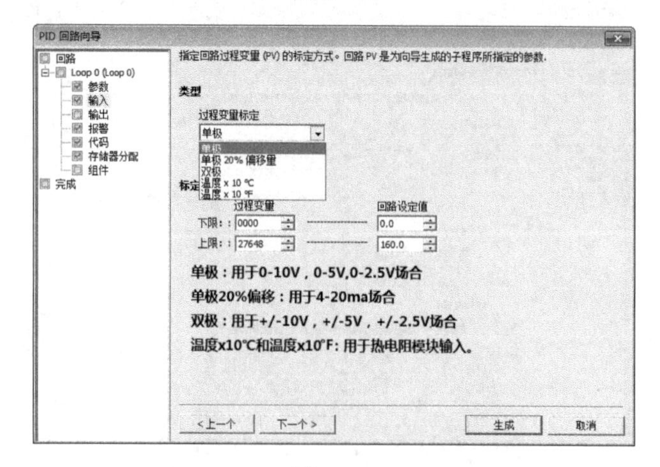

图 10-48

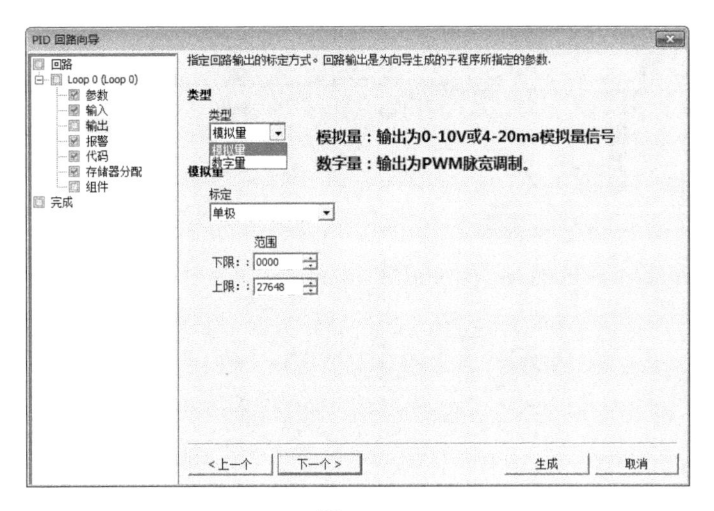

图 10-49

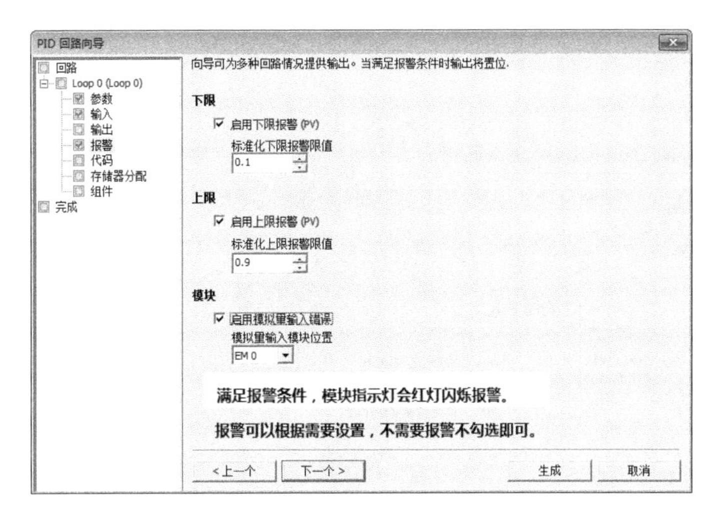

图 10-50

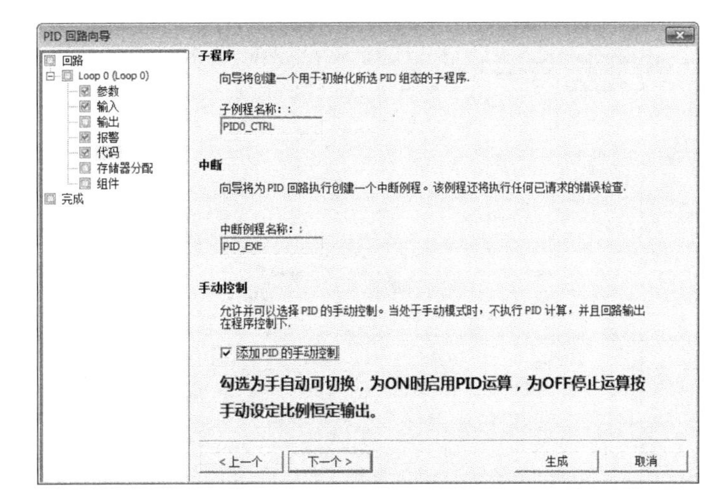

图 10-51

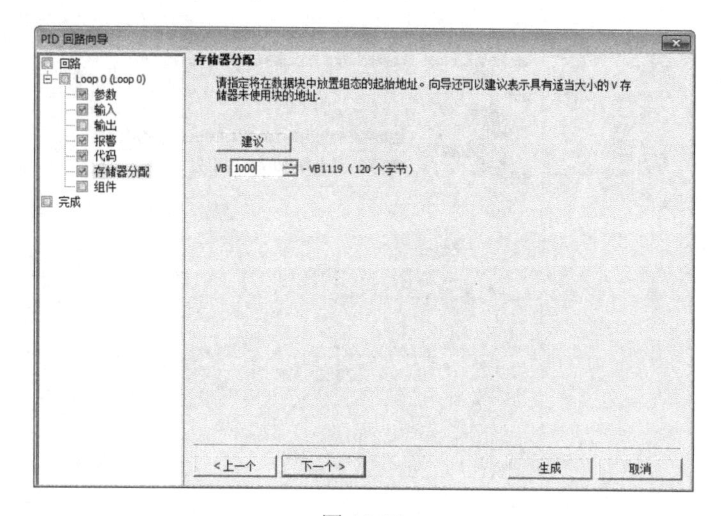

图 10-52

（3）程序编写。

编写程序如下。

```
1
启动:I0.0      停止:I0.1      变频启动:Q0.0
--| |----+------|/|-----------(   )
         |
变频启动:Q0.0
--| |----+

2
变频启动:Q0.0                  PID0_CTRL
--| |------------------------EN
          压力反馈:AIW16-PV_I       Output-PID输出:AQW16
            设定压力:0.3-Setpoi~   HighAl~-高压报警:Q0.1
         手自动切换:M0.0-Auto_M~   LowAla~-低压报警:Q0.2
                     0.5-Manual~   Module~-模块错误报警:Q0.3
```

编写好程序后利用 SMART 提供的 PID 面板调试工具对 PID 参数进行调试，如图 10-53 所示。

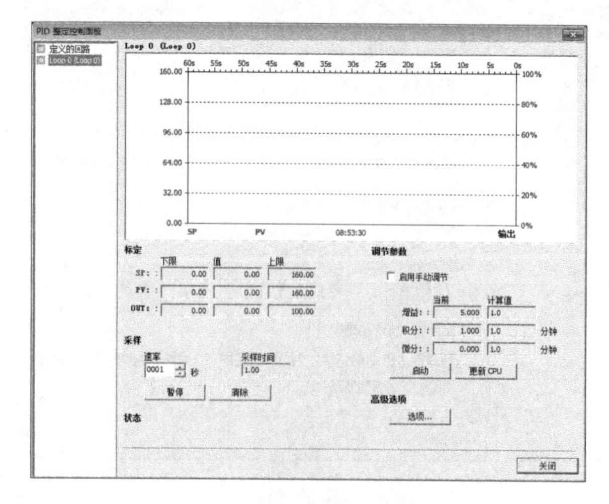

图 10-53

10.4 实践知识拓展

1）提高 PLC 可靠性的要求

随着科学技术的发展，PLC 在工业控制中的应用越来越广泛。PLC 控制系统的可靠性直接影响工业企业的安全生产和经济运行，系统的抗干扰能力是关系整个系统可靠运行的关键。自动化系统中所使用的各种类型 PLC，有的集中安装在控制室，有的安装在生产现场和各电动机设备上，它们大多处在强电电路和强电设备所形成的恶劣电磁环境中。要提高 PLC 控制系统的可靠性，一方面要求 PLC 生产厂家提高设备的抗干扰能力；另一方面要求工程设计、安装施工和使用维护中均引起高度重视，多方配合才能解决问题，有效增强系统的抗干扰性能。

2）PLC 控制系统的干扰源及干扰源的分类

影响 PLC 控制系统的干扰源与一般影响工业控制设备的干扰源一样，大多产生在电流或电压剧烈变化的部位，这些电荷剧烈移动的部位就是噪声源，即干扰源。

干扰类型通常按产生的原因、噪声干扰模式和噪声波形性质的不同划分。其中，按噪声产生的原因不同，分为放电噪声、浪涌噪声、高频振荡噪声等；按噪声的波形、性质不同，分为持续噪声、偶发噪声等；按噪声干扰模式不同，分为共模干扰和差模干扰。共模干扰和差模干扰是一种比较常用的分类方法。共模干扰是信号对地的电位差主要由电网串入、地电位差及空间电磁辐射在信号线上感应的共态（同方向）电压叠加形成。共模电压有时较大，特别是采用隔离性能差的配电器供电时，变送器输出信号的共模电压普遍较高，有的可高达 130 V 以上。共模电压通过不对称电路可转换成差模电压，直接影响测控信号，造成元器件损坏（这就是一些系统 I/O 模件损坏率较高的主要原因），这种共模干扰可为直流也可为交流。差模干扰是指作用于信号两极间的干扰电压，主要由空间电磁场在信号间耦合感应及由不平衡电路转换共模干扰所形成的电压，这种电压直接叠加在信号上，影响测量与控制精度。

3）PLC 控制系统中来自空间的辐射干扰

空间的辐射电磁场（EMI）主要是由电力网络、电气设备的暂态过程、雷电、无线电广播、电视机、雷达、高频感应加热设备等产生的，通常称为辐射干扰，其分布极为复杂。若 PLC 系统置于辐射频场内，就会受到辐射干扰，其影响主要通过两条途径：一是直接对 PLC 内部的辐射，由电路感应产生干扰；二是对 PLC 通信内网络的辐射，由通信线路的感应引入干扰。辐射干扰与现场设备布置及设备所产生的电磁场大小特别是频率有关，一般通过设置屏蔽电缆和 PLC 局部屏蔽及高压泄放元件进行保护。

4）PLC 控制系统中来自电源的干扰

PLC 系统的正常供电电源均由电网供电。由于电网覆盖范围广，因此将受到所有空间电磁干扰而在线路上感应电压和电流，尤其是电网内部的变化、开关操作浪涌、大型电力设备的启停、交/直流传动装置引起的谐波、电网短路暂态冲击等，都通过输电线路传到电源边。

PLC 电源通常采用隔离电源，但其结构及制造工艺因素使其隔离效果并不理想。实际上，由于分布参数（特别是分布电容）的存在，绝对隔离是不可能的。

5）PLC 控制系统中由信号线引入的干扰

与 PLC 控制系统连接的各类信号传输线，除了传输有效的各类信息之外，总会有外部干扰信号侵入。此干扰主要有两条途径：一是通过变送器供电电源或共用信号仪表的供电电源串入的电网干扰，这往往容易被忽视；二是信号线受空间电磁辐射感应的干扰，即信号线上的外部感应干扰，这是很严重的。由信号引入干扰会引起 I/O 信号工作异常和测量精度大大降低，严重时可能引起元器件损伤。对于隔离性能差的系统，还将导致信号间互相干扰，从而引起共地系统总线回流，造成逻辑数据变化、误动和死机。PLC 控制系统因信号引入干扰造成 I/O 模件损坏数相当严重，由此引起系统故障的情况也很多。

6）PLC 控制系统中来自接地系统混乱的干扰

接地是提高电子设备电磁兼容性（EMC）的有效手段之一。正确的接地既能抑制电磁干扰的影响，又能抑制设备向外发出干扰；而错误的接地反而会引入严重的干扰信号，使 PLC 系统无法正常工作。

PLC 控制系统的地线包括系统地、屏蔽地、交流地和保护地等。接地系统混乱对 PLC 系统的干扰主要是各个接地点电位分布不均，不同接地点间存在地电位差，引起地环路电流，从而影响系统正常工作。例如，电缆屏蔽层必须一点接地，如果电缆屏蔽层两端 A、B 都接地，就会存在地电位差，有电流流过屏蔽层，当发生异常状态，如雷击时，地线电流将更大。

此外，屏蔽层、接地线和大地有可能构成闭合环路，在变化磁场的作用下，屏蔽层内会出现感应电流，通过屏蔽层与芯线之间的耦合干扰信号回路。若系统地与其他接地处理混乱，所产生的地环路电流就可能在地线上产生不等电位分布，影响 PLC 内逻辑电路和模拟电路的正常工作。PLC 工作的逻辑电压干扰容限较低，逻辑地电位的分布干扰容易影响 PLC 的逻辑运算和数据存储，造成数据混乱、程序跑飞或死机。模拟地电位的分布将导致测量精度下降，引起对信号测控的严重失真和误动作。

7）PLC 控制系统中来自 PLC 系统内部的干扰

此类干扰主要由系统内部元器件及电路间的相互电磁辐射产生，如逻辑电路相互辐射及其对模拟电路的影响、模拟地与逻辑地的相互影响及元器件间的相互不匹配使用等。这都属于 PLC 生产厂家对系统内部进行电磁兼容设计的内容，比较复杂，作为应用部门是无法改变的，可不必过多考虑，但应选择具有较多应用实践或经过考验的系统。

8）设计阶段考虑采取抑制措施

为了保证系统在工业电磁环境中免受或减少内外电磁干扰，必须从设计阶段开始便采取 3 个方面抑制措施：抑制干扰源；切断或衰减电磁干扰的传播途径；提高装置和系统的抗干扰能力。这 3 点是抑制电磁干扰的基本原则。

9）PLC 控制系统工程应用的抗干扰设计主要考虑的两个方面

PLC 控制系统的抗干扰是一个系统工程，要求制造单位设计生产出具有较强抗干扰能力的产品，并且依赖于使用部门在工程设计、安装施工和运行维护中予以全面考虑，结合具体情况进行综合设计，才能保证系统的电磁兼容性和运行的可靠性。进行具体工程的抗干扰设计时，应考虑以下两个方面。

（1）设备选型。

在选择设备时，首先要选择有较高抗干扰能力的产品，包括电磁兼容性（EMC），尤其是抗外部干扰能力，如采用浮地技术、隔离性能好的 PLC 系统；其次还应了解生产厂家给出的抗干扰指标，如共模抑制比、差模抑制比、耐压能力、允许在多大电场强度和多高频率的磁场强度环境中工作，另外考查其在类似工作中的应用情况。在选择国外进口产品时要注意：我国采用 220V 高内阻电网制式，而欧美地区采用 110V 低内阻电网。由于我国电网内阻大，零点电位漂移大，地电位变化大，工业企业现场的电磁干扰至少要比欧美地区高 4 倍以上，所以对系统抗干扰性能要求更高，在国外能正常工作的 PLC 产品在国内就不一定能可靠运行，因而在采用国外产品时要按我国的标准（GB/T 13926）合理选择。

（2）综合抗干扰设计。

主要考虑来自系统外部的几种抑制措施。内容包括对 PLC 系统及外引线进行屏蔽以防空间辐射电磁干扰；对外引线进行隔离、滤波，动力电缆分层布置，以防通过外引线引入传导电磁干扰；正确设计接地点和接地装置，完善接地系统。另外，还必须利用软件手段，进一步提高系统的可靠性。

10）PLC 机型选择的基本原则

PLC 机型选择的基本原则是在满足功能要求及保证可靠、维护方便的前提下，力争最佳的性价比。

（1）合理的结构。PLC 主要有整体式和模块式两种结构。

（2）安装方式的选择。安装方式有集中式、远程 I/O 式及多台 PLC 联网分布式。

（3）相应的功能要求。

（4）响应速度要求。

（5）系统可靠性要求。对可靠性要求很高的系统，应考虑是否采用冗余系统或热备用系统。

（6）机型尽量统一。便于备品备件的采购和管理；有利于技术力量的培训和技术水平的提高。外部设备通用，资源可共享，易于联网通信。

11）PLC 容量的选择

（1）I/O 点数的选择。

在满足控制要求的前提下力争使用的 I/O 点数最少，需要加上 10%～15%的余量。

（2）存储容量的选择。

存储容量的大小不仅与 PLC 系统的功能有关，还与功能实现的方法、程序编写水平有关。一个有经验的程序员和一个初学者在完成同一复杂功能时，其程序量可能相差 25%之多。在 I/O 点数确定的基础上，按下式估算存储容量后再加 20%～30%的余量。

存储容量（字节）=开关量 I/O 点数×10+模拟量 I/O 通道数×100

选择存储容量的同时，要注意对存储器类型的选择。

12）电源干扰的抑制

采用性能优良的电源可以抑制电网引入的干扰。在 PLC 控制系统中，电源占有极重要的地位。电网干扰串入 PLC 控制系统主要通过 PLC 系统的供电电源（如 CPU 电源、I/O 电源等）、变送器供电电源和与 PLC 系统具有直接电气连接的仪表供电电源等耦合进入。现在对于 PLC 系统供电的电源一般采用隔离性能较好的电源，而对于变送器供电的电源和 PLC 系统有直接电气连接的仪表的供电电源并未受到足够重视，虽然采取了一定的隔离措施，但普遍还不够，主要是使用的隔离变压器分布参数大，抑制干扰能力差，经电源耦合而串入共模干扰、差模干扰，所以对于变送器和共用信号仪表供电，应选择分布电容小、抑制带大（如采用多次隔离和屏蔽及漏感技术）的配电器，以减弱 PLC 系统的干扰。此外，为保证电网馈点不中断，可采用在线式不间断供电电源（UPS）供电，提高供电的可靠性。UPS 还具有较强的干扰隔离性能，是 PLC 控制系统的一种理想电源。

13）电缆的选择

为了减弱动力电缆辐射电磁干扰，电缆的选择很关键，尤其是变频装置馈电电缆的选择。笔者在某工程中采用了铜带铠装屏蔽电力电缆，降低了动力线生产的电磁干扰，该工程投产后取得了令人满意的效果。不同类型的信号分别由不同电缆传输，信号电缆应按传输信号种类分层敷设，严禁用同一电缆的不同导线同时传送动力电源和信号，避免信号线与动力电缆靠近平行敷设，以减弱电磁干扰。

14）硬件滤波及软件抗干扰措施的实现

信号在接入计算机前，在信号线与地之间并接电容，以减弱共模干扰；在信号两极之间加装滤波器，可减弱差模干扰。由于电磁干扰的复杂性，要从根本上消除硬件干扰的影响是不可能的，因此在对 PLC 控制系统进行软件设计和组态时，还应在软件方面进行抗干扰处理，进一步提高系统的可靠性。常用的一些措施：数字滤波和工频整形采样可有效消除周期性干扰；定时校正参考点电位并采用动态零点，可有效防止电位漂移；采用信息冗余技术，设计相应的软件标志位；采用间接跳转，设置软件陷阱等，均可提高软件结构的可靠性。

15）正确选择接地点，完善接地系统

接地的目的通常有两个：一是为了安全；二是为了抑制干扰。完善的接地系统是 PLC 控制系统抗电磁干扰的重要措施之一。

系统接地方式有浮地、直接接地和电容接地。对 PLC 控制系统而言，它属高速低电平控制装置，应采用直接接地方式。由于信号电缆分布电容和输入装置滤波等的影响，装置之间的信号交换频率一般低于 1MHz，因此 PLC 控制系统接地线采用一点接地和串联一点接地方式。集中布置的 PLC 系统适于并联一点接地方式，各装置的柜体中心接地点以单独的接地线引向接地极。如果装置间距较大，应采用串联一点接地方式。用一根大截面铜母线（或绝缘电缆）连接各装置的柜体中心接地点，然后将接地母线直接连接接地极。接地线采用截面积大于 22mm^2 的铜导线，总母线使用截面积大于 60mm^2 的铜排。接地极的接地电阻小于 2Ω，接地极最好埋在距建筑物 10～15m 处，并且 PLC 系统接地点必须与强电设备接地点相距 10m 以上。

当信号源接地时，屏蔽层应在信号侧接地；当信号源不接地时，屏蔽层应在 PLC 侧接地；当信号线中间有接头时，屏蔽层应牢固连接并进行绝缘处理，一定要避免多点接地；当多个测点信号的屏蔽双绞线与多芯对绞总屏电缆连接时，各屏蔽层应相互连接好，并且经绝缘处理选择适当接地处单点接地。

16）在系统设计中控制器梯形图编程的关键步骤

（1）决定系统所需的动作及次序。

当使用可编程控制器时，最重要的一环是决定系统所需的输入及输出，主要取决于系统所需的输入/输出接口分立元件。

输入/输出要求：

- 第一步是设定系统输入及输出数目，可由系统的输入及输出分立元件数目直接取得。
- 第二步是决定控制先后、各器件的相应关系及作出何种反应。

（2）将输入/输出器件编号。

每一个输入/输出包括定时器、计数器、内置寄存器等都有唯一的对应编号。

（3）画出梯形图。

根据控制系统的动作要求，画出梯形图。

梯形图设计规则如下：

- 触点应画在水平线上，不能画在垂直分支上。应根据自左至右、自上而下的原则和对输出线圈的几种可能控制路径来画。
- 不包含触点的分支应放在垂直方向，不可放在水平位置，以便于识别触点的组合和对输出线圈的控制路径。
- 在几个串联回路并联时，应将触点多的那个串联回路放在梯形图的最上面。在几个并联回路串联时，应将触点最多的并联回路放在梯形图的最左面。这种安排所编制的程序简单明了，语句较少。
- 不能将触点画在线圈的右边，只能在触点的右边接线圈。

（4）将梯形图转化为程序。

把继电器梯形图转变为可编程控制器的编码。当完成梯形图以后，下一步是把它编码成可编程控制器能识别的程序。这种程序语言由地址、控制语句和数据组成。地址是控制语句及数据所存储的位置，控制语句告诉可编程控制器怎样利用数据做出相应的动作。

（5）在编程方式下用键盘输入程序。

（6）编程及设计控制程序。

（7）测试控制程序的错误并修改。

（8）保存完整的控制程序。

10.5 练习

一、概念题

1. PLC 控制系统设计的基本原则是什么?
2. PLC 控制系统的设计步骤包含哪些内容?
3. 如何减少 PLC 输入和输出点数?
4. 怎样提高 PLC 控制系统的可靠性?

二、综合编程练习

名称：全自动烟花卷筒机（见图 10-54）。

图 10-54

自动控制要求如下。

（1）送纸：按下启动按钮，启动步进电动机定长送纸，要求设定纸长在 HMI 中可调，保留两位小数点（下同），单位为 mm。再次按下启动卷完已经送出的纸后停止。

送纸杆直径：104mm；电动机轴齿轮/送纸轴齿轮=25/41；步进细分：2000*P*/*r*。

（2）加胶：送纸时纸从胶水下通过会自动涂上胶水，为了封口效果好，需要在纸的头尾多加一段胶水。实现方式为利用两个汽缸将送纸轴顶起，两根轴之间缝隙增大胶自然就增多了。

HMI 中会设置一个加胶位置参数和一个加胶宽度参数，单位均为 mm。

（3）切纸：送纸长度到达后停止，启动切纸汽缸下降，HMI 中设定切纸时间，单位为 s。切纸时间到达后开始计在启动抱杆上。

（4）抱杆、卷筒：检测到推筒原始位感应到启动抱杆汽缸，启动抱杆上同时计压纸时间，压纸时间到复位切纸汽缸。到达抱杆上限位保持抱杆汽缸为 ON，开始计卷筒延时，卷筒延时结束后，开始启动卷筒电动机计卷筒时间并开始计送纸延时，送纸延时到启动二次送纸（循环）。卷筒时间到复位抱杆汽缸，抱杆会自动下降。

（5）切筒：抱杆上的同时启动切筒下汽缸，卷筒开始时计切筒时间，切筒时间到复位切筒下汽缸。当卷筒时间和切筒时间都到达时停止卷筒电动机。待抱杆下限位和切筒原始位都感应到启动推筒电动机。

（6）推筒：先置位开门汽缸，延时 0.1s 再启动推筒电动机正转将卷好的筒子推出，感应到推筒限位，复位推筒电动机正转进入回筒。

（7）回筒：推筒结束后立刻启动推筒电动机反转进行回筒。当感应到推筒原始位时，复位回筒，进入刹车。

（8）刹车：为了让回筒快速停止，减小对机械的撞击，回筒复位后启动气动刹车装置，HMI 可以设置刹车时间。刹车结束后整个动作完成。

手动控制要求如下。

（1）手动模式下可通过 HMI 实现进纸、退纸、加胶、切纸、抱杆上、抱杆下、卷筒、切筒、推筒、回筒（其中加胶、卷筒和切筒为切换开关，其余均为复归型）。手动操作时应考虑与其他动作或信号的互锁，做到安全、可靠。

（2）一键初始化功能：在停机状态下按下初始化键，机械会自动进行复位动作，包括切纸复位、抱杆下降至抱杆下限位、切筒复位至切筒原始位、回筒至推筒原始位、开门汽缸复位等，使机械处于运行准备状态。

（3）要有故障报警及自动停机功能：无论是自动还是手动模式下，抱杆上必须感应推筒原始位，否则报推筒原始位故障；推筒和回筒时必须感应到抱杆下限位和切筒原始位，否则报抱杆下限位故障和切筒原始位故障；为保护电动机，推筒电动机启动后延时 5s 若未感应到推筒限位则报推筒故障，同理回筒报回筒故障。任何一个故障报警，必须马上停机。

控制流程图如图 10-55 所示，请自行分配 I/O 并编写程序。

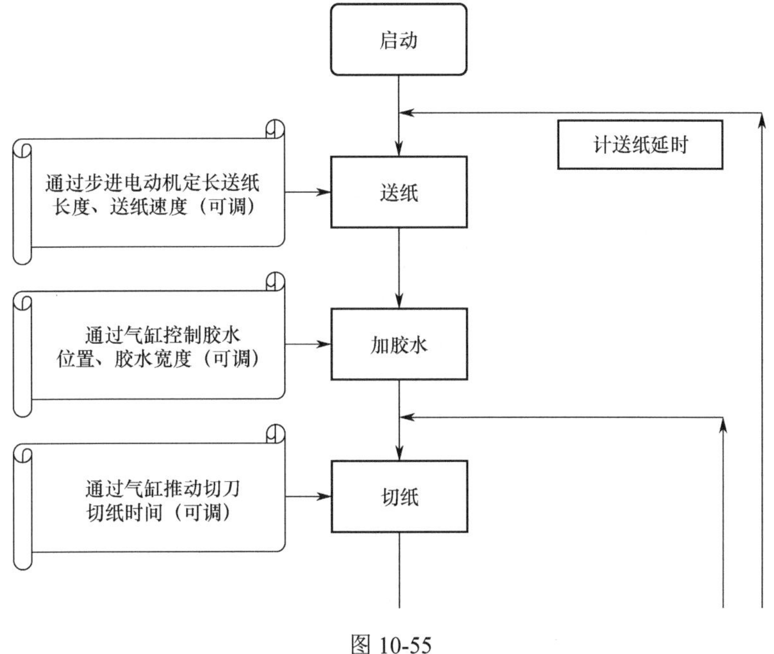

图 10-55

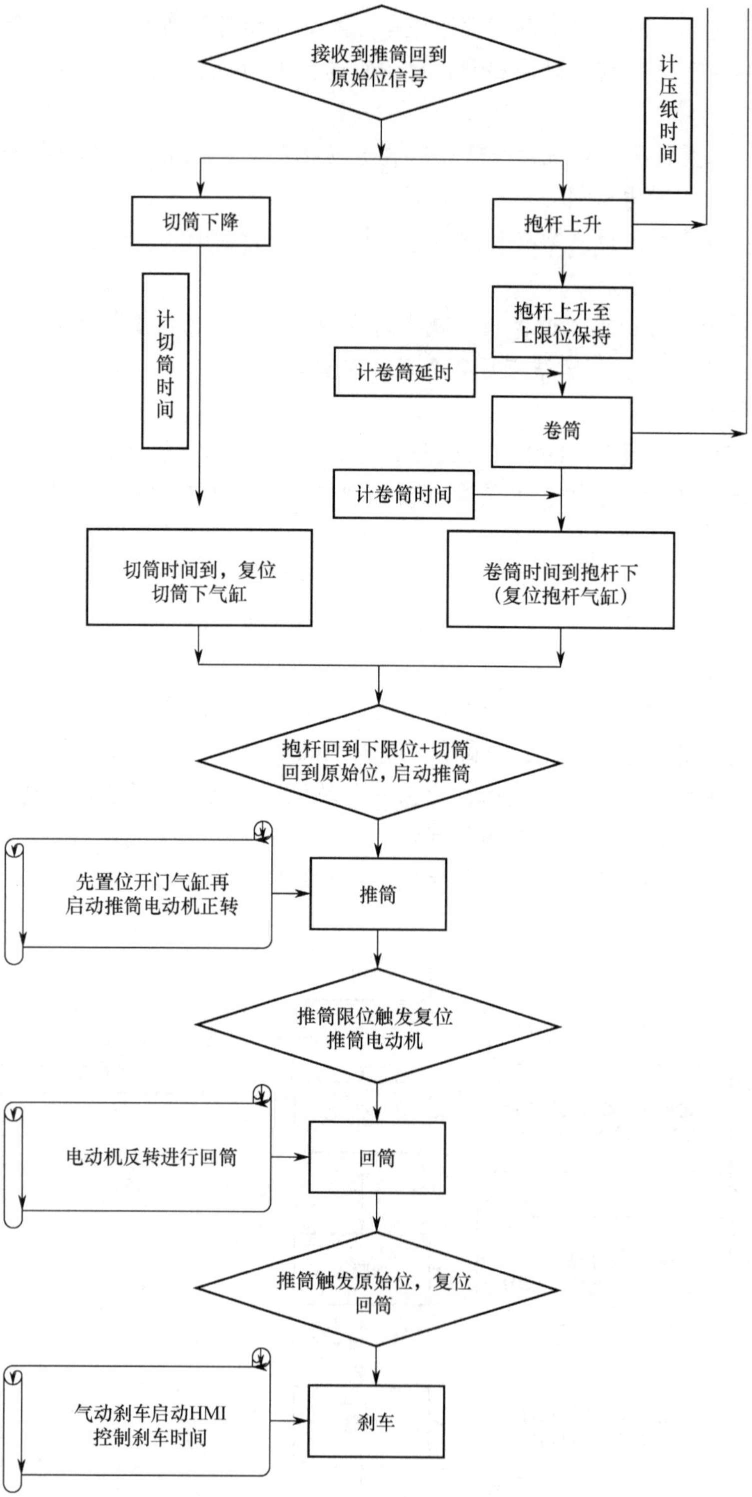

接收到推筒回到原始位信号
计压纸时间
切筒下降
抱杆上升
计切筒时间
抱杆上升至上限位保持
计卷筒延时
卷筒
计卷筒时间
切筒时间到，复位切筒下气缸
卷筒时间到抱杆下（复位抱杆气缸）
抱杆回到下限位+切筒回到原始位，启动推筒
先置位开门气缸再启动推筒电动机正转
推筒
推筒限位触发复位推筒电动机
电动机反转进行回筒
回筒
推筒触发原始位，复位回筒
气动刹车启动HMI控制刹车时间
刹车

图 10-55（续）

第 11 章

电气控制基础及传感器应用（选修）

本章学习目的：通过对本章的学习，认识电路中常见的电气元件及电气符号，了解其工作原理及接线。对常见的电动机、仪表、传感器、电磁阀、液压、气动有个初步了解，为以后从事 PLC 编程打下基础。

学习电气控制不可避免和“电”打交道。一般环境下安全电压为 36V，超过 36V 的电压有可能致人伤残甚至死亡。安全、规范用电可有效避免发生触电等安全事故。

11.1　电工基础知识

电工基础知识如图 11-1 所示。

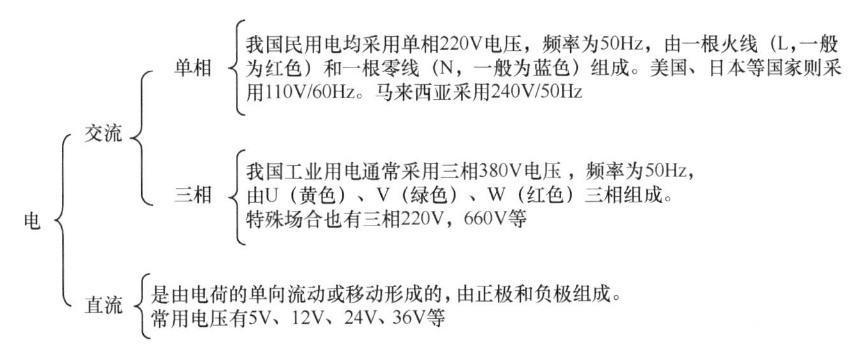

图 11-1

11.2　常用电气设备原理及应用

由金属导线和电气、电子部件组成的导电回路，称为电路。通常把电路组件分为以下几种。

（1）电源：电路中电的来源，如电网电池或变压器、开关电源等变电设施。

在电气控制电路中常用到开关电源。开关电源是维持稳定输出电压的一种电源。我们常用的直流开关电源的功能就是将电能质量较差的原生态电源（粗电），如市电 AC 220V，转换成 DC 24V 等质量较高的直流电压（精电）。如图 11-2 所示。

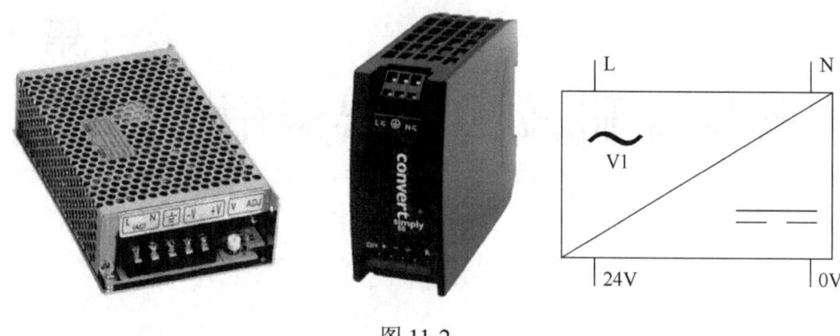

图 11-2

（2）隔离电器：分段电路和接通电路与电源的连接，如刀开关、空气开关等。

刀开关是一种手动配电电器，由操作手柄、触刀、静插座和绝缘地板组成。按刀数可分为单极、双极和三极。它主要用来隔离电源，手动接通或断开交直流电路，也可用于不频繁的接通与分断额定电流以下的负载，如小型电动机、电炉等。刀开关也称为开启式负荷开关。如图 11-3 所示。

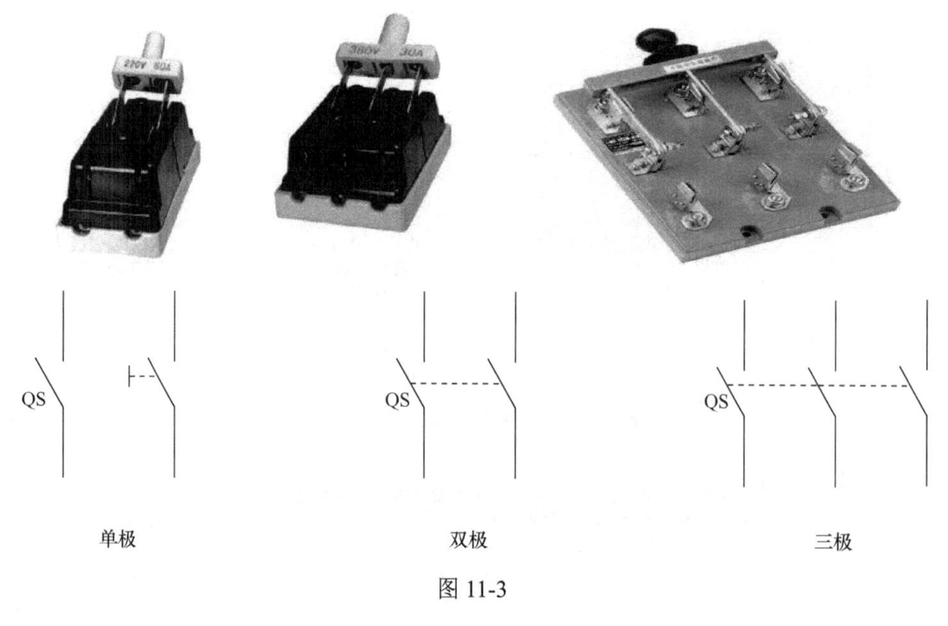

图 11-3

刀开关只能作为通断电路用，在很多场合逐步被空气开关替代。空气开关又称为空气断路器，是断路器的一种，是一种只要电路中的电流超过额定电流就会自动断开的开关。空气开关是低压配电网络和电力拖动系统中非常重要的一种电器，集控制和多种保护功能于一身。除能完成接触和分断电路外，还能对电路或电气设备发生的短路、严重过载及欠电压等进行保护，同时也可以用于不频繁启动电动机。如图 11-4 所示。

（3）保护电器：对电路及其他元件起保护作用，如熔断器等。

熔断器是一种利用熔化而切断电路的保护电器，由熔断管、熔断体、填料、导电部件组成。将它串接于保护电路中，当电路发生短路或严重过电流时快速自动熔断，从而切断电路电源，起到保护作用。如图 11-5 所示。

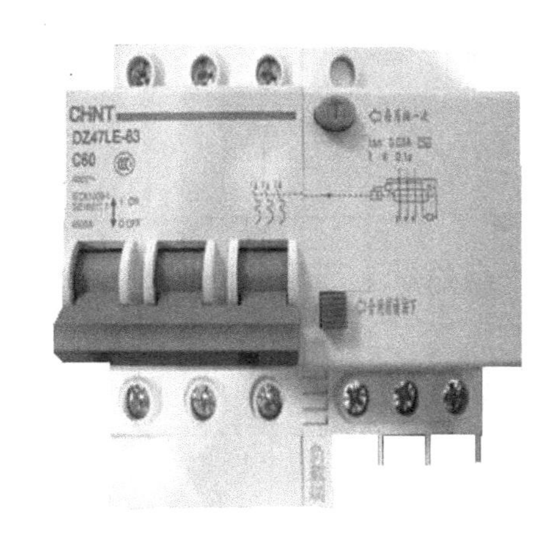

图 11-4

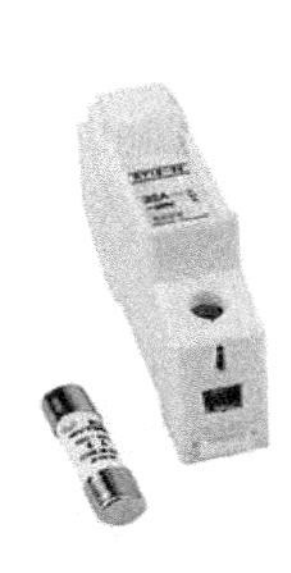

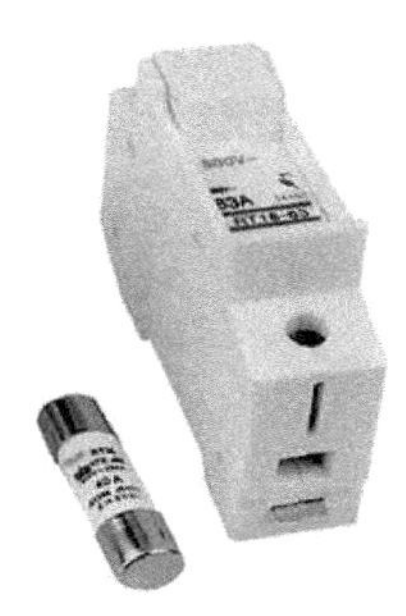

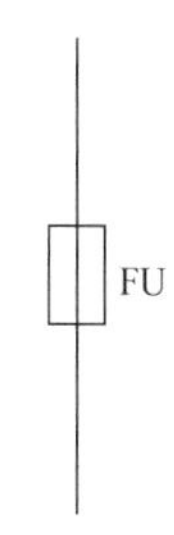

图 11-5

（4）主令电器：对电路中控制部分发送信号，如按钮开关等。

在低压控制电路中，控制按钮发布手动控制指令。按钮是一种短时接通或断开小电流电路的电器，它不直接控制主电路的通断，而是在控制电路中控制接触器或继电器等，再由它们去控制主电路，故称为“主令电器”。如图 11-6、图 11-7 和图 11-8 所示。

图 11-6

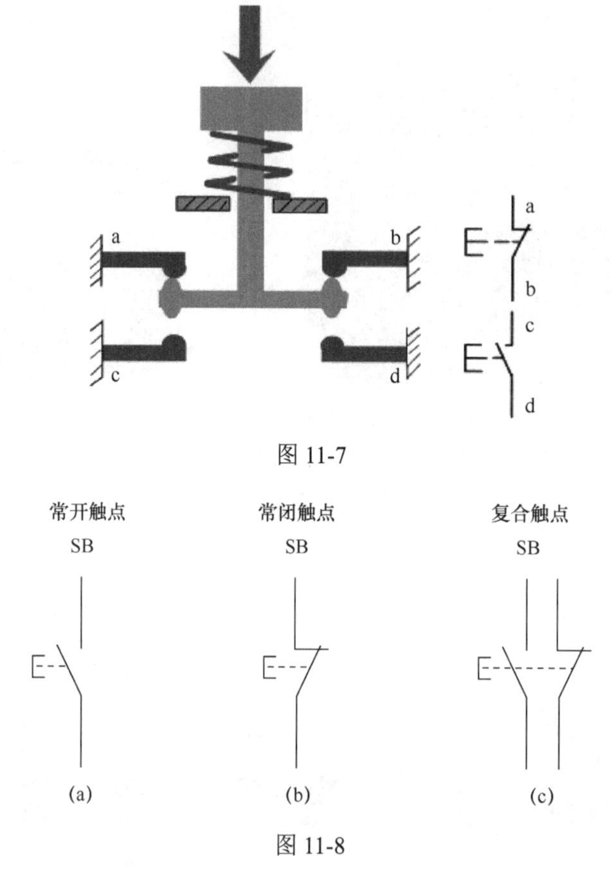

图 11-7

图 11-8

（5）控制电器：对输入信号做出处理，从而控制输出，如接触器、继电器等。

接触器主要由电磁机构、触点系统、灭弧装置和其他部件组成，是用来接通或切断电动机或其他负载主电路的一种控制电器，在电力拖动自动控制线路中被广泛应用，具有动作迅速，控制容量大，使用安全方便，能频繁操作和远距离操作等优点，主要用作电动机的主控开关、小型发电机、电热设备、电焊机和电容器组等各种设备的主控开关，能接通和断开负载电流，但不能切断短路电流，因此常与熔断器和热继电器等配合使用。如图 11-9、图 11-10、图 11-11 和图 11-12 所示。

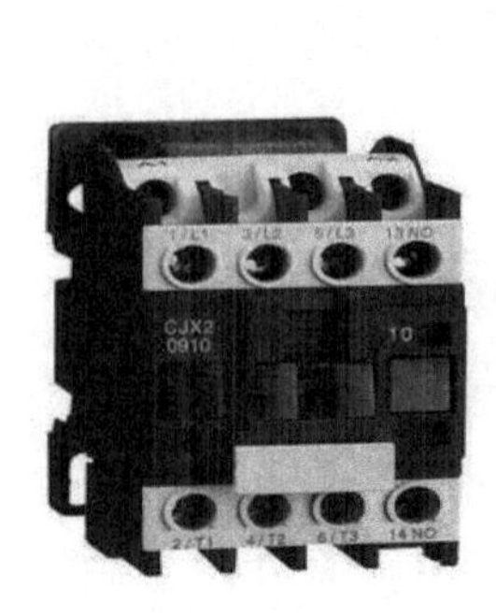

图 11-9

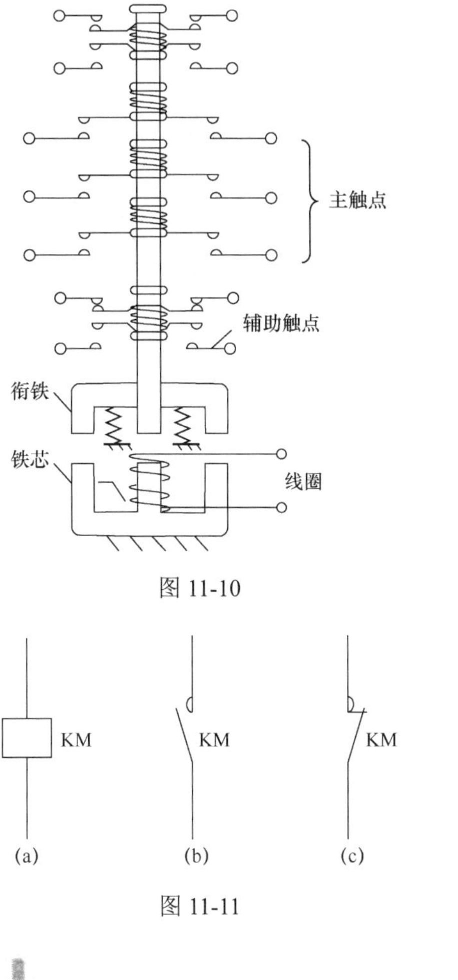

图 11-10

KM　KM　KM

(a)　(b)　(c)

图 11-11

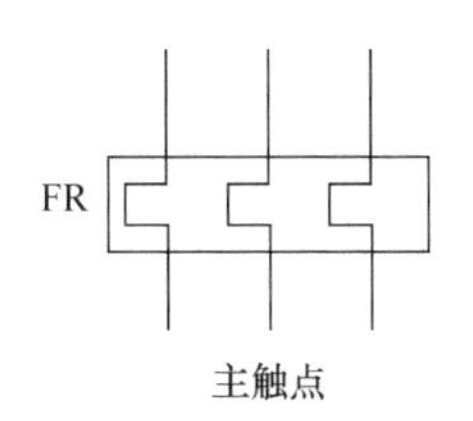

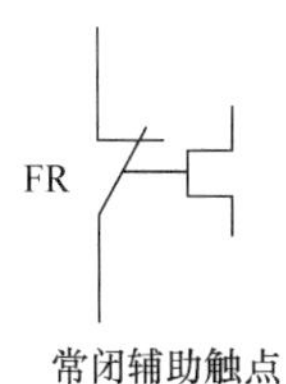

图 11-12

继电器是一种根据特定形式的输入信号而动作的自动控制电器。其输入量可以是电流、电压等电量，也可以是温度、时间、速度、压力等非电量，而输出则是触点的动作或是电路参数的变化。如图 11-13 和图 11-14 所示。

电磁式继电器的结构及工作原理与接触器类似，也是由电磁机构和触点系统构成的。

常见的继电器有以下几种。

图 11-13

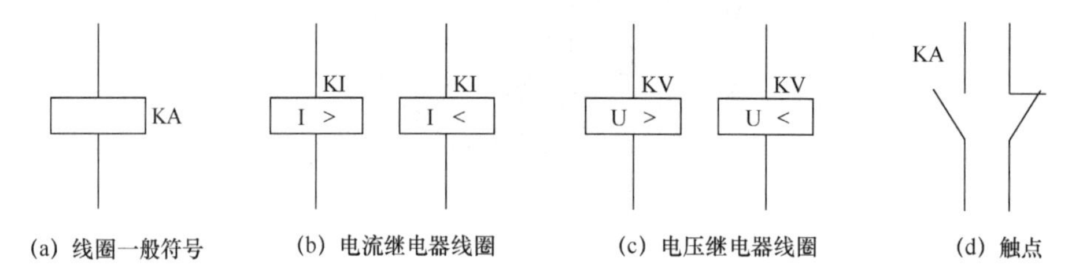

图 11-14

① 中间继电器：中间继电器是电磁式继电器的一种，触点对数多，触点容量较大，动作灵敏度高。中间继电器主要起信号中继作用。

② 时间继电器：时间继电器是一种利用电磁原理或机械动作原理实现触点延时接通和断开的自动控制电器。

③ 热继电器：热继电器是利用电流的热效应原理实现电动机过载保护的自动控制电器。通常选择额定电流为电动机的 1.2 倍左右。

④ 速度继电器：速度继电器主要用作笼型异步电动机的反接制动控制。速度继电器与被控电动机的轴相连接，当电动机转动时，速度继电器的转子随之转动，当达到一定转速时，常闭触点分断，常开触点闭合。当电动机转速低于某一数值时，触点在弹簧作用下复位。

⑤ 固态继电器：固态继电器（缩写为 SSR）用隔离器件实现控制端与负载端的隔离，其输入端用微小的控制信号，输出端直接驱动大电流负载。

（6）执行电器：对电路中输出信号做出响应，如电磁铁、电动机、汽缸等。

电动机俗称马达，在电路中用字母“M”表示，它的主要作用是产生驱动转矩，作为电器或各种机械的动力源。其分类如图 11-15 所示。

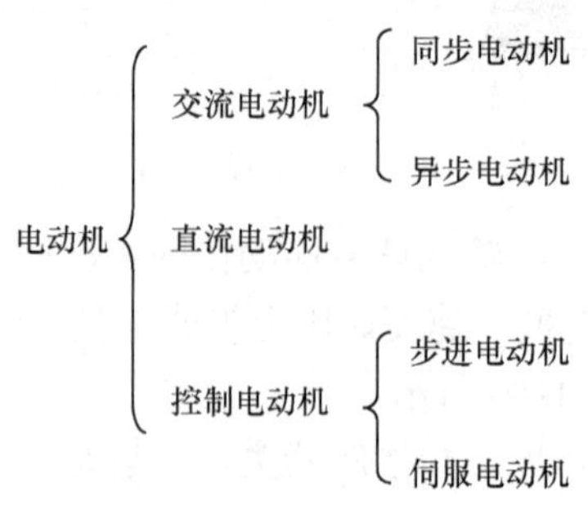

图 11-15

异步电动机的工作原理：通过一种旋转磁场与由这种旋转磁场借助于感应作用在转子绕组内所感生的电流相互作用，产生电磁转矩来实现拖动作用。

交流异步电动机只需三相交流电源便可旋转。对其的控制一般分为直接接触器控制和变频器控制。如图 11-16 所示。

图 11-16

同步电动机和异步电动机一样，是一种常用的交流电动机。其特点是稳态运行时，转子的转速和电网频率之间有不变的关系 $n=n_s=60f/p$，其中 f 为电网频率，p 为电动机的极对数，n_s 称为同步转速。若电网的频率不变，则稳态时同步电动机的转速恒为常数，而与负载的大小无关。同步电机分为同步发电机和同步电动机。现代发电厂中的交流机以同步发电机为主。如图 11-17 所示。

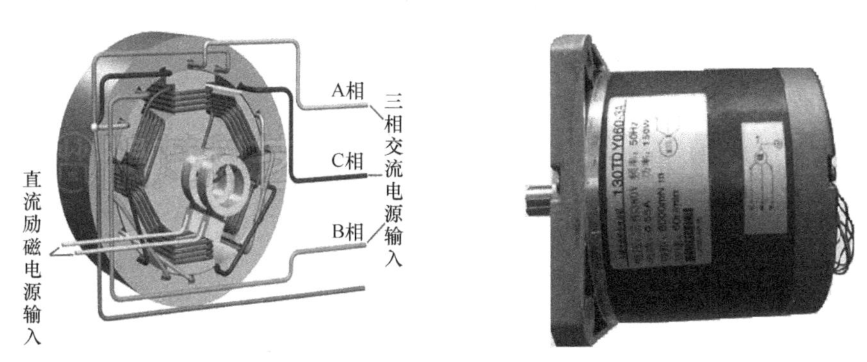

图 11-17

步进电动机和伺服电动机前面已经介绍过，此处不再赘述。

在铁芯的外部缠绕与其功率相匹配的导电绕组，这种通有电流的线圈像磁铁一样具有磁性，所以叫做电磁铁。如图 11-18 所示。

图 11-18

电磁阀是利用电磁控制的工业设备，是用来控制流体的自动化基础元件，属于执行器，并不限于液压、气动，用在工业控制系统中调整介质的方向、流量、速度和其他参数。电磁阀可以配合不同电路来实现预期的控制，而控制精度和灵活性都能够得到保证。电磁阀有很多种，不同的电磁阀在控制系统中的不同位置发挥作用，最常用的是单向阀、安全阀、方向控制阀、速度调节阀等。

电磁阀里有密闭的腔，在不同位置开有通孔，每个孔连接不同的管道，腔中间是活塞，两面是两块电磁铁，哪面的磁铁线圈通电，阀体就会被吸引到哪面，通过控制阀体的移动来开启或关闭不同的排油（气）孔，而进油（气）孔是常开的，油（气）会进入不同的管道，然后通过油（气）的压力来推动油（气）缸的活塞，活塞又带动活塞杆，活塞杆带动机械装置，从而通过控制电磁铁的电流通断来控制机械运动。如图 11-19 和图 11-20 所示。

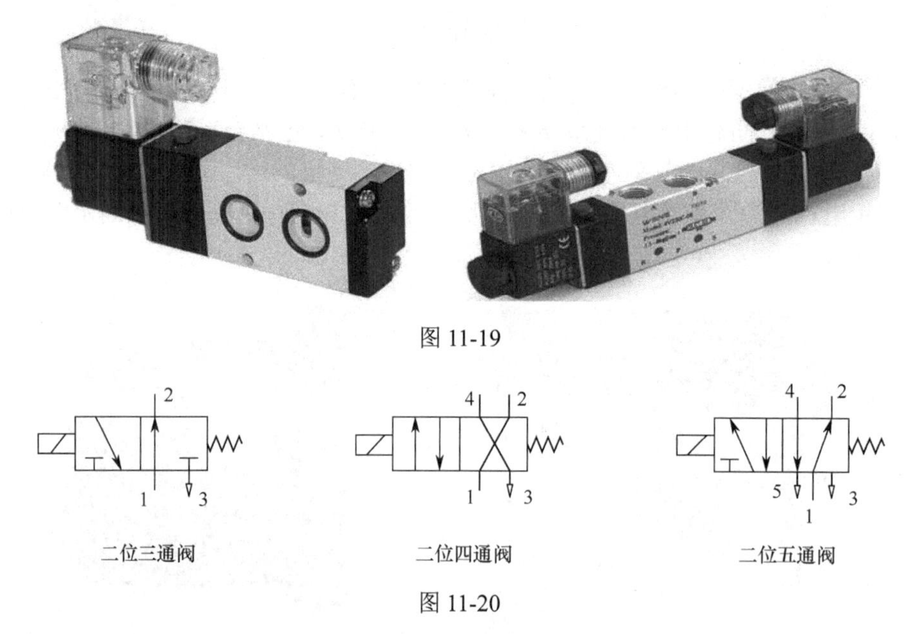

图 11-19

图 11-20

① 用方框表示阀的工作位置，有几个方框就表示有几“位”。

② 方框内的箭头表示油路处于接通状态，但箭头方向不一定表示液流的实际方向。

③ 方框内的符号“⊥”或“⊤”表示该油路不通。

④ 方框外部连接的接口数有几个，就表示几“通”。

⑤ 一般阀与系统供油路或气路连接的进油口、进气口用字母 p 表示；阀与系统回油路、回气路连通的回油、回气口用 t（有时用 o）表示；而阀与执行元件连接的油口、气口用 a、b 等表示。有时在图形符号上用 l 表示泄漏油口。

⑥ 换向阀都有两个或两个以上的工作位置，其中一个为常态位，即阀芯未受到操纵力时所处的位置。图形符号中的中位是三位阀的常态位。利用弹簧复位的二位阀则以靠近弹簧方框内的通路状态为其常态位。绘制系统图时，油路、气路一般应连接在换向阀的常态位上。

在一般的自动化控制系统中气动应用较广泛。气动就是以压缩空气为动力源，带动机械完成伸缩或旋转动作。因为是利用了空气具有压缩性的特点，吸入空气压缩储存，空气便像弹簧一样具有了弹力，然后用控制元件控制其方向，带动执行元件的旋转与伸缩。从大气中吸入多少空气就会排出多少到大气中，不会产生任何化学反应，也不会消耗污染空气的任何成分，另外气体的黏性较液体要小，所以流动速度快，也很环保。

气动应用非常广泛，如修车用的气动风炮，木工用的气动钉枪等，用在自动化行业的一般执行机构为汽缸，通过电磁阀控制气动的通断及流向，驱动汽缸动作，从而达到自动控制的目的。气动装置如图 11-21 所示。

图 11-21

气动的特点如下。

① 气动装置结构简单，轻便，安装、维护简单，压力等级低，使用起来相对液压系统安全一些。

② 工作介质是取之不尽的空气，空气本身不花钱。排气处理简单，不污染环境，但电能消耗较大；能源转换率很低，初期成本较低，但使用成本较高。

③ 输出力及工作速度的调节非常容易。汽缸的动作速度一般为 50～500mm/s，但运行速度稳定性不高。

④ 可靠性不太高，使用寿命受气源洁净度和使用频率的影响较大。

⑤ 利用空气的压缩性，可存储能量，实现集中供气，可短时间内释放能量，以获得间歇运动中的高速响应。可实现缓冲，对冲击负载和过负载有较强的适应能力。在一定条件下，可使气动装置有自保能力。

⑥ 全气动控制具有防火、防爆、防潮的能力。与液压方式相比，气动方式可在高温场合使用（通常为 160℃以内）。

综上所述，气动一般用在速度较快，功率不大，稳定性和精度要求不太高的场合。

液压控制是有压力液体作为控制信号传递方式的控制。用液压技术构成的控制系统称为液压控制系统，其由能源装置、执行装置、控制调节装置、辅助装置、液体介质五部分组成。液压控制通常包括液压开环控制和液压闭环控制。液压闭环控制也就是液压伺服控制，其构成液压伺服系统，通常包括电气液压伺服系统（电液伺服系统）和机械液压伺服系统（机液伺服系统或机液伺服机构）等。

液压系统的优点：

① 液压传动的各种元件可以根据需要方便、灵活地布置。

② 质量轻、体积小、运动惯性小、反应速度快。

③ 操纵控制方便，可实现大范围的无级调速（调速范围达 2000∶1）。

④ 可自动实现过载保护。

⑤ 一般采用矿物油作为工作介质，相对运动面可自行润滑，使用寿命长。

⑥ 很容易实现直线运动。

⑦ 很容易实现机器的自动化，当采用电液联合控制后，不仅可实现更高程度的自动控制过程，而且可以实现遥控。

液压系统的缺点：

① 由于流体流动的阻力和泄漏较大，所以效率较低。如果处理不当，泄漏不仅污染场地，而且可能引起火灾和爆炸事故。

② 由于工作性能易受到温度变化的影响，因此不宜在很高或很低的温度条件下工作。

③ 液压元件的制造精度要求较高，因而价格较贵。

④ 由于液体介质的泄漏及可压缩性的影响，不能得到严格的传动比。

⑤ 液压传动出故障时不易找出原因；使用和维修要求有较高的技术水平。

综上所述，液压一般用在功率需求大、平稳性要求高、速度慢的场合。

（7）电线电缆：连接各元件使其构成回路。

电缆一般根据负载的电流大小进行选择，控制电路一般选择 0.75～1.0 平方线即可，主电路选择参考表 11-1。

表 11-1

额定电流（A）	6	10	16、20	25	32	40、50	63	80	100	125	160	180、200、225	250	315、350	400
导线截面积（mm^2）	1.0	1.5	2.5	4.0	6.0	10	16	25	35	50	70	95	120	185	240

作为电气控制从业人员，万用表的使用是必不可少的，正确熟练地使用万用表对线路检测及故障排查都能起到事半功倍的效果。

万用表又称为复用表、多用表、三用表、繁用表等，是电力电子等部门不可缺少的测量仪表，一般以测量电压、电流和电阻为主要目的。万用表按显示方式分为指针式万用表和数字式万用表，是一种多功能、多量程的测量仪表。一般万用表可测量直流电流、直流电压、交流电流、交流电压、电阻和音频电平等，有的还可以测电容量、电感量及半导体的一些参数（如 β）等。如图 11-22 所示。

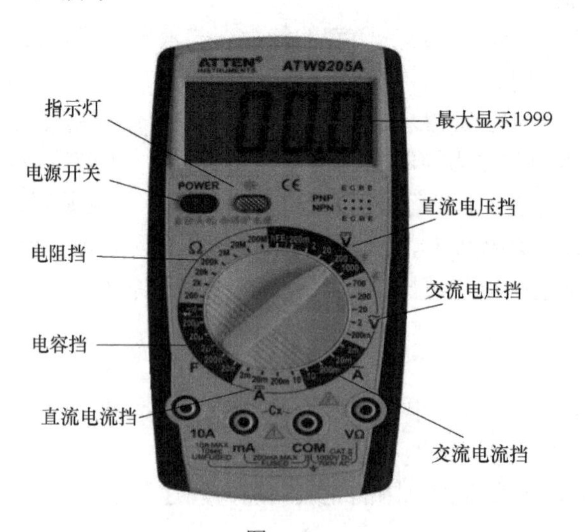

图 11-22

由于数字式万用表使用简单、读数方便，在大多数场合被广泛使用，主要用来测量交、直流电压，电阻及蜂鸣挡，由于测量电流需要将万用表串联在电路中，使用起来不太方便，所以一般采用钳形万用表测量电流。

① 测量交流电压：测量交流电压需要切换到交流挡，并且要大概估测电压的大小，选择合适的量程，所选量程要超过被测负载的电压。黑表笔接 COM，红表笔接 VΩ。将两根表笔并联接在被测负载的两端就能显示负载两端的电压。

② 测量直流电压：测量直流电压的方法和测量交流电压的方法类似，只是选用直流电压挡即可。

③ 测量电阻：测量电阻表笔解法和测电压一样，将挡位拨到电阻挡，将电阻接在两根表笔之间，如果无数值显示则说明超出量程，如果显示 0 或很小的数值，则说明量程选择过大。调整量程到合适的位置所测出的数值则为实际电阻值。

④ 蜂鸣挡：蜂鸣挡利用被测电阻小于 30～50Ω 时会发出蜂鸣声的特点，常用来检测线路是否导通。

11.3 常见电气控制电路

早期的控制电路基本由按钮、继电器、接触器等实现，PLC 则由继电器演变而来，所以有一定的继电器控制基础能更好地理解 PLC 控制逻辑。下面分析几个典型的继电器控制电路。

（1）三相笼型异步电动机启/停控制电路如图 11-23 所示。

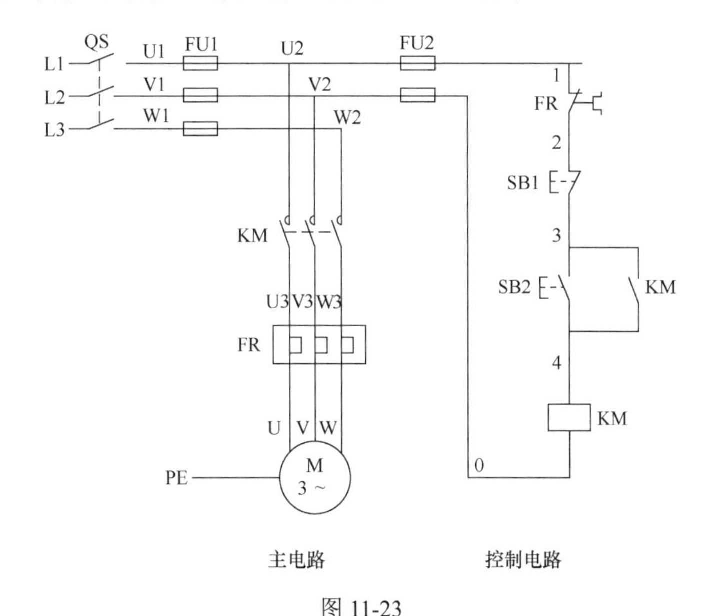

图 11-23

按下 SB2，常开触点接通，接触器 KM 吸合得电，并且利用 KM 的常开触点进行（自锁）保持。按下 SB1，常闭触点断开，KM 失电。

（2）三相异步电动机正/反转控制电路如图 11-24 所示。

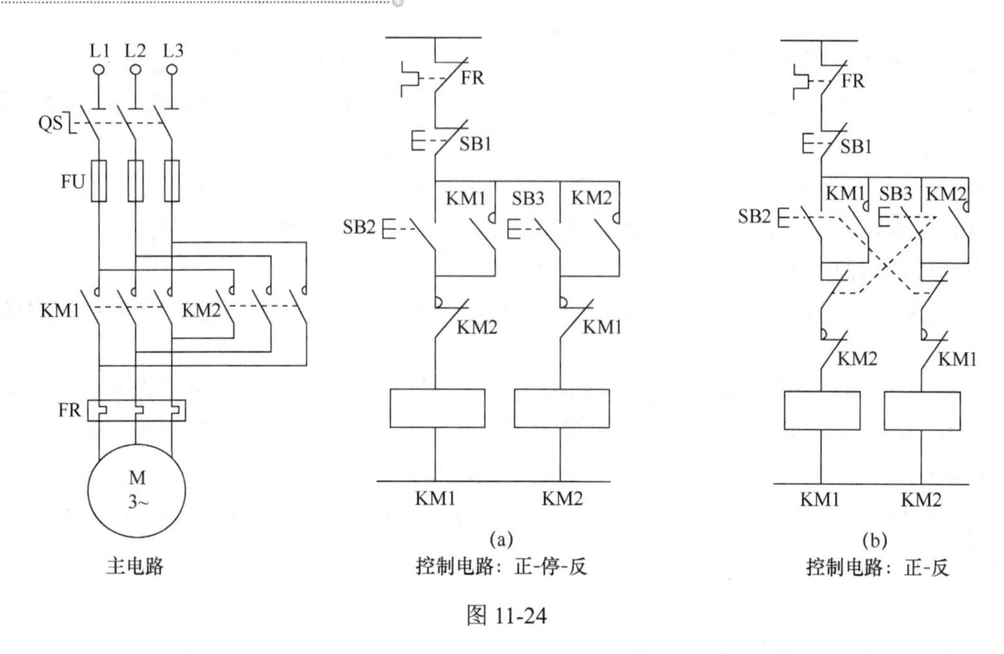

图 11-24

图 11-24（a）：按下 SB2，KM1 得电启动正转并保持，再按下 SB3，由于 KM1 得电，KM1 常闭断开，所以不能启动，KM2 反转，必须按下 SB1 先停止正转，故只能实现正-停-反，适用于大功率或不能直接切换的场合。

图 11-24（b）：由于使用复合触点的按钮，在按下正转时会先切断反转，按下反转时会先切断正转，所以能实现直接切换，适用于小功率场合。

像这样将其中一个按钮或接触器的常闭触点串入另一个接触器线圈电路中，实现各接触器常闭触点互相控制的方法叫做互锁（有时也称为联锁），这两对起互锁作用的触点被称为互锁触点。

（3）丫—△降压启动控制电路如图 11-25 所示。

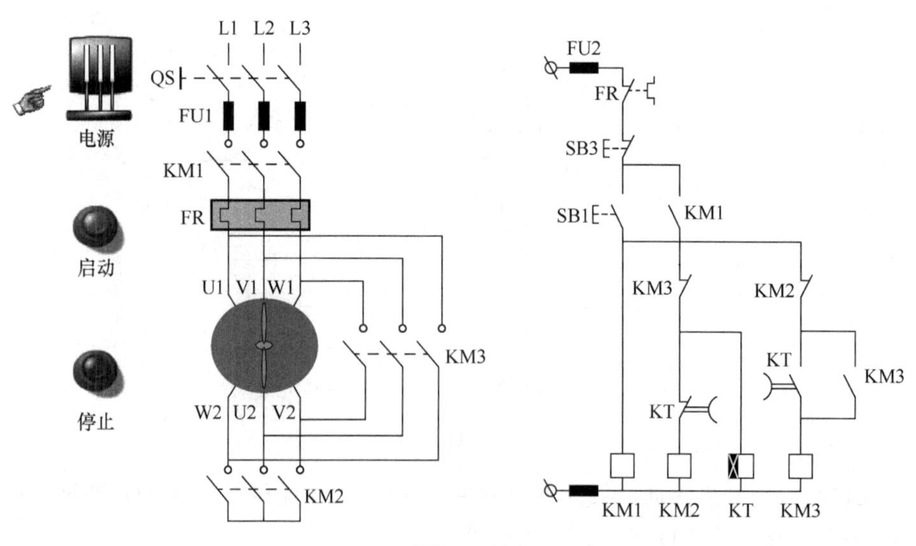

图 11-25

丫—△降压启动控制原理：启动时的电流和电压成正比，降压即为牺牲功率以减小启动电流，当绕组为丫形连接时，各绕组两端电压为 $380/\sqrt{3}=220V$。待启动快完成切换到△形接法，各绕组两端电压为 380V 全压运行。

按下启动按钮 SB1，接触器 KM1、KM2 及时间继电器 KT 均得电，电动机为丫形接法开始启动。当时间继电器到达设定时间后动作，常开触点接通，常闭触点断开，KM2 失电，KM3 得电，电动机切换为△形接法运行，按下停止按钮 SB3，所有接触器均失电，电动机停止运行。

此方法适用于正常运行绕组为△形接法的电动机，一般 4kW 以上均采用△形接法。随着变频器和软启动技术的发展，丫—△降压启动逐步被变频器和软启动器取代。

11.4　光电开关、接近开关的应用及选型

光电传感器是采用光电元件作为检测元件的传感器。它首先把被测量的变化转换成光信号的变化，然后借助光电元件进一步将光信号转换成电信号。光电传感器一般由光源、光学通路和光电元件三部分组成。如图 11-26 所示。

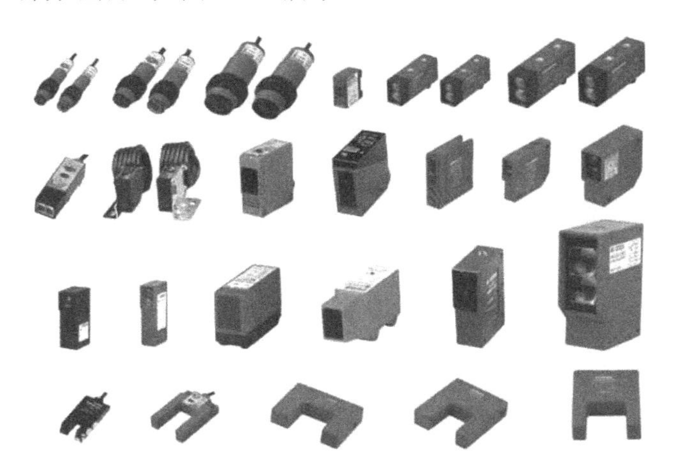

图 11-26

选型原则：

（1）满足使用条件，包括物体大小、透明度、环境、检测距离、移动速度、检测频率、检测精度等。

（2）供电电压及防护等级。

（3）安装位置。

能达到使用效果的传感器有很多，但要考虑安装调试方便、设备维护简单等因素。

（4）其他条件（成本预算、抗干扰性等）。

接近开关是一种无须与运动部件进行机械直接接触而可以操作的位置开关，当物体接近开关的感应面到动作距离时，不需要机械接触及施加任何压力即可使开关动作，从而驱动电器或给计算机（PLC）装置提供控制指令，其具有传感性能且动作可靠，性能稳定，频率响

应快，应用寿命长，抗干扰能力强，具有防水、防震、耐腐蚀等特点，是一般机械式行程开关所不能比的。广泛应用于机床、冶金、化工、轻纺和印刷等行业。在自动控制系统中可作为限位、计数、定位控制和自动保护环节等。如图 11-27 所示。

注：光电传感器和接近开关都分 NPN 和 PNP 型，注意区分接线方式和应用场合的不同。

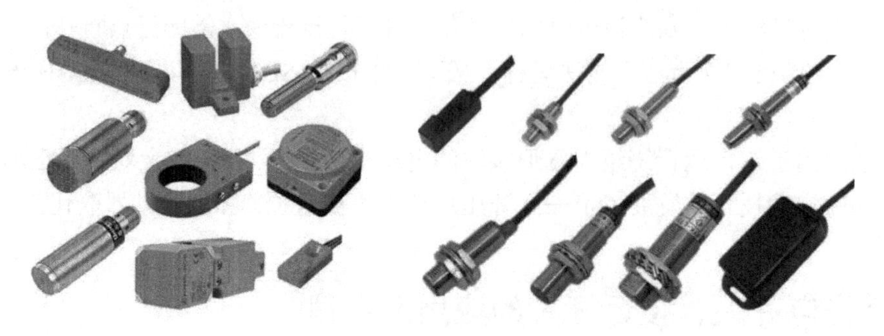

图 11-27

接近开关按输出形式又可分为交流两线式、直流两线式和直流三线式，其中直流三线式又分为 PNP 输出和 NPN 输出，可以直接驱动继电器、计数器等直流负载。如图 11-28、图 11-29 和图 11-30 所示。

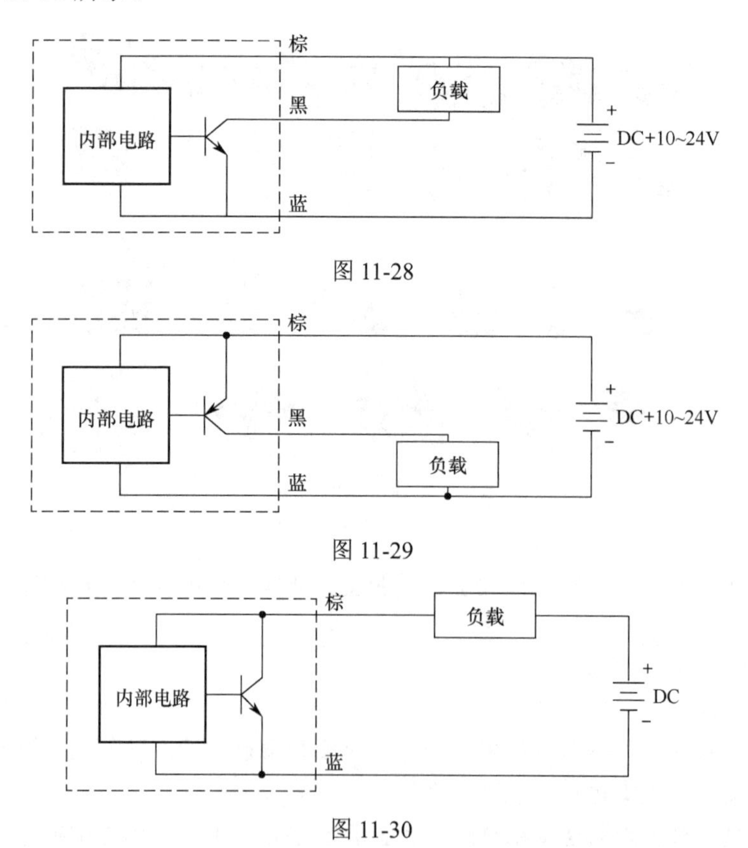

图 11-28

图 11-29

图 11-30

由上图可以看出，NPN 型传感器输出为负信号，PNP 型传感器输出为正信号，用来给 PLC 提供输入信号时公共端所接电极性不同。三菱 FX2N 系列采用 NPN 型传感器，西门子则两种都支持。

11.5　现场一次仪表、二次仪表应用及选型

在自动检测、自动调节系统中，一次仪表首先接触被测参数（如压力、差压、液位、流量、温度等），并且将被测参数转换成可测信号或标准信号（0～10V，0～20mA，4～20mA），然后根据检测、调节系统的要求送入有关单元进行显示或调节。一次仪表的类型很多，有压力变送器、液位变送器、温度变送器及靶式流量变送器、远传式转子流量计、椭圆齿轮流量计等。

二次仪表是自动检测装置的部件（元件）之一，用于指示、记录或计算来自一次仪表的测量结果，如压力表、压差表、液位显示表、温控仪、称重仪等。

11.5.1　温度传感器

温度传感器是指能感受温度并转换成可用输出信号的传感器。如图 11-31 所示。

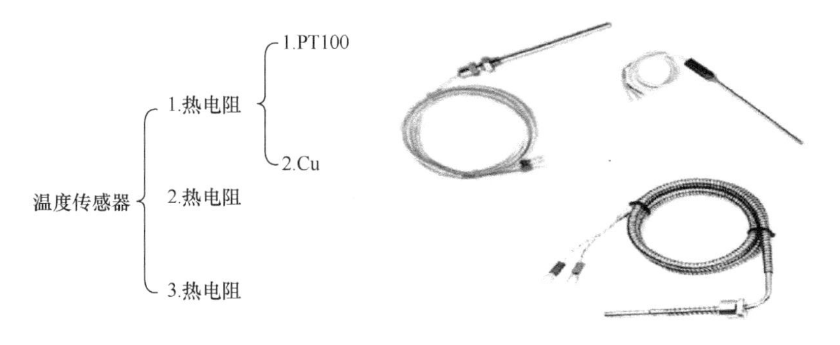

图 11-31

温控仪是调控一体化智能温度的控制仪表，它采用了全数字化集成设计，具有温度曲线可编程或定点恒温控制、多重 PID 调节、标准模拟量输出、输出功率限幅曲线编程、手动/自动切换、软启动、报警开关量输出、实时数据查询与计算机通信等功能，将数显温度仪表和 ZK 晶闸管电压调整器合二为一，集温度测量、调节、驱动于一体，仪表直接输出晶闸管触发信号，可驱动各类晶闸管负载。如图 11-32 所示。

选型原则如下：

（1）被测对象的温度是否需记录、报警和自动控制，是否需要远距离测量和传送。

（2）测温范围的大小和精度要求。

（3）测温元件的大小是否适当。

（4）在被测对象温度随时间变化的场合，测温元件的滞后能否适应测温要求。

（5）被测对象的环境条件对测温元件是否有损害。

（6）价格如何，使用是否方便等。

图 11-32

11.5.2 压力传感器

压力传感器为能感受压力并转换成可用输出信号的传感器。如图 11-33 所示。

压力传感器广泛应用于各种工业自控环境中，涉及水利水电、铁路交通、智能建筑、生产自控、航空航天、军工、石化、油井、电力、船舶、机床、管道等众多行业。

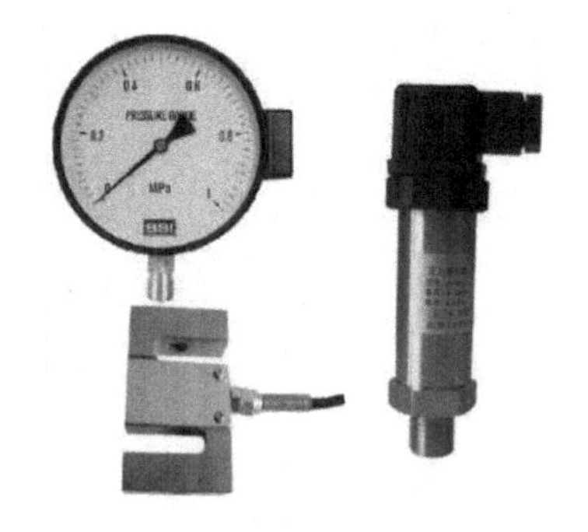

图 11-33

零点迁移：为克服在安装过程中由于变送器压力口与容器取压力口不在同一平行线或采用隔离措施后产生的零点偏移，又如被测介质是强腐蚀性或重黏度的液体，不能直接把介质引入测压仪表，所以必须安装隔离液罐，用隔离液来传递压力信号，以防被测仪表被腐蚀。这时就要考虑介质和隔离液的液柱对测压仪表读数的影响。为了能够正确指示液位的高度，压差变送器必须做一些技术处理，即迁移。

选型原则如下：

（1）用途。

（2）压力量程范围。

（3）精度。

（4）电学要求。

（5）作业的方式。

（6）对温度的要求。

（7）对压力的密封要求。

11.5.3　流量检测仪表

所谓流量，是指单位时间内流经封闭管道或明渠有效截面的流体量，又称为瞬时流量。

流量测量的主要方法和分类如下。

（1）节流式流量计（也称为压差式流量计）。

节流式流量计是目前工业生产过程中流量测量最成熟、最常见的方法之一。如图 11-34 所示。

如果在管道中间安装一个固定的阻力件，再在中间开一个比管道截面小的孔，当流体流过该阻力件时，由于流体流束的收缩而使流速加快，静压降低，其结果是在阻力件前、后产生一个较大的压差。

压差的大小与流体流速的大小有关，流速越大压差越大。因此只要测出压差就能推算出流速，进而可以计算出流体的流量。

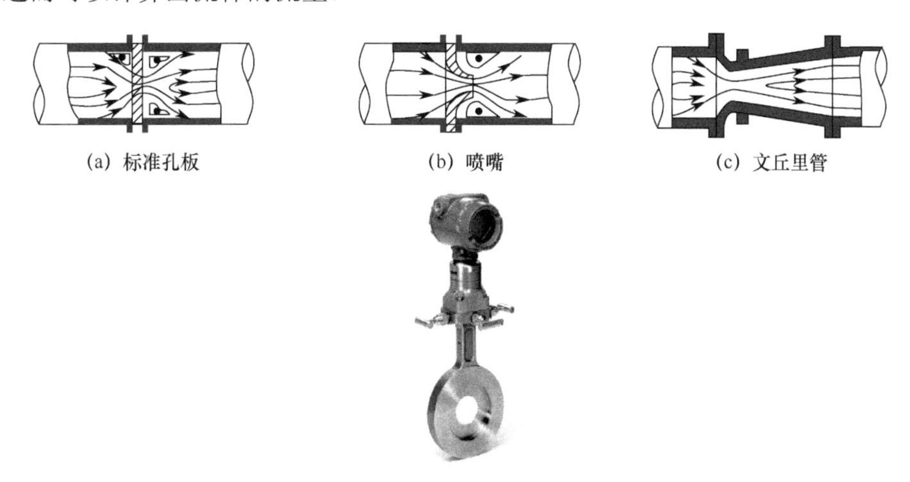

(a) 标准孔板　(b) 喷嘴　(c) 文丘里管

图 11-34

（2）转子流量计。

转子流量计又称为浮子流量计，是通过测量设在直流管道内转动部件的位置来推算流量的装置。如图 11-35 所示。

原理：在一根由下向上扩大的垂直锥管中，圆形横截面的浮子的重力是由液体动力承受的，浮子可以在锥管内自由地上升和下降。在流速和浮力作用下上、下运动，与浮子质量平衡后，通过磁耦合传到刻度盘指示相应流量。一般分为玻璃和金属转子流量计。金属转子流量计是工业上最常用的，对于小管径腐蚀性介质通常用玻璃材质。由于玻璃材质的易碎性，关键的控制点也有用金、钛等贵重金属为材质的转子流量计。

（3）电磁流量计。

电磁流量计是 20 世纪五六十年代随着电子技术的发展而迅速发展起来的新型流量测量仪表。电磁流量计是应用电磁感应原理，根据导电流体通过外加磁场时感生的电动势来测量导电流体流量的一种仪器，如图 11-36 所示，可以检测具有一定导电能力的酸、碱、盐溶液，腐蚀性液体，以及含有固体颗粒的液体的流量，但不能检测气体、蒸汽和非导电液体的流量。

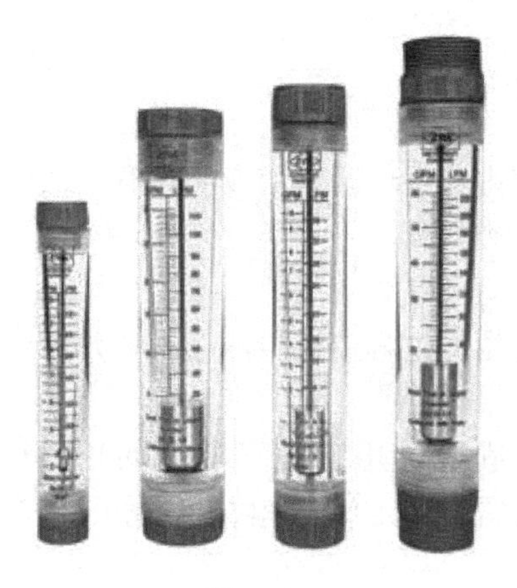

图 11-35

当导电的流体在磁场中以垂直方向流动而切割磁力线时，就会在管道两边的电极上产生感应电势，感应电势的大小与磁场的强度、流体的流速和流体垂直切割磁力线的有效长度成正比。

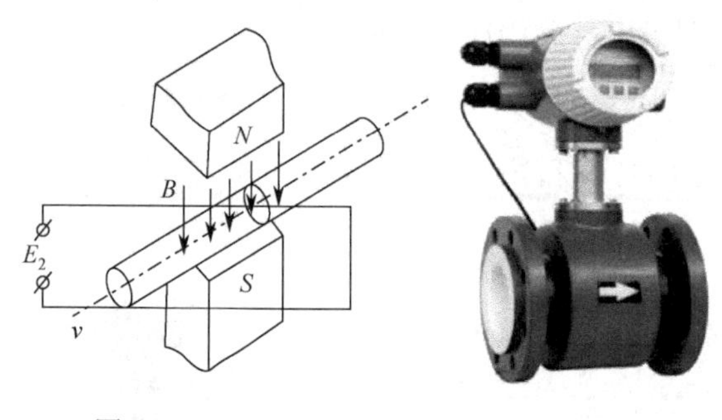

图 11-36

（4）涡轮流量计。

原理：流体冲击涡轮叶片，使涡轮旋转，其旋转速度随流体的流量变化而变化。通过涡轮外的磁电转换装置，将涡轮的旋转速度转换为电脉冲，如图 11-37 所示。

图 11-37

（5）旋涡流量计（涡街流量计）。

原理：在流体管道中，垂直插入一个柱形阻挡物，在其后部（相对于流体流向）两侧就会交替产生旋涡。随着流体向下游流动形成旋涡列，我们称之为卡门涡街。我们把产生旋涡的柱形阻挡物定义为旋涡发生体，实验证明，在一定条件下旋涡的分离频率与流体的流速呈线性关系。因而，只要检测出旋涡分离的频率，即可计算出管道内流体的流速或流量。如图 11-38 所示。

图 11-38

（6）容积式流量计。

容积式流量测量是采用固定的小容积来反复计量通过流量计的流体体积，所以在容积式流量计内部必须具有构成一个标准体积的空间，通常称其为容积式流量计的“计量空间”或“计量室”。这个空间由仪表壳的内壁和流量计转动部件一起构成。容积式流量计的工作原理为：流体通过流量计就会在流量计进出口之间产生一定的压差。流量计的转动部件（简称转子）在这个压差的作用下产生旋转，并将流体由入口排向出口。在这个过程中，流体一次次地充满流量计的“计量空间”，然后又不断地被送往出口。在给定流量计的条件下，该计量空间的体积是确定的，只要测得转子的转动次数，就可以得到通过流量计的流体体积的累积值。如图 11-39 所示。

图 11-39

除上述所讲的常用流量计外，还有一些不常用的，例如：

① 科里奥利力质量流量计。

② 超声波流量计（时差式流量计和多普勒流量计）。

11.5.4　物位检测仪表

物位检测仪表是指在工业生产过程中测量液位、固体颗粒和粉粒位，以及液-液、液-固相界面位置的仪表。

根据工作原理的不同，分为如下几种。

（1）连通器式液位计包括玻璃管液位计和玻璃板液位计。如图 11-40 所示，连通器式液位计的原理就是应用连通器将容器里的液位引到标有度数的玻璃管中进行液位读取，其特点是结构简单、价格低廉、直观，适用于现场使用，但易破损、内表面沾污，从而造成读数困难，不便于远传和调节。

图 11-40

（2）浮力式液位计（浮标液位计）检测的基本原理是通过测量漂浮于被测液面上的浮子（也称为浮标）随液面变化而产生的位移来检测液位；或者利用沉浸于被测液体中的浮筒（也称为沉筒）所受的浮力与液位的关系来检测液位。前者为恒浮力式检测，一般称为浮子式液位计；后者为变浮力式检测，一般称为浮筒式液位计。如图 11-41 所示。

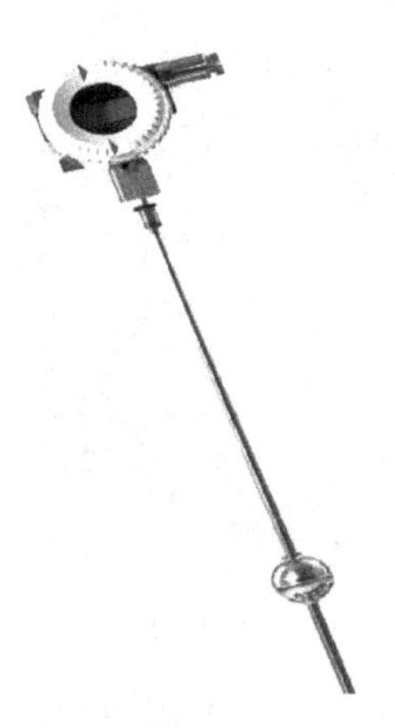

图 11-41

（3）差压液位计利用容器内的液位改变时，由液柱产生的静压也相应变化的原理工作。

虽然差压液位系统是一种成熟可靠的技术，却一直以来很难在高型容器和塔中得到应用。因为这些都需要更长的毛细管以方便安装，距离过长的毛细管使得压力的传输变得误差过大，并且在环境温度变化较大的时候变得更明显，同时安装过程要求较高，引压管可能并不可靠，这些都是非常严重的困扰。如图 11-42 所示。

（4）电容式物位计是电学式物位检测方法之一，直接把物位变化转换成电容的变化量，然后再变换成统一的标准电信号，传输给现实仪表进行指示、记录、报警或控制，如图 11-43 所示。它是把一根金属棒插入盛液容器内，金属棒作为电容的一个极，容器壁作为电容的另一个极。两电极间的介质即为液体及其上面的气体。由于液体的介电常数 ε_1 和液面上气体的介电常数 ε_2 不同，如 $\varepsilon_1>\varepsilon_2$，则当液位升高时，两电极间总的介电常数值随之加大，因而电容量增大。反之当液位下降时，ε 值减小，电容量也减小。

图 11-42

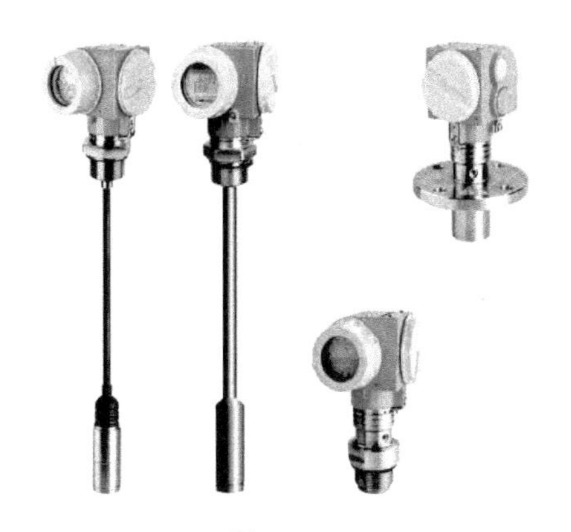

图 11-43

（5）音叉物位计的工作原理是通过压电晶体的谐振来引起其振动的，当受到物料阻尼作用时，振幅急剧降低且频率和相位发生明显变化，这些变化会被内部电子电路检测到，经过处理后，转换成开关信号输出，如图 11-44 所示。该产品可以对料罐的高、低位进行监测、控制和报警，适用于各种液体、粉末、颗粒状固体，实用简单，运行可靠，适应性强，基本上是免维护的。

图 11-44

（6）微波物位计，俗称雷达物位计。微波物位计的工作方式类似于雷达，向被测目标发射微波，由目标反射的回波返回发射器被接收，与发射波进行比较，从而确定目标存在并计算出发射器到目标的距离，如图 11-45 所示。

图 11-45

（7）核辐射物位计是利用射线透过物料时其强度随作用物质的厚度（或高度）变化而变化的原理来测量的，工作中仪表各部件与被测物料不接触，故测量过程是非接触式的，因此特别适用于密闭容器中高温、高压、高黏度、强腐蚀、剧毒物料料位的测量。对于液态、固态、粉态等物理状态下的料位测量有很好的适用性，如图 11-46 所示。

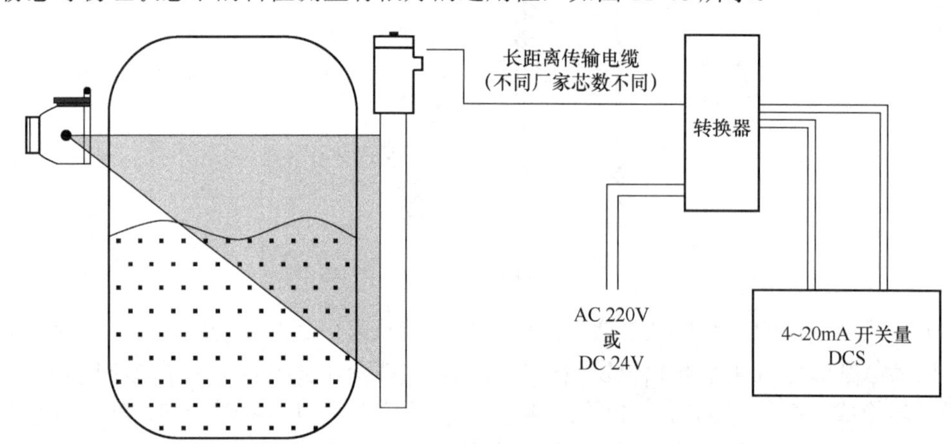

图 11-46

（8）磁致伸缩液位计是由探测杆、电路单元和浮子组成的，如图 11-47 所示。测量时，电路单元产生电流脉冲，该脉冲沿着磁致伸缩线向下传输并产生一个环形磁场。在探测杆外配有浮子，浮子沿探测杆随液位的变化而上、下移动。由于浮子内装有一组永磁铁，所以浮子同时产生一个磁场。当电流磁场与浮子磁场相遇时，产生一个“扭曲”脉冲，也称为“返回”脉冲。将“返回”脉冲与电流脉冲的时间差转换成脉冲信号，从而计算出浮子的实际位置，测得液位。

（9）超声波物位计的工作原理是由超声波换能器（探头）发出高频脉冲声波，遇到被测物位（物料）表面被反射折回，反射回波被换能器接收转换成电信号，声波的传播时间与声波发出到物体表面的距离成正比，如图 11-48 所示。

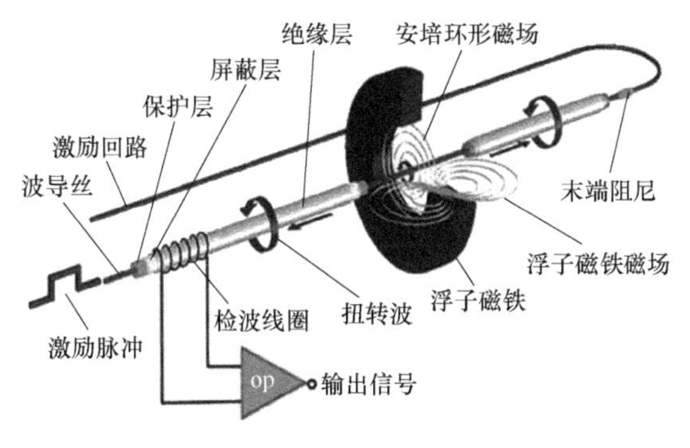

图 11-47

图 11-48

11.5.5　称重仪表简介

称重仪表也叫称重显示控制仪表，是将称重传感器信号（或通过质量变送器）转换为质量数字显示并可对质量数据进行存储、统计、打印的电子设备，常用于工农业生产中的自动化配料、称重环节，以提高生产效率。

（1）称重传感器。

称重传感器实际上是一种将质量信号转变为可测量电信号输出的装置。使用传感器时应先考虑传感器所处的实际工作环境，这点对正确选用称重传感器至关重要，其关系到传感器能否正常工作及其安全性和使用寿命，乃至整个系统的可靠性。称重传感器按转换方法分为光电式、液压式、电容式、电磁力式、磁极变形式、振动式、陀螺仪式、电阻应变式 8 类，其中电阻应变式使用最广。

① 光电式传感式包括光栅式和码盘式两种。

光栅式传感器利用光栅形成的莫尔条纹把角位移转换成光电信号，光栅有两块，一块为固定光栅，另一块为装在表盘轴上的移动光栅。加在承重台上的被测物通过传力杠杆系统使表盘轴旋转，带动移动光栅转动，使莫尔条纹也随之移动，利用光电管、转换电路和显示仪表即可计算出移过的莫尔条纹数量，测出光栅转动角的大小，从而确定和读出被测物质量。

码盘式传感器的码盘（符号板）是一块装在表盘轴上的透明玻璃，上面带有按一定编码方法编定的黑白相间的代码。加在承重台上的被测物通过传力杠杆使表盘轴旋转时，码盘也随之转过一定角度。光电池将透过码盘接收光信号并转换成电信号，然后由电路进行数字处理，最后在显示器上显示出代表被测质量的数字。

② 液压式传感器。

在受被测物重力 P 的作用时，液压油的压力增大，增大程度与 P 成正比。测出压力的增大值，即可确定被测物的质量。液压式传感器的结构简单，测量范围大，但准确度一般不超过 1%。

③ 电容式传感器。

电容式传感器利用电容器振荡电路的振荡频率 f 与极板间距 d 的正比关系工作。极板有两块，一块固定不动，另一块可移动。在承重台加载被测物时，板簧挠曲，两极板之间的距离发生变化，电路的振荡频率也随之变化。测出频率的变化即可求出承重台上被测物的质量。电容式传感器耗电量小，造价低，准确度为 1/200～1/500。

④ 电磁力式传感器。

电磁力式传感器利用承重台上的负荷与电磁力相平衡的原理工作。当承重台上放有被测物时，杠杆的一端向上倾斜；光电件检测出倾斜度信号，经放大后流入线圈，产生电磁力，使杠杆恢复至平衡状态。对产生电磁平衡力的电流进行数字转换，即可确定被测物的质量。电磁力式传感器准确度高，可达 1/2000～1/60000，但称量范围仅在几十毫克至 10kg 之间。

⑤ 磁极变形式传感器。

铁磁元件在被测物重力作用下发生机械变形时，内部产生应力并引起导磁率变化，使绕在铁磁元件（磁极）两侧的次级线圈的感应电压也随之变化。测量出电压的变化量即可求出加到磁极上的力，进而确定被测物的质量。磁极变形式传感器的准确度不高，一般为 1/100，适用于大吨位称量工作，称量范围为几十至几万千克。

⑥ 振动式传感器。

弹性元件受力后，其固有振动频率与作用力的平方根成正比。测出固有频率的变化，即可求出被测物作用在弹性元件上的力，进而求出其质量。振动式传感器有振弦式和音叉式两种。

⑦ 陀螺仪式传感器。

转子装在内框架中，以角速度 ω 绕 X 轴稳定旋转。内框架经轴承与外框架连接并可绕水平轴 Y 倾斜转动。外框架经万向联轴节与机座连接并可绕垂直轴 Z 旋转。转子轴（X 轴）在未受外力作用时保持水平状态。转子轴的一端在受到外力（$P/2$）作用时产生倾斜而绕垂直轴 Z 转动（进动）。进动角速度 ω 与外力 $P/2$ 成正比，通过检测频率的方法测出 ω，即可求出外力大小，进而求出产生此外力的被测物质量。

⑧ 电阻应变片传感器。

原理：利用传感器中电阻应变片具有金属的应变效应，即在外力作用下产生机械形变，从而使电阻阻值随之发生相应变化，通过检测电阻的变化测算出加在传感器上的质量。如图 11-49 所示。

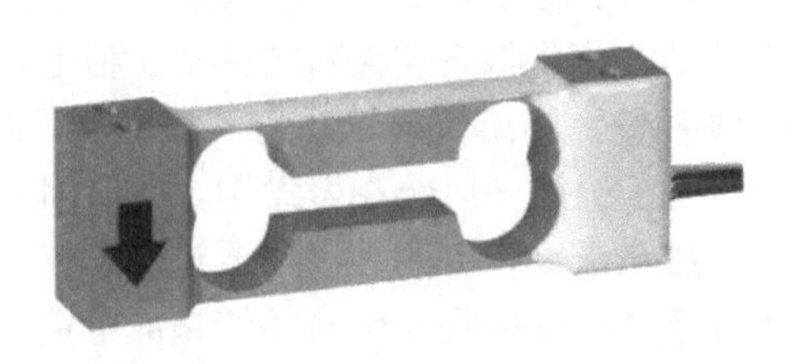

图 11-49

（2）称重系统的组成。

称重系统指的是软件与硬件的结合体，目的是为了降低劳动力，提高管理效率。就像常说的计算机操作系统、图书管理系统等一样，称重系统就是为了减少称重中出现的问题，减少劳动力的冗余等问题而出现的。其主要由以下几部分组成，如图 11-50 所示。

① 数据采集（称重传感器）。

② 数据处理（称重仪表、PLC 称重模块等）。

③ 结果输出（数据显示、打印输出、计费等）。

④ 其他辅助装置（拍照、录像等根据实际需要选择）。

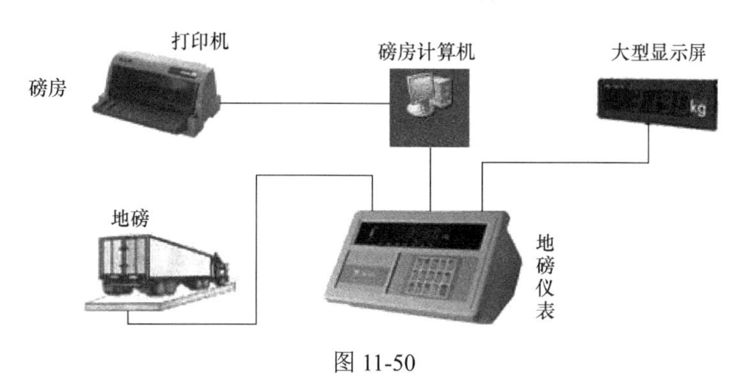

图 11-50

11.6 练习

1. 我国规定民用照明电路的电压为__________V。

2. 热继电器的工作原理是____________________。

3. 自动化控制中用得最多的直流开关电源电压为__________V。

4. 安全电压是指不使人直接致死或致残的电压，一般环境下允许持续接触的安全低电压为________V。

5. 熔断器由________、__________、__________和____________组成。

6. 在继电器电路中为了实现电动机启动并保持，通常用到___________。而在电动机正/反转电路中为了避免正/反转同时接通，通常用到__________。

7. 利用靠近运动部件进行操作的位置开关称为______________，通常分为_________和________两种类型。